DSP 应用设计综合实验

赵中伟　戴文战 编著

图书在版编目(CIP)数据

DSP应用设计综合实验 / 赵中伟，戴文战编著. —杭州：浙江工商大学出版社，2013.1

ISBN 978-7-81140-696-2

Ⅰ. ①D… Ⅱ. ①赵… ②戴… Ⅲ. ①数字信号处理—高等学校—教材 Ⅳ. ①TN911.72

中国版本图书馆CIP数据核字(2013)第021748号

DSP应用设计综合实验

赵中伟　戴文战 编著

责任编辑　孙一凡　祝希茜
责任校对　周敏燕
封面设计　王妤驰
责任印制　汪　俊
出版发行　浙江工商大学出版社
(杭州市教工路198号　邮政编码310012)
(E-mail:zjgsupress@163.com)
(网址:http://www.zjgsupress.com)
电话:0571-88904980,88831806(传真)
排　　版　杭州朝曦图文设计有限公司
印　　刷　浙江云广印业有限公司
开　　本　787mm×1092mm　1/16
印　　张　11.5
字　　数　280千
版 印 次　2013年1月第1版　2013年1月第1次印刷
书　　号　ISBN 978-7-81140-696-2
定　　价　25.00元

前　言

DSP芯片的应用几乎已遍及电子与信息技术的每一个领域，常见的典型应用有：通用数字信号处理，语音识别与处理，图形、图像处理，仪器仪表，自动控制，医学工程，家用电器，通信等。

本书共分为两个部分，第一部分主要是以TMS320C54x系列DSP为描述对象，重点介绍DSP芯片的工作原理，以及以DSP的基本应用为主，介绍DSP应用系统的设计和实现方法。第二部分是以实验为主，在北京合众达的实验箱上，将基本实验、算法实验以及图像处理实验结合起来，使读者通过本书的学习，掌握DSP的基本技术及应用，并能举一反三，不断扩大应用的深度和广度。

第一部分共分4章。第1章概述DSP技术发展的两个领域，DSP芯片的特点、现状及应用，简单介绍TMS320系列DSP，即C2000、C5000、C6000的特点和应用领域；第2章是TMS320C54x的硬件结构，介绍总线结构、中央处理单元、存储器和中断系统；第3章介绍TMS320C54x的寻址方式和指令系统；第4章是DSP集成开发环境(CCS)，通过举例介绍了CCS的使用方法。

第二部分实验分2章：第5章是DSP基本性实验，共13个实验，涉及CCS软件开发环境、DSP内部硬件结构、中断、定时器等各个内部硬件资源。第6章是DSP算法实验，主要涉及FIR滤波器、IIR滤波器、卷积、快速傅立叶变换(FFT)等实验。整个实验内容的安排从基本的DSP基础知识到算法最后到算法应用，由低层到高层，循序渐进。

本书适用于浙江工商大学信息与电子工程学院选修《DSP及应用》课程的学生为读者对象，同时对学习相关DSP技术的电子工程师也有一定的参考作用。

本书理论部分由赵中伟老师负责内容整理及编写，实验部分由陈添丁老师负责编写，理论部分参考了北京大学出版社出版的《DSP技术及应用》部分内容，实验部分参考了北京合众达公司的实验箱操作手册。感谢2012年浙江省优势专业“电子信息工程”项目资助。在编写过程中，得到了董黎刚教授的大力支持与帮助，在此表示衷心的感谢。

由于作者水平有限，书中难免存在错误和疏漏之处，恳请读者批评指正。

作　者

2012年12月

目　录

第1章 绪 论

1.1 概 述

数字信号处理是一门涉及学科众多且应用领域广泛的新兴学科. 20世纪60年代至今，随着信息技术的飞速发展，数字信号处理技术产生并得到迅速的发展. 数字信号处理是利用计算机或专用处理设备，以数字形式对信号进行采集、变换、滤波、估值、增强、压缩、识别等处理，以得到符合人们需要的信号形式. 图1-1所示为一个典型的数字信号处理系统框图.

图1-1 数字信号处理系统框图

图1-1中，输入信号可以是语音信号、传真信号，也可以是视频信号，还可以是传感器(如温度传感器)的输出信号. 输入信号经过带限滤波后，通过A/D转换器将模拟信号转换成数字信号. 根据采样定理，采样频率至少是输入信号最高频率的2倍，在实际应用中，一般为4倍以上. 数字信号处理一般是用DSP芯片和在其上运行的实时处理软件对输入数字信号按照一定的算法进行处理，然后将处理后的信号输出给D/A转换器，经D/A转换、内插和平滑滤波后得到连续的模拟信号. 当然，并非所有的DSP系统都具有如图1-1所示的所有部件. 例如，频谱分析仪输出的不是连续波形而是离散波形，CD唱机中的输入信号本身就是数字信号，等等.

1.1.1 DSP与DSP技术

DSP既是Digital Signal Processing的缩写，也是Digital Signal Processor的缩写，两者英文简写相同，但含义不同.

Digital Signal Processing：指数字信号处理的理论和方法.

Digital Signal Processor(DSP)：指用于进行数字信号处理的可编程微处理器，人们常用DSP一词来指通用数字信号处理器.

Digital Signal Process：指DSP技术，即采用通用的或专用的DSP处理器完成数字信号处理的方法与技术.

微处理器自20世纪70年代产生以来，就一直沿着三个方向发展：

(1)通用CPU：微型计算机中央处理器(如奔腾).

(2)微控制器(MCU)：单片微型计算机(如MCS-51、MCS-96).

(3)DSP：可编程的数字信号处理器.

这三类微处理器(CPU，MCU，DSP)既有区别也有联系，每类微处理器各有其特点，虽然在技术上不断借鉴和交融，但又有各自不同的应用领域．随着数字化的急速进程，DSP 技术的地位日益突显．因为数字化的基础技术是数字信号处理，而数字信号处理的任务，特别是实时处理（Real-Time Processing）的任务，是要由通用型或专用型 DSP 处理器来完成的．因此，在整个半导体产品的增长趋缓时，DSP 处理器还在以较快的速度增长．

1.1.2 DSP 技术发展的两个领域

DSP 技术的发展因其内涵而分为两个领域．一方面是数字信号处理的理论和方法，另一方面是 DSP 处理器性能的提高．数字信号处理是以众多学科为理论基础的，它所涉及的范围极其广泛．例如，在数学领域，微积分、概率统计、随机过程、数值分析等都是数字信号处理的基本工具，数字信号处理与网络理论、信号与系统、控制理论、通信理论、故障诊断等也密切相关．近年来新兴的一些学科，如人工智能、模式识别、神经网络等，都与数字信号处理密不可分．可以说，数字信号处理是把许多经典的理论体系作为自己的理论基础，同时又使自己成为一系列新兴学科的理论基础．

数字信号处理在算法研究方面，主要研究如何以最小的运算量和存储器使用量来完成指定的任务；对数字信号处理的系统实现而言，除了有关的输入、输出部分外，其中最核心的部分就是其算法的实现，即用硬件、软件或软硬件相结合的方法来实现各种算法，如 FFT．目前各种快速算法（如声音与图像的压缩编码、识别与鉴别、加密解密、调制解调、信道辨识与均衡、智能天线、频谱分析等）都成为研究的热点，并有长足的进步，为各种实时处理的应用提供了算法基础．

为了满足应用市场的需求，DSP 处理器的性能也在迅速提高．就目前的工艺水平，时钟频率达到1.1 GHz；处理速度达到每秒 90 亿次 32 位浮点运算；数据吞吐率达到 2 GB/s．在性能大幅度提高的同时，体积、功耗和成本却大幅度地下降，以满足低成本便携式电池供电应用系统的要求．

DSP 技术的发展在上述两方面是互相促进的，理论和算法的研究推动了应用，而应用的需求又促进了理论的发展．

1.1.3 数字信号处理的实现方法

数字信号处理的实现方法一般有以下 5 种：

（1）在通用型计算机上用软件实现．一般采用 C 语言、MATLAB 语言等编程，主要用于 DSP 算法的模拟与仿真，验证算法的正确性和性能．其优点是灵活方便，缺点是速度较慢．

（2）在通用型计算机系统中加上专用的加速处理器实现．专用性强，应用受到很大的限制，也不便于系统的独立运行．

（3）在通用型单片机（如 MCS-51、MCS-96 系列）上实现．只适用于简单的 DSP 算法，可用于实现一些不太复杂的数字信号处理任务，如数字控制．

（4）用通用型可编程 DSP 芯片实现．与单片机相比，DSP 芯片具有更加适合于数字信号处理的软件和硬件资源，可用于复杂的数字信号处理算法．其特点是灵活、速度快，可实时处理．

（5）用专用型 DSP 芯片实现．在一些特殊的场合，要求信号处理速度极高，用通用型 DSP 芯片很难实现，例如专用于 FFT、数字滤波、卷积、相关等算法的 DSP 芯片，这种芯片将相应的信号处理算法在芯片内部用硬件实现，无需进行编程. 其处理速度极高，但专用性强，应用受到限制.

在上述几种实现方法中，(1)(2)(3)和(5)都有使用的限制，只有(4)才使数字信号处理的应用打开了新的局面.

虽然数字信号处理的理论发展迅速，但在20世纪80年代以前，由于实现方法的限制，数字信号处理的理论还得不到广泛的应用. 直到20世纪80年代初世界上第一片单片可编程DSP芯片的诞生，才将理论研究成果广泛应用到低成本的实际系统中，并且推动了新的理论和应用领域的发展. 可以毫不夸张地说，DSP芯片的诞生及发展对20多年来通信、计算机、控制等领域的发展起到十分重要的作用.

本书主要讨论数字信号处理的软硬件实现方法，即利用数字信号处理器(DSP芯片)，通过配置硬件和编程，实现所要求的数字信号处理任务.

1.1.4　DSP系统的特点

基于通用DSP芯片的数字信号处理系统与模拟信号处理系统相比，具有以下优点：

(1)精度高，抗干扰能力强，稳定性好. 精度仅受量化误差即有限字长的影响，信噪比高，器件性能影响小.

(2)编程方便，易于实现复杂算法(含自适应算法). DSP芯片提供了高速计算平台，可实现复杂的信号处理.

(3)可程控. 当系统的功能和性能发生改变时，不需要重新设计、装配、调试. 如实现不同的数字滤波(低通、高通、带通)，软件无线电中不同工作模式的电台通信，虚拟仪器中的滤波器、频谱仪等.

(4)接口简单. 系统的电气特性简单，数据流采用标准协议.

(5)集成方便.

1.2　可编程DSP芯片

DSP芯片，即数字信号处理芯片，也称数字信号处理器，是一种特别适合于进行数字信号处理运算的处理器，其主要应用是实时快速地实现各种数字信号处理算法.

1.2.1　DSP芯片的结构特点

DSP处理器是专门设计用来进行高速数字信号处理的微处理器. 与通用的CPU和微控制器(MCU)相比，DSP处理器在结构上采用了许多的专门技术和措施来提高处理速度. 尽管不同的厂商所采用的技术和措施不尽相同，但往往有许多共同的特点. 以下介绍它们的共同点.

(1)改进的哈佛结构. 以奔腾为代表的通用微处理器，其程序代码和数据共用一个公共的存储空间和单一的地址与数据总线，取指令和取操作数只能分时进行，这样的结构称为冯·诺依曼结构(Von Neumann architecture)，如图1-2(a)所示.

DSP处理器则毫无例外地将程序代码和数据的存储空间分开，各有自己的地址总线与数据总线，这就是所谓的哈佛结构(Harvard architecture)，如图1-2(b)所示.之所以采用哈佛结构，是为了同时取指令和取操作数，并行地进行指令和数据的处理，从而大大地提高运算的速度.例如，在做数字滤波处理时，将滤波器的参数存放在程序代码空间里，而将待处理的样本存放在数据空间里.这样，处理器就可以同时提取滤波器参数和待处理的样本，进行乘和累加运算.

为了进一步提高信号处理的效率，在哈佛结构的基础上，又加以改进，使得程序代码和数据存储空间之间也可以进行数据的传送，称为改进的哈佛结构(modified Harvard architecture)，如图1-2(c)所示.

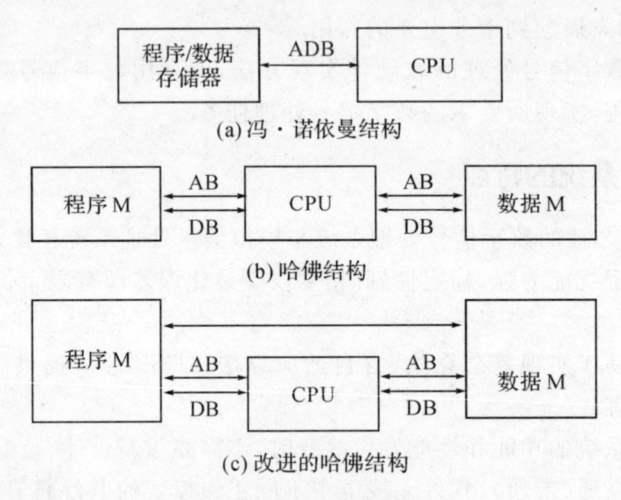

(a)冯·诺依曼结构

(b)哈佛结构

(c)改进的哈佛结构

图1-2 微处理器的结构

(2)多总线结构.许多DSP芯片内部都采用多总线结构，这样保证在一个机器周期内可以多次访问程序空间和数据空间.例如TMS320C54x内部有P、C、D、E4条总线(每条总线又包括地址总线和数据总线)，可以在一个机器周期内从程序存储器取1条指令、从数据存储器读2个操作数和向数据存储器写1个操作数，大大提高了DSP的运行速度.因此，对DSP来说，内部总线是十分重要的资源，总线越多，可以完成的功能就越复杂.

(3)流水线技术(pipeline).计算机在执行一条指令时，总要经过取指、译码、取数、执行运算等步骤，需要若干个指令周期才能完成.流水线技术是将各指令的各个步骤重叠起来执行，而不是一条指令执行完成之后，才开始执行下一条指令.即第一条指令取指后，在译码时，第二条指令就取指；第一条指令取数时，第二条指令译码，而第三条指令就开始取指，……依次类推，如图1-3所示.使用流水线技术后，尽管每一条指令的执行仍然要经过这些步骤，需要同样的指令周期数，但将一个指令段综合起来看，其中的每一条指令的执行就都是在一个指令周期内完成的.DSP处理器所采用的将程序存储空间和数据存储空间的地址与数据总线分开的哈佛结构，为采用流水线技术提供了很大的方便.

(4)多处理单元.DSP内部一般都包括多个处理单元，如算术逻辑运算单元(ALU)、辅助寄存器运算单元(ARAU)、累加器(ACC)及硬件乘法器(MUL)等.它们可以在一个指令周期内同时进行运算.例如，在执行一次乘法和累加运算的同时，辅助寄存器单元已经完成了下一个地址的寻址工作，为下一次乘法和累加运算做好了充分准备.因此，DSP在进行连续的乘加运算时，每一次乘加运算都是单周期的.DSP的这种多处理单元结构，特别适用于

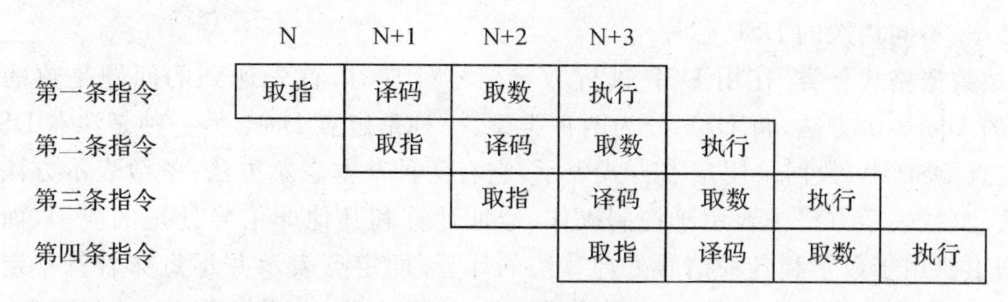

图 1-3 流水线技术示意图

大量乘加操作的矩阵运算、滤波、FFT、Viterbi 译码等. 许多 DSP 的处理单元结构还可以将一些特殊的算法,如 FFT 的位码倒置寻址和取模运算等,在芯片内部用硬件实现,以提高运行速度.

(5)特殊的 DSP 指令. 为了更好地满足数字信号处理应用的需要,在 DSP 的指令系统中,设计了一些特殊的 DSP 指令. 例如,TMS320C54x 中的 FIRS 和 LMS 指令,专门用于系数对称的 FIR 滤波器和 LMS 算法.

(6)指令周期短. 早期的 DSP 的指令周期约 400 ns,采用 4nm NMOS 制造工艺,其运算速度为 5 MIPS(millions of Instructions Per Secend,每秒执行百万条指令). 随着集成电路工艺的发展,DSP 广泛采用亚微米 CMOS 制造工艺,其运行速度越来越快. 以 TMS320C54x 为例,其运行速度可达 100 MIPS. TMS320C6203 的时钟为 300 MHz,运行速度达到 2400 MIPS.

(7)运算精度高. 早期 DSP 的字长为 8 位,后来逐步提高到 16 位、24 位、32 位. 为防止运算过程中溢出,有的累加器达到 40 位. 此外,一批浮点 DSP,例如 TMS320C3x、TMS320C4x、ADSP21020 等,则提供了更大的动态范围.

(8)丰富的外设. 新一代 DSP 的接口功能越来越强,片内具有主机接口(HPI)、直接存储器访问控制器(DMAC)、外部存储器扩展口、串行通信口、中断处理器、定时器、锁相环时钟产生器以及实现在片仿真符合 IEEE 1149.1 标准的测绘访问口,更易于完成系统设计.

(9)功耗低. 许多 DSP 芯片都可以工作在省电方式,使系统功耗降低. 一般芯片为 0.5～4 W,而采用低功耗技术的 DSP 芯片只有 0.1 W,可用电池供电. 如 TMS3205510 仅 0.25 mW,特别适用于便携式数字终端.

DSP 是一种特殊的微处理器,不仅具有可编程性,而且其实时运行速度远远超过通用微处理器. 其特殊的内部结构、强大的信息处理能力及较高的运行速度,是 DSP 最重要的特点.

DSP 芯片是高性能系统的核心. 它接收模拟信号(如光和声),将它们转化成为数字信号,实时地对大量数据进行数字技术处理. 这种实时能力使 DSP 在声音处理、图像处理等不允许时间延迟领域的应用十分理想,成为全球 70％数字电话的"心脏",同时 DSP 在网络领域也有广泛的应用. DSP 芯片的上述特点,使其在各个领域得到越来越广泛的应用.

1.2.2 DSP 芯片的分类

DSP 芯片的使用是为了达到实时信号的高速处理,为适应各种各样的实际应用,出现了多种类型、不同档次的 DSP 芯片.

(1)按数据格式分类.在用 DSP 进行数字信号处理时,首先遇到的问题是数的表示方法.按数的不同表示方法,将 DSP 分为两种类型:一种是定点 DSP,另一种是浮点 DSP.

在定点 DSP 中,数据采用定点方式表示.它有两种基本表示方法:整数表示方法和小数表示方法.整数表示方法主要用于控制操作、地址计算和其他非信号处理的应用,而小数表示方法则主要用于数字和各种信号处理算法的计算.即定点表示并不意味着就一定是整数表示.数据以定点格式工作的 DSP 芯片称为定点 DSP 芯片,该芯片简单,成本较低.

在浮点 DSP 中,数据既可以表示成整数,也可以表示成浮点数.浮点数在运算中,表示数的范围由于其指数可自动调节,因此可避免数的规格化和溢出等问题.但浮点 DSP 一般比定点 DSP 复杂,成本也较高.

(2)按用途分类.可分为通用型 DSP 芯片和专用型 DSP 芯片.

通用型 DSP 芯片一般指可以用指令编程的 DSP 芯片,适合普通的 DSP 应用,如 TI 公司的一系列 DSP 芯片属于通用型 DSP 芯片.

专用型 DSP 芯片是为特定的 DSP 运算而设计,只针对一种应用,适合特殊的运算,如数字滤波、卷积和 FFT 等,只能通过加载数据、控制参数或在管脚上加控制信号的方法使其具有有限的可编程能力.如 Motorola 公司的 DSP56200、Zoran 公司的 ZR34881、Inmos 公司的 IMSA100 等就属于专用型 DSP 芯片.

1.2.3 DSP 芯片的发展及趋势

(1)DSP 芯片的发展历程.在 DSP 芯片出现之前,数字信号处理只能依靠通用微处理器(MPU)来完成,但 MPU 较低的处理速度却无法满足系统高速实时的要求.直到 20 世纪 70 年代,有人提出了 DSP 理论和算法基础,但 DSP 仅仅停留于教科书,即便是研制出来的 DSP 系统也是用分立元件组成的,其应用领域仅限于军事、航空航天部门.

世界上第一个单片 DSP 芯片是 1978 年 AMI 公司宣布的 S2811.在这之后,最成功的 DSP 芯片当数 TI 公司 1982 年推出的 DSP 芯片.这种 DSP 器件采用微米工艺、NMOS 技术制作,虽功耗和尺寸稍大,但运算速度却比 MPU 快几十倍,尤其在语音合成和编解码器中得到了广泛应用.DSP 芯片的问世,使 DSP 应用系统由大型系统向小型化迈进了一大步.

至 20 世纪 80 年代中期,随着 CMOS 技术的进步与发展,第二代基于 CMOS 工艺的 DSP 应运而生,其存储容量和运算速度都得到成倍提高,成为语音处理及图像处理技术的基础.20 世纪 80 年代后期,第三代 DSP 芯片问世,运算速度进一步提高,应用范围逐步扩大到通信和计算机领域.20 世纪 90 年代 DSP 发展最快,相继出现了第四代和第五代 DSP 器件.第五代产品与第四代相比,系统集成度更高,将 DSP 芯核及外围元件综合集成在单一芯片上.这种集成度极高的 DSP 芯片不仅在通信、计算机领域大显身手,而且逐渐渗透到人们的日常消费领域.经过 20 多年的发展,DSP 产品的应用扩大到人们的学习、工作和生活的各个方面,并逐渐成为电子产品更新换代的决定因素.目前,DSP 爆炸性需求的时代已经来临,其应用前景十分广阔.

现在,世界上的 DSP 芯片有 300 多种,其中定点 DSP 有 200 多种.生产 DSP 的公司有 80 多家,主要厂家有 TI 公司、AD(美国模拟器件 Analog Devices)公司、Lucent 公司、

Motorola公司和 LSI Logic 公司. TI 公司作为 DSP 生产商的代表,生产的品种很多,定点和浮点 DSP 均约都占市场份额的 60%;AD 公司的定点和浮点 DSP 大约分别占 16%和 13%;Motorola 公司的定点和浮点 DSP 大约分别占 7%和 14%;而 Lucent 公司则主要生产定点 DSP,约占 5%.

TI 公司自 1982 年成功推出第一代 DSP 芯片 TMS32010 及其系列产品后,又相继推出了第二代 DSP 芯片 TMS32020、TMS320C25/C26/C28,第三代 DSP 芯片 TMS320C30/C31/C32,第四代 DSP 芯片 TMS320C40/C44,第五代 DSP 芯片 TMS320C50/C51/C52/C53/C54 和集多个 DSP 于一体的高性能 DSP 芯片 TMS320C80/C82 等,以及目前速度最快的第六代 DSP 芯片 TMS320C62x/C67x 等.

(2)国内 DSP 的发展. 目前,我国 DSP 产品主要来自海外. TI 公司的第一代产品 TMS32010 在 1983 年最早进入中国市场,以后 TI 公司通过提供 DSP 培训课程,不断扩大市场份额,现约占国内 DSP 市场的 90%,其余为 Lucent、AD、Motorola、ZSP 和 NEC 等公司所占有. 国内引入的主流产品有 TMS320F2407(电机控制)、TMS320C5409(信息处理)、TMS320C6201(图像处理)等.

目前全球有数百家直接依靠 TI 公司的 DSP 而成立的公司,称为 TI 的第三方(third party). 我国也有 TI 的第三方公司,他们主要从事 DSP 开发工具、DSP 硬件平台开发、DSP 应用软件开发. 这些公司基本上是 20 世纪 80 年代末、90 年代初创建的,经过 20 余年发展,已具相当规模.

国内 DSP 的发展与国外相比,在硬件、软件上还有很大的差距. 近年来,在国内一些专业 DSP 用户的推动下,我国 DSP 的应用日渐普及. 我们对 DSP 的应用前景充满信心.

1.2.4 DSP 芯片的应用

DSP 芯片的应用几乎已遍及电子与信息的每一个领域,常见的典型应用如下:

(1)通用数字信号处理:数字滤波,卷积,相关,FFT,希尔伯特变换,自适应滤波,窗函数和谱分析等.

(2)语音识别与处理:语音识别,合成,矢量编码,语音鉴别和语音信箱等.

(3)图形、图像处理:二维、三维图形变换处理,模式识别,图像鉴别,图像增强,动画,电子地图和机器人视觉等.

(4)仪器仪表:暂态分析,函数发生,波形产生,数据采集,石油、地质勘探,地震预测与处理等.

(5)自动控制:磁盘、光盘伺服控制,机器人控制,发动机控制和引擎控制等.

(6)医学工程:助听器,X 射线扫描,心电图、脑电图,病员监护和超声设备等.

(7)家用电器:数字电视,高清晰度电视(HDTV),高保真音响,电子玩具,数字电话等.

(8)通信:纠错编、译码,自适应均衡,回波抵消,同步,分集接收,数字调制、解调,软件无线电和扩频通信等.

(9)计算机:阵列处理器,图形加速器,工作站和多媒体计算机等.

(10)军事:雷达与声呐信号处理,导航,导弹制导,保密通信,全球定位,电子对抗,情报收集与处理等.

1.3 TMS320系列DSP概述

TI公司的一系列DSP产品是当今世界上最有影响的DSP芯片.TI公司常用的DSP芯片可以归纳为三大系列:

TMS320C2000系列,包括TMS320C2xx/C24x/C28x等.

TMS320C5000系列,包括TMS320C54x/C55x.

TMS320C6000系列,包括TMS320C62x/C67x/C64x.

同第一代TMS320系列DSP产品的CPU结构是相同的,但其片内存储器及外设电路的配置不一定相同.一些派生器件,诸如片内存储器和外设电路的不同组合,满足了世界电子市场的各种需求.由于片内集成了存储器和外围电路,使TMS320系列器件的系统成本降低,并且节省了电路板的空间.

1.3.1 TMS320C2000系列简介

TMS320C2000系列DSP控制器,具有很好的性能,集成了Flash存储器、高速A/D转换器以及可靠的CAN模块,主要应用于数字化的控制.

C2000系列既有带ROM的片种,也有带Flash存储器的片种.例如,TMS320LF2407A就有32 k字的Flash存储器,2.5 k字的RAM,500 ns的闪烁式高速A/D转换器.片上的事件管理器,提供脉冲宽度调制(PWM),其I/O特性可以驱动各种马达及看门狗定时器、SPI、SCI、CAN等,特别值得注意的是,片上Flash存储器的引入,使其能够快速设计原型机及升级,不使用片外的EPROM,既提高速度,又降低成本.因此,C2000系列DSP,是比8位或16位微控制器(MCU)速度更快、更灵活、功能更强、面向控制的微处理器.

C2000系列的主要应用包括:工业驱动、供电、UPS;光网络、可调激光器;手持电动工具;制冷系统;消费类电子产品;智能传感器.

在C2000系列里,TI目前主推的是C24x和C28x两个子系列,如表1-1所示.

表1-1 TMS320C2000定点DSP

DSP	类　型	特　性
C24x	16位数据,定点	SCI,SPI,CAN,A/D,事件管理器,看门狗定时器,片上Flash存储器,速度可达20～40MIPS
C28x	32位数据,定点	SCI,SPI,CAN,A/D,McBSP,看门狗定时器,片上Flash存储器,最高速度可达400MIPS

C24x系列所具有的20MIPS,比传统的16位MCU的性能要高出很多.而且,该系列中的许多片种的速度要比20MIPS高.使用了DSP后,就可以应用自适应控制、Kalman滤波、状态控制等先进的控制算法,使控制系统的性能大大提高.

C28x是到目前为止用于数字控制领域性能最好的DSP芯片.这种芯片采用32位的定点DSP核,最高速度可达400MIPS,可以在单个指令周期内完成32×32位的乘累加运算,具有增强的电机控制外设、高性能的A/D转换能力和改进的通信接口,具有8GB的线性地址空间,采用低电压供电(3.3V 外设/1.8V CPU 核),与 C24x 源代码兼容.

TMS320C2000 系列 DSP 芯片价格低,具有较高的性能和适用于控制领域的功能.因此在工业自动化、电动机控制、家用电器和消费电子等领域得到广泛应用.

1.3.2 TMS320C5000 系列简介

由于其杰出的性能和优良的性能价格比,TI 的 16 位定点 TMS320C5000 系列 DSP 得到了广泛的应用,尤其是在通信领域.主要应用包括:IP 电话机和 IP 电话网关;数字式助听器;便携式声音、数据、视频产品;调制解调器;手机和移动电话基站;语音服务器;数字无线电;SOHO(小型办公室和家庭办公室)的语音和数据系统.

TMS320C5000 系列 DSP 芯片目前包括了 TMS320C54x 和 TMS320C55x 两大类.这两类芯片软件完全兼容,所不同的是 TMS320C55x 具有更低的功耗和更高的性能.

C54x 适应远程通信等实时嵌入式应用的需要.C54x 具有高度的操作灵活性和运行速度.其结构采用改进的哈佛结构(1 组程序存储器总线,3 组数据存储器总线,4 组地址总线),具有专用硬件逻辑的 CPU、片内存储器、片内外设以及一个效率很高的指令集.使用 C54x 的 CPU 核和用户定制的片内存储器及外设所做成的派生器件,也得到了广泛的应用.本书将以 C54x 为主介绍 DSP 技术,详细内容见后续章节.

C55x 是 C5000 系列 DSP 中的子系列,是从 C54x 发展起来的,并与之原代码兼容.C55x 工作在 0.9V 时,功耗低至 0.005mW/MIPS.工作在 400 MHz 钟频时,可达800 MIPS.和 120 MHz 的 C54 相比,300 MHz 的 C55x 性能提高 5 倍,功耗为 C54x 系列的 1/6.因此,C55x 非常适合个人的和便携式的应用,以及数字通信设施的应用.

C55x 的核具有双 MAC 以及相应的并行指令,还增加了累加器、ALU 和数据寄存器.其指令集是 C54x 指令集的超集,以便和扩展了的总线结构和新增加的硬件执行单元相适应.C55x 同 C54x 一样,保持了代码密度高的优势,以便降低系统成本.C55x 的指令长度从 8～48 位可变,由此可控制代码的大小,比 C54x 降低 40%.减小控制代码的大小,也就意味着降低对存储器的要求,从而降低系统的成本.总之,C55x DSP 是一款嵌入式低功耗、高性能处理器,它具有省电、实时性高的优点,同时外部接口丰富,能满足大多数嵌入式应用需要.

下面举例说明 C54x 和 C55x 在手机中的应用.

20 世纪 90 年代,全世界的移动电话逐步完成了从模拟到数字式的过渡,即人们所说的从第一代(1G)到第二代(2G)的过渡,并在很短的时间内,从 2G 向 2.5G 和 3G 发展.

几乎所有 2G 手机采用的基带体系结构,都是以两个可编程处理器为基础的,一个是 DSP 处理器,一个是 MCU 处理器.在时分多址(TDMA)模式中,DSP 芯片负责实现数据流的调制、解调,纠错编码,加密、解密,语音数据的压缩、解压缩;在码分多址(CDMA)模式中,DSP 芯片负责实现符号级功能,如前向纠错、加密、语音解压缩,对扩频信号进行调制、解调及后续处理.MCU 负责支持手机的用户界面,并处理通信协议栈中的上层协议,MCU 采用了 32 位 RISC 内核,ARM7TDMI 就是此类 MCU 的典型代表.

早期的 2G 手机中,这些功能由 C54x 实现,工作频率约 40 MHz;在 2.5G 手机中,这些功能由 C55x 实现,工作频率在 100 MHz 以上.

3G 手机将实时通信功能与用户交互式应用分开,实现多媒体通信.开放式多媒体应用平台(OMAP)包含多个 DSP 和 MCU 芯片,应用环境是动态的,可不断将新的应用软件下载到 DSP 和 MCU 内.

1.3.3 TMS320C6000 系列简介

TMS320C6000 系列是 TI 公司从 1997 年开始推出的最新的 DSP 系列. 采用 TI 的专利技术 VeloiTI 和新的超长指令字结构,使该系列 DSP 的性能达到很高的水平.

该系列的第一款芯片 C6201,在 200 MHz 钟频时,达到 1600 MIPS. 而 2000 年以后推出的 C64x,在钟频 1.1GHz 时,可以达到 8800 MIPS 以上,即每秒执行近 90 亿条指令. 在钟频提高的同时,VeloiTI 充分利用结构上的并行性,可以在每个周期内完成更多的工作. CPU 的高速运行,还需要提高 I/O 带宽,即增大数据的吞吐量. C64x 的片内 DMA 引擎和 64 个独立的通道,使其 I/O 带宽可以达到 2 GB/s.

C6000 采用的类似于 RISC 的指令集,以及流水技术的使用,可以使许多指令得以并行运行. C6000 系列现已推出了 C62x、C67x、C64x 3 个子系列.

C62x 是 TI 公司于 1997 年开发的一种新型定点 DSP 芯片. 该芯片的内部结构与以前的 DSP 不同,内部集成了多个功能单元,可同时执行 8 条指令,其运算能力可达 2400 MIPS.

C67x 是 TI 公司继定点 DSP 芯片 TMS320C62x 系列后开发的一种新型浮点 DSP 芯片. 该芯片的内部结构在 C62x 的基础上加以改进,内部结构大体一致. 同样集成了多个功能单元,可同时执行 8 条指令,其运算能力可达 1G FLOPS.

C64x 是 C6000 系列中最新的高性能定点 DSP 芯片,其软件与 C62x 完全兼容. C64x 采用 VelociTI 1.2 结构的 DSP 核,增强的并行机制可以在单个周期内完成 4 个 16×16 位或 8 个 8×8 位的乘积加操作. 采用两级缓冲(cache)机制,第一级中程序和数据各有 16 kB,而第二级中程序和数据共用 128 kB. 增强的 32 通道 DMA 控制器具有高效的数据传输引擎,可以提供超过 2 GB/s 的持续带宽. 与 C62x 相比,C64x 的总性能提高了 10 倍.

TMS320C6000 系列主要应用在以下方面:

(1)数字通信. 例如 ADSL(非对称数字用户线),在现有的电话双绞线上,可以达到上行 800 kbit/s,而 C6000 则成为许多 ADSL 实现方案的首选处理引擎. 适合于 FFT/IFFT, Reed-Solomon 编解码,循环回声综合滤波器,星座编解码,卷积编码,Viterbi 解码等信号处理算法的实时实现.

线缆调制解调器(cable modem)是另一类重要应用. 有线电视及其网络的日益普及,极大地促进了利用电缆网来进行数字通信. C6000 系列 DSP 非常适合于 cable modem 的实现方案. 除上面提到的 Reed-Solomon 编解码等算法外,其特性还适用于采样率变换以及最小均方(LMS)均衡等重要算法.

移动通信是 C6000 系列 DSP 的重要应用领域. 日益普及的移动电话,对其基本设施提出了越来越高的要求. 基站必须在越来越宽的范围内处理越来越多的呼叫,在现有的移动电话基站、3G 基站里的收发器、智能天线、无线本地环(WLL)以及无线局域网(wireless LAN)等移动通信领域里,C6000 系列 DSP 已经得到了广泛的应用. 以基站的收发器为例,载波频率为 2.4 GHz,下变频到 6 MHz～12 MHz. 对于每个突发周期,要处理 4 个信道. DSP 的主要功能是完成 FFT、信道和噪声估计、信道纠错、干扰估计和检测等.

(2)图像处理. C6000系列DSP广泛地应用于图像处理领域. 例如,数字电视,数字照相机与摄像机,打印机,数字扫描仪,雷达、声呐及医用图像处理等,在这些应用中,DSP用来做图像压缩,图像传输,模式及光学特性识别,加密、解密及图像增强等.

1.4　DSP系统设计概要

本节简要介绍DSP系统设计的全过程,探讨DSP芯片选择的原则,初步了解DSP应用系统的开发工具,包括代码生成工具、系统集成与调试工具、集成开发环境CCS,使读者在学习具体内容前,对DSP技术有一个全面、概括的认识.

1.4.1　DSP系统设计过程

与其他系统设计工作一样,在进行DSP系统设计之前,设计者首先要明确设计目的和应达到的技术指标. 当具体进行DSP系统设计时,一般设计流程图如图1-4所示,设计过程可大致分为5个阶段:

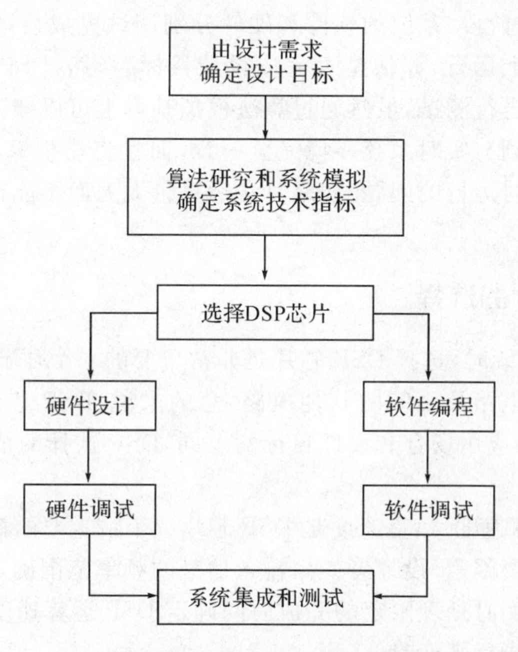

图1-4　DSP系统设计流程图

(1)算法研究与优化. 这一阶段主要是根据设计任务确定系统的技术指标. 首先应根据系统需求进行算法仿真和高级语言(如MATLAB)模拟实现,通过仿真验证算法的正确性、精度和效率,以确定最佳算法,并初步确定相应的参数. 其次核算算法需要的DSP处理能力,一方面这是选择DSP的重要因素,另一方面也影响目标板的DSP结构,如采用单DSP还是多DSP,并行结构还是串行结构等. 最后算法还要反复进行优化,一方面提高算法的效率,另一方面使算法更加适合DSP的体系结构,如对算法进行并行处理的分解或流水处理的分解等,以便获得运算量最小和使用资源最少的算法.

(2)DSP 芯片及外围芯片的确定.根据算法的运算速度、运算精度和存储要求等参数选择 DSP 芯片及外围芯片(详见 1.4.2).每种 DSP 芯片都有它特别适合处理的领域,例如,TMS320C54x 系列就特别适合通信领域的应用,C54x 良好的性能价格比和硬件结构对 Vertbi 译码、FFT 等算法的支持,都保证了通信信号处理算法的实现效率.又例如,TMS320C24x 系列特别适合家电产品领域,不论是对算法的支持、存储器配置,还是外设支持,都能充分保证应用的效率.

(3)软硬件设计阶段.软硬件设计一般可以分为:①按照选定的算法和 DSP 芯片对系统的各项功能是用软件实现还是硬件实现进行初步分工,例如 FFT、数字上下变频器、RAKE 分集接收是否需要专门芯片或 FPGA 芯片实现,译码判决算法是用软件判决还是硬件判决,等等.②根据系统技术指标要求着手进行硬件设计,完成 DSP 芯片外围电路和其他电路(如转换、控制、存储、输出、输入等电路)的设计.③根据系统技术指标要求和所确定的硬件编写相应的 DSP 汇编程序,完成软件设计.

(4)硬件和软件调试阶段.硬件调试一般采用硬件仿真器进行,软件调试一般借助 DSP 开发工具(如软件模拟器、DSP 开发系统或仿真器)进行.通过比较在 DSP 上执行的实时程序和模拟程序执行情况来判断软件设计是否正确.

(5)系统集成与测试阶段.系统的软件和硬件分别调试完成后,就可以将软件脱离开发系统而直接在应用系统上运行,评估是否完成设计目标.当然,DSP 应用系统的开发,特别是软件开发是需要反复进行测试,虽然通过算法模拟基本上可以知道实时系统的性能,但实际上模拟环境不可能做到与实时系统环境完全一致,而且将模拟算法移植到实时系统时必须考虑算法是否能够实时运行的问题.如果算法运算量太大而不能在硬件上实时运行,则必须重新修改或简化算法.

1.4.2 DSP 芯片的选择

在设计 DSP 应用系统时,选择 DSP 芯片是非常重要的一个环节.只有选定了 DSP 芯片才能进一步设计其外围电路及系统的其他电路.总的来说,DSP 芯片的选择应根据实际的应用系统需要而确定.随应用场合和设计目标的不同,DSP 选择的依据重点也不同,通常需要考虑以下因素.

(1)DSP 芯片的运算速度.运算速度是 DSP 芯片一个最重要的性能指标,也是选择 DSP 芯片时所需要考虑的主要因素.设计者先由输入信号的频率范围确定系统的最高采样频率,再根据算法的运算量和实时处理限定的完成时间确定 DSP 运算速度的下限.DSP 芯片的运算速度可以用以下几种指标来衡量.

①指令周期:执行一条指令所需的时间,通常以纳秒(ns)为单位.如 TMS320VC5402-100 在主频为 100 MHz 时的指令周期为 10 ns.

②MAC 时间:即一次乘法加上一次加法的时间.大部分 DSP 芯片可在一个指令周期内完成一次乘法和加法操作,如 TMS320VC5402-100 的 MAC 时间就是 10 ns.

③FFT 执行时间:即运行一个 N 点 FFT 程序所需的时间.由于 FFT 涉及的运算在数字信号处理中很具代表性,因此 FFT 运算时间常作为衡量 DSP 芯片运算能力的指标.

④MIPS:每秒执行百万条指令.如 TMS320VC5402-100 的处理能力为 100 MIPS,即每秒可执行 1 亿条指令.

⑤MOPS:每秒执行百万次操作.如TMS320C40的运算能力为275MOPS.

⑥MFLOPS:每秒执行百万次浮点操作.如TMS320C31在主频为40 MHz时的处理能力为40MFLOPS.

⑦BOPS:每秒执行十亿次操作.如TMS320C80的处理能力为2BOPS.

(2)DSP芯片的运算精度.由系统所需要的精度确定是采用定点运算还是浮点运算.参加运算的数据字长越长精度越高,目前,除少数DSP处理器采用20位、24位或32位的格式外,绝大多数定点DSP都采用16位数据格式.由于其功耗小和价格低廉,实际应用的DSP处理器绝大多数是定点处理器.

为了保证底数的精度,浮点DSP的数据格式基本上都做成32位,其数据总线、寄存器、存储器等的宽度也相应是32位.在实时性要求很高的场合,往往考虑使用浮点DSP处理器.与定点DSP处理器相比,浮点DSP处理器的速度更快,但价格比较高,开发难度也更大一些.

(3)片内硬件资源.由系统数据量的大小确定所使用的片内RAM及需要扩展的RAM的大小;根据系统是作计算用还是控制用来确定I/O端口的需求.

不同的DSP芯片所提供的硬件资源是不相同的,如片内RAM、ROM的数量,外部可扩展的程序和数据空间,总线接口、I/O接口等.即使是同一系列的DSP芯片(如TI的TMS320C54x系列),系列中不同DSP芯片也具有不同的内部硬件资源,以适应不同的需要.在一些特殊的控制场合有一些专门的芯片可供选用,如TMS320C2xx系列自身带有两路A/D输入和6路PWM输出及强大的人机接口,特别适合于电动机控制场合.

(4)DSP芯片的功耗.在某些DSP应用场合,功耗也是一个很重要的问题.功耗的大小意味着发热的多少和能耗的大小.如便携式的DSP设备、手持设备(手机)和野外应用的DSP设备,对功耗都有特殊的要求.

(5)DSP芯片的开发工具.快捷、方便的开发工具和完善的软件支持是开发大型复杂DSP系统必备的条件,有强大的开发工具支持,就会大大缩短系统开发时间.现在的DSP芯片都有较完善的软件和硬件开发工具,其中包括Simulator软件仿真器、Emulator在线仿真器和C编译器等.如TI公司的CCS集成开发环境、XDSP实时软件技术等,为用户快速开发实时高效的应用系统提供了巨大帮助.

(6)DSP芯片的价格.在选择DSP芯片时一定要考虑其性能价格比.如价格过高,即使其性能较高,在应用中也会受到一定的限制,如应用于民用品或批量生产的产品中就需要较低廉的价格.另外,DSP芯片发展迅速,价格下降也很快.因此在开发阶段可选择性能高、价格稍贵的DSP芯片,等开发完成后,会具有较高的性价比.

(7)其他因素.除了上述因素外,选择DSP芯片还应考虑到封装的形式、质量标准、供货情况、生命周期等.有的DSP芯片可能有DIP、PGA、PLCC、PQFP等多种封装形式.有些DSP系统可能最终要求的是工业级或军用级标准,在选择时就需要注意到所选的芯片是否有工业级或军用级的同类产品.如果所设计的DSP系统不仅仅是一个实验系统,而是需要批量生产并可能有几年甚至十几年的生命周期,那么需要考虑所选的DSP芯片供货情况如何,是否也有同样甚至更长的生命周期等.

上述各因素中,确定DSP应用系统的运算量是非常重要的,它是选用处理能力多大的DSP芯片的基础,运算量小则可以选用处理能力不是很强的DSP芯片,从而降低系统成本.相反,运算量大的DSP系统则必须选用处理能力强的DSP芯片,如果DSP芯片的处理能力达不到系统要求，则必须用多个 DSP 芯片并行处理. 如何确定 DSP 系统的运算量并选择 DSP 芯片，主要考虑以下两种情况.

①按样点处理. 所谓按样点处理，就是 DSP 算法对每一个输入样点循环一次. 数字滤波就是这种情况，在数字滤波器中，通常需要对每一个输入样点计算一次.

例如，一个采用 LMS 算法的 256 抽头的自适应 FIR 滤波器，假定每个抽头的计算需要 3 个 MAC 周期，则 256 抽头计算需要 768 个 MAC 周期(256×3=768 个 MAC 周期).

如果采样频率为 8 kHz，即样点之间的间隔为 125 μs，DSP 芯片的 MAC 周期为 200 ns，则 768 个 MAC 周期需要 153.6 μs(768×200ns=153.6 μs).

由于计算 1 个样点所需的时间 153.6 μs 大于样点之间的间隔 125 μs，显然无法实时处理，需要选用速度更高的 DSP 芯片.

若选 DSP 芯片的 MAC 周期为 100 μs，则 768 个 MAC 周期需要 76.8 μs(768×100ns=76.8 μs).

由于计算 1 个样点所需的时间 76.8 μs 小于样点之间的间隔 125 μs，可实现实时处理.

②按帧处理. 有些数字信号处理算法不是每个输入样点循环一次，而是每隔一定的时间间隔(通常称为帧)循环一次. 中低速语音编码算法通常以 10 ms 或 20 ms 为一帧，每隔 10 ms 或 20 ms 语音编码算法循环一次. 所以，选择 DSP 芯片时应该比较一帧内 DSP 芯片的处理能力和 DSP 算法的运算量.

例如，假设 DSP 芯片的指令周期为 p(ns)，一帧的时间为 At(ns)，则该 DSP 芯片在一帧内所能提供的最大运算量为：

$$\text{最大运算量}=At/p\ \text{条指令}$$

例如：TMS320VC5402-100 的指令周期为 10 ns，设帧长为 20 ms，则一帧内 TMS320VC5402-100 所能提供的最大运算量为：

$$\text{最大运算量}=20\text{ms}/10\text{ns}=200\ \text{万条指令}$$

因此，只要语音编码算法的运算量不超过 200 万条指令(单周期指令)，就可以在 TMS320VC5402-100 上实时运行.

1.4.3 DSP 应用系统的开发工具

对于 DSP 工程师来说，除必须了解和熟悉 DSP 本身的结构和技术指标外，大量的时间和精力要花费在熟悉和掌握其开发工具和环境上. 此外，通常情况下开发一个嵌入式系统，80%的复杂程度取决于软件. 所以，设计人员在为实时系统选择处理器时，都极为看重先进的、易于使用的开发环境与工具.

因此，各 DSP 生产厂商以及许多第三方公司作了极大的努力，为 DSP 系统集成和硬软件的开发提供了大量有用的工具，使其成为 DSP 发展过程中最为活跃的领域之一，随着 DSP 技术本身的发展而不断地发展与完善.

DSP 软件可以使用汇编语言或 C 语言编写源程序，通过编译、连接工具产生 DSP 的执行代码. 在调试阶段，可以利用软仿真(Simulator)在计算机上仿真运行；也可以利用硬件调试工具(如 XDS510)将代码下载到 DSP 中，并通过计算机监控、调试运行该程序. 当调试完成后，可以将该程序代码固化到 EPROM 中，以便 DSP 目标系统脱离计算机单独运行.

下面简要介绍几种常用的开发工具.

(1)代码生成工具.代码生成工具包括编译器、连接器、优化C编译器、转换工具等.可以使用汇编语言或C语言(最新版的CCS中带的代码生成工具可以支持C++)编写的源程序代码.编写完成后,使用代码生成工具进行编译、连接,最终形成机器代码.

(2)软仿真器(Simulator).软仿真器是一个软件程序,使用主机的处理器和存储器来仿真TMS320DSP的微处理器和微计算机模式,从而进行软件开发和非实时的程序验证.可以在没有目标硬件的情况下作DSP软件的开发和调试.在PC上,典型的软仿真速度是每秒几百条指令.早期的软仿真器软件与其他开发工具(如代码生成工具)是分离的,使用起来不太方便.现在,软仿真器作为CCS的一个标准插件已经被广泛应用于DSP的开发中.

(3)硬仿真器(Emulator).硬仿真器由插在PC内PCI卡或接在USB口上的仿真器和目标板组成.C54x硬件扫描仿真口通过仿真头(JTAG)将PC中的用户程序代码下载到目标板的存储器中,并在目标板内实时运行.

TMS320扩展开发系统XDS(eXtended Development System)是功能强大的全速仿真器,用于系统级的集成与调试.扫描式仿真(Scan-Based Emulator)是一种独特的、非插入式的系统仿真与集成调试方法.程序可以从片外或片内的目标存储器实时执行,在任何时钟速度下都不会引入额外的等待状态.

XDS510/XDS510WS仿真器是用户界面友好,以PC或SUN工作站为基础的开发系统,可以对C2000、C5000、C6000、C8x系列的各片种实施全速扫描式仿真.因此,可以用来开发软件和硬件,并将它们集成到目标系统中.XDS510适用于PC,XDS510WS适用于SPARC工作站.

(4)集成开发环境CCS(Code Composer Studio).CCS是一个完整的DSP集成开发环境,包括了编辑、编译、汇编、链接、软件模拟、调试等几乎所有需要的软件,是目前使用最为广泛的DSP开发软件之一.它有两种工作模式,一是软件仿真器,即脱离DSP芯片,在PC上模拟DSP指令集与工作机制,主要用于前期算法和调试;二是硬件开发板相结合在线编程,即实时运行在DSP芯片上,可以在线编制和调试应用程序.CCS的详细内容见第5章.

(5)DSK系列评估工具及标准评估模块(EVM).DSP入门套件DSK(DSP StarterKit)、评估模块EVM(Evaluation Module)是TI或TI的第三方为TMS320DSP的使用者设计和生产的一种评估平台,目前可以为C2000、C3x、C5000、C6000等系列片种提供该平台.DSK或EVM除了提供一个完整的DSP硬件系统外(包括A/D&D/A、外部程序/数据存储器、外部接口等),还提供完整的代码生成工具及调试工具.用户可以使用DSK或EVM来做DSP的实验,进行诸如控制系统、语音处理等应用;也可以用来编写和运行实时源代码,并对其进行评估;还可以用来调试用户自己的系统.

在DSP应用系统开发过程中,需要开发工具支持的情况如表1-2所示.

表1-2 DSP应用系统开发工具支持

开发步骤	开发内容	开发工具支持	
		硬件支持	软件支持
1	算法模拟	计算机	C语言、MATLAB语言等
2	DSP软件编程	计算机	编辑器(如Edit等)

续表

开发步骤	开发内容	开发工具支持	
		硬件支持	软件支持
3	DSP 软件调试	计算机、DSP 仿真器等	DSP 代码生成工具(包括 C 编译器、汇编器、链接器等)、DSP 代码调试工具(软仿真器 Simulator、CCS 等)
4	DSP 硬件设计	计算机	电路设计软件(如 Protel、DXP 等)、其他相关软件(如 EDA 软件等)
5	DSP 硬件调试	计算机、DSP 仿真器、信号发生器、逻辑分析仪等	相关支持软件
6	系统集成	计算机、DSP 仿真器、示波器、信号发生器、逻辑分析仪等	相关支持软件

1.5 习题与思考题

1. 什么是 DSP 技术?
2. DSP 芯片的结构特点有哪些?
3. 简述 DSP 系统设计的一般步骤.
4. 简述 TI 公司 C2000、C5000、C6000 系列 DSP 的特点及主要用途.
5. 简述 TMS320C55x 的设计目标和应用目标.
6. 试述 TMS320C54x 的主要优点及基本特征.
7. 设计 DSP 应用系统时,如何选择合适的 DSP 芯片?
8. 开发 DSP 应用系统,一般需要哪些软件、硬件开发工具?

第 2 章　TMS320C54x 的硬件结构

2.1　TMS320C54x 简介

2.1.1　TMS320C54x 内部结构

TMS320C54x DSP 采用先进的修正哈佛结构和 8 总线结构，使处理器的性能大大提高. 其独立的程序和数据总线，提供了高度的并行操作，允许同时访问程序存储器和数据存储器. 例如，可以在一条指令中，同时执行 3 次读操作和 1 次写操作. 此外，还可以在数据总线与程序总线之间相互传送数据，从而使处理器具有在单个周期内同时执行算术运算、逻辑运算、移位操作、乘法累加运算及访问程序和数据存储器的强大功能.

虽然 TMS320C54x 系列 DSP 芯片产品很多，但其体系结构基本上是相同的，特别是核心 CPU 部分，各个型号间的差别主要是片内存储器和片内外设的配置. 图 2-1 给出了 TMS320C54x DSP 的典型内部硬件组成框图，C54x 的硬件结构基本上可分为 3 大块.

(1)CPU：包括算术逻辑运算单元(ALU)、乘法器、累加器、移位寄存器、各种专门用途的寄存器、地址生成器及内部总线.

(2)存储器系统：包括片内的程序 ROM、片内单访问的数据 RAM 和双访问的数据 RAM、外接存储器接口.

(3)片内外设与专用硬件电路：包括片内的定时器、各种类型的串口、主机接口、片内的锁相环(PLL)时钟发生器及各种控制电路.

此外，在芯片中还包含有仿真功能及其 IEEE 1149.1 标准接口，用于芯片开发应用时的仿真.

2.1.2　TMS320C54x 主要特性

C54x 是一款低功耗、高性能的定点 DSP 芯片，其主要特性体现在以下几方面：

(1)CPU 部分.

①先进的多总线结构(1 条程序总线、3 条数据总线和 4 条地址总线).

②40 位算术逻辑运算单元(ALU)，包括 1 个 40 位桶形移位寄存器和 2 个独立的 40 位累加器.

③17×17 位并行乘法器，与 40 位专用加法器相连，用于非流水线式单周期乘法、累加(MAC)运算.

④比较、选择、存储单元(CSSU)，用于加法、比较选择.

⑤指数编码器，可以在单个周期内计算 40 位累加器中数值的指数.

⑥双地址生成器，包括 8 个辅助寄存器和 2 个辅助寄存器算术运算单元(ARAU).

(2)存储器系统.

①具有 192 k 字可寻址存储空间：64 k 字程序存储空间、64 k 字数据存储空间及 64 k

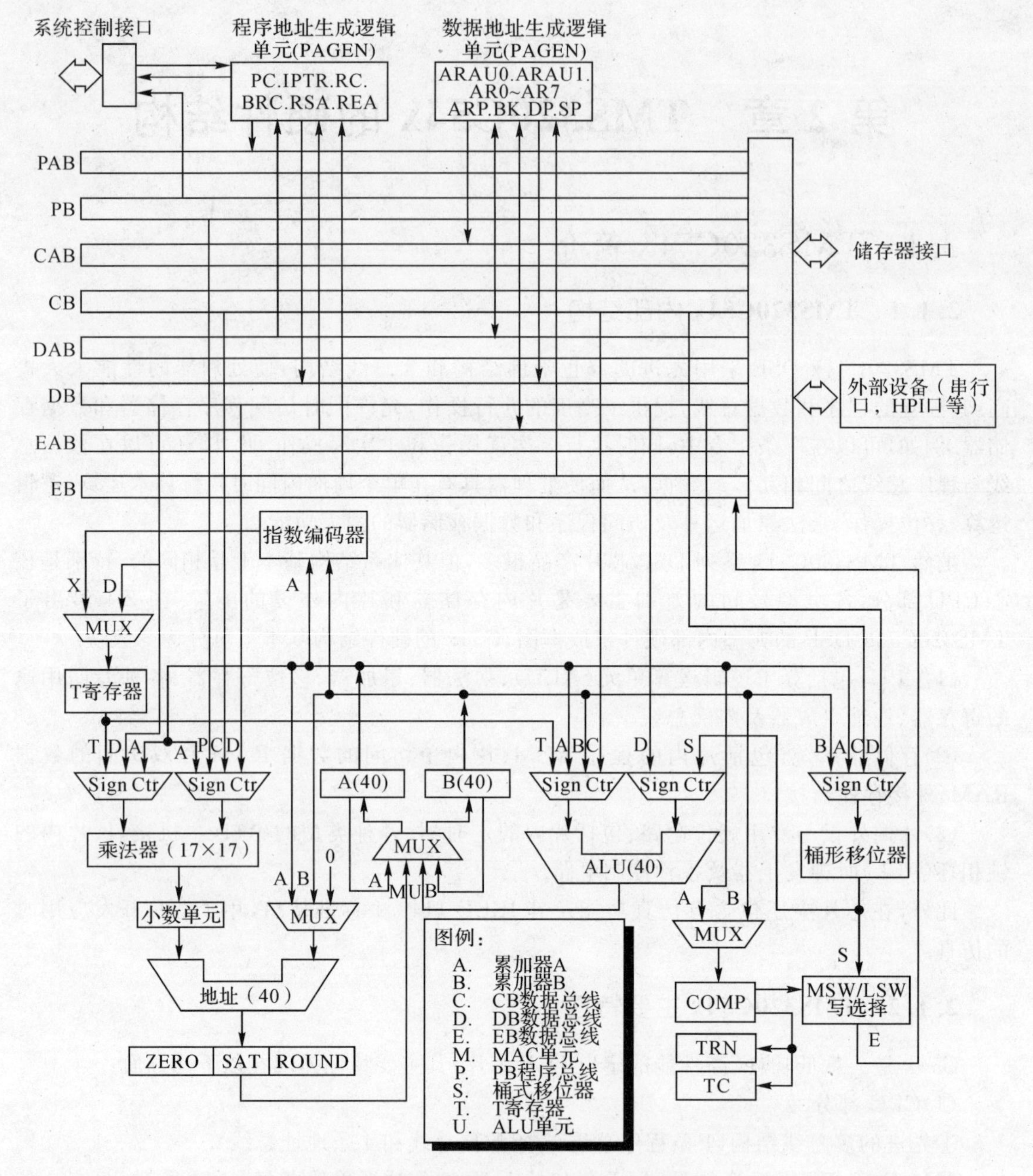

图 2-1　C54x DSP 的内部硬件组成框图

字 I/O 空间，对于 C548、C549、C5402、C5410 和 C5416 等可将其程序空间扩展至 8 M.

②片内双寻址 RAM(DARAM). C54x 中的 DARAM 被分成若干块. 在每个机器周期内，CPU 可以对同一个 DARAM 块寻址(访问)2 次，即 CPU 可以在一个机器周期内对同一个 DARAM 块读出 1 次和写入 1 次.

③DARAM 可以映射到程序空间和数据空间. 但一般情况下，DARAM 总是映射到数据存储器空间，用于存放数据. 片内单寻址 RAM(SARAM). 如 C548、C549、C5402、C5410 和 C5416 等.

(3)片内外设.

①软件可编程等待状态发生器.

②可编程分区转换逻辑电路.

③带有内部振荡器或用外部时钟源的片内锁相环(PLL)时钟发生器.

④串口. 一般 TI 公司的 DSP 都有串行口,C54x 系列 DSP 集成在芯片内部的串口分为 4 种:标准同步串口(SP)、带缓冲的串行接口(BSP)、时分复用(TDM)串行口和多通道带缓冲串行接口(McBSP). 芯片不同串口配置也不尽相同.

⑤8 位或 16 位主机接口(HPI). 大部分 C54x DSP 都配置有 HPI 接口,具体配置情况如表 2-1 所示.

表 2-1　C54x DSP 主机接口(HPI)配置

芯　片	标准 8 位 HPI	增强型 8 位 HPI	增强型 16 位 HPI
C541	0	0	0
C542	1	0	0
C543	0	0	0
C545	1	0	0
C546	0	0	0
C548	1	0	0
C549	1	0	0
C5402	0	1	0
C5410	0	1	0
C5420	0	0	1

⑥外部总线关断控制,以断开外部的数据总线、地址总线和控制信号.

⑦数据总线具有总线保持特性.

⑧可编程的定时器.

(4)指令系统.

①单指令重复和块指令重复操作.

②用于程序和数据管理的块存储器传送指令.

③32 位长操作数指令.

④同时读入 2 或 3 个操作数的指令.

⑤可以并行存储和并行加载的算术指令.

⑥条件存储指令.

⑦从中断快速返回的指令.

(5)在片仿真接口. 具有符合 IEEE 1149.1 的标准在片仿真接口.

(6)速度. C54x DSP 单周期定点指令的执行时间分别为 25 ns、20 ns、15 ns、12.5 ns 和10 ns.

(7)电源和功耗.

①可采用 5 V、3.3 V、3 V、1.8 V 或 2.5 V 的超低电压供电.

②可用 IDLE1、IDLE2 和 IDLE3 指令控制功耗,以工作在省电方式.

2.2 总线结构

C54x DSP 片内有 8 条 16 位的总线,即 4 条程序、数据总线和 4 条地址总线.这些总线的功能如下:

①程序总线(PB)传送取自程序存储器的指令代码和立即操作数.

②数据总线(CB、DB 和 EB)将内部各单元(如 CPU、数据地址生成电路、程序地址生成电路、在片外围电路及数据存储器)链接在一起.其中,CB 和 DB 传送读自数据存储器的操作数,EB 传送写到存储器的数据.

③4 个地址总线(PAB、CAB、DAB 和 EAB)传送执行指令所需的地址.

④C54x DSP 可以利用两个辅助寄存器算术运算单元(ARAU0 和 ARAU1),在每个周期内产生两个数据存储器的地址.

PB 能够将存放在程序空间(如系数表)中的操作数传送到乘法器和加法器,以便执行乘法、累加操作,或通过数据传送指令(MVPD 和 READA 指令)传送到数据空间的目的地址.这种功能,连同双操作数的特性,支持在一个周期内执行 3 操作数指令(如 FIRS 指令).

C54x DSP 还有一条在片双向总线,用于寻址片内外设.这条总线通过 CPU 接口中的总线交换器连到 DB 和 EB.利用这个总线读、写,需要两个或两个以上周期,具体时间取决于外围电路的结构.

表 2-2 列出了各种寻址方式用到的总线.

表 2-2　各种寻址方式所用到的总线

读/写方式	地址总线				程序总线	数据总线		
	PAB	CAB	DAB	EAB	PB	CB	DB	EB
程序读	√				√			
程序写	√							√
单数据读			√				√	
双数据读		√	√			√	√	
长数据(32 位)读		√①	√②			√①	√②	
单数据写				√				√
数据读/数据写			√	√			√	√
双数据读/系数读	√	√	√		√	√	√	
外设读			√				√	
外设写				√				√

备注:①HW=高 16 位字;②LW=低 16 位字.

2.3　中央处理单元(CPU)

C54x DSP 的并行结构设计特点,使其能在一条指令周期内,高速地完成算术运算. 其 CPU 的基本组成如下:40 位算术逻辑运算单元(ALU);2 个 40 位累加器;－16～30 位的桶形移位寄存器;乘法器/加法器单元;16 位暂存器(T);CPU 状态和控制寄存器;比较、选择和存储单元(CSSU);指数编码器.

C54x DSP 的 CPU 寄存器都是存储器映射的,可以快速保存和读取.

2.3.1　CPU 状态和控制寄存器

C54x DSP 有三个状态和控制寄存器:状态寄存器 0(ST0);状态寄存器 1(ST1);处理器工作模式状态寄存器(PMST).

ST0 和 ST1 中包含各种工作条件和工作方式的状态,PMST 中包含存储器的设置状态及其他控制信息. 由于这些寄存器都是存储器映像寄存器,所以都可以快速地存放到数据存储器,或者由数据存储器对它们加载,或者用子程序或中断服务程序保存和恢复处理器的状态.

(1)状态寄存器 ST0 和 ST1. ST0 和 ST1 寄存器的各位可以使用 SSBX 和 RSBX 指令来设置和清除. ARP、DP 和 ASM 位可以使用带短立即数的 LD 指令来加载.

①状态寄存器 ST0. ST0 的结构如图 2-2 所示,各状态的解释如表 2-3 所示.

15~13	12	11	10	9	8~0
ARP	TC	C	OVA	OVB	DP

图 2-2　ST0 结构图

表 2-3　ST0 各位的含义

位	名称	复位值	功　能
15～13	ARP	0	辅助寄存器指针. 这 3 位字段是在间接寻址单操作数时,用来选择辅助寄存器的. 当 DSP 处在标准方式(CMPT＝0)时,ARP 总是置成 0
12	TC	1	测试/控制标志位. TC 保存 ALU 测试位操作的结果. TC 受 BIT、BITF、BITT、CMPM、CMPS 及 SFTC 指令的影响,可以由 TC 的状态门(1 或 0)决定条件分支转移指令、子程序调用及返回指令是否执行. 如果下列条件为真,则 TC＝1: (1)由 BIT 或 BITT 指令所测试的位等于 1; (2)当执行 CMPM、CMPR 或 CMPS 比较指令时,比较一个数据存储单元中的值与一个立即操作数、AR0 与另一个辅助寄存器或者一个累加器的高字与低字的条件成立; (3)用 SFTC 指令测试某个累加器的第 31 位和第 30 位彼此不相同

续表

位	名称	复位值	功　能
11	C	1	进位位.如果执行加法产生进位,则置 1;如果执行减法产生借位则清 0.否则,加法后它被复位,减法后被置位,带 16 位移位的加法或减法除外.在后一种情况下,加法只能对进位位置位,减法对其复位,它们都不能影响进位位.所谓进位和借位都只是 ALU 上的运算结果,且定义在第 32 位的位置上.移位和循环指令(ROR、ROL、SFTA 和 SFTL)及 MIN、MAX 和 NEG 指令也影响进位位
10	OVA	0	累加器 A 的溢出标志位.当 ALU 或者乘法器后面的加法器发生溢出且运算结果在累加器 A 中时,OVA 位置 1.一旦发生溢出,OVA 一直保持置位状态,直到复位或者利用 AOV 和 ANOV 条件执行 BC[D]、CC[D]、RC[D]、XC 指令为止.RSBX 指令也能清 OVA 位
9	OVB	0	累加器 B 的溢出标志位.当 ALU 或者乘法器后面的加法器发生溢出且运算结果在累加器 B 中时,OVB 位置 1.一旦发生溢出,OVB 一直保持置位状态,直到复位或者利用 AOV 和 ANOV 条件执行 BC[D]、CC[D]、RC[D]、XC 指令为止.RSBX 指令也能清 OVB 位
8～0	DP	0	数据存储器页指针.这 9 位字段与指令字中的低 7 位结合在一起,形成一个 16 位直接寻址存储器的地址,对数据存储器的一个操作数寻址.如果 ST1 中的编辑方式位 CPL=0,上述操作就可执行.DP 字段可用 LD 指令加载一个短立即数或者从数据存储器对它加载

②ST1 的结构如图 2-3 所示;各状态位的解释如表 2-4 所示.

15	14	13	12	11	10	9	8	7	6	5	4~0
BRAF	CPL	XF	MH	INTM	0	OVM	SXM	C16	FRCT	CMPT	ASM

图 2-3　ST1 结构图

表 2-4　ST1 各位的含义

位	名称	复位值	功　能
15	BRAF	0	块重复操作标志位.BRAF 指示当前是否在执行块重复操作: (1)BRAF=0 表示当前不在进行块重复操作(当块重复计数器(BRC)减到低于 0 时,BRAF 被清 0); (2)BRAP=1 表示当前正在进行块重复操作(当执行 RPTB 指令时,BRAP 被自动地置 1)
14	CPL	0	直接寻址编辑方式位.CPL 指示直接寻址时采用何种指针: (1)CPL=0,选用用数据页指针(DP)的直接寻址方式; (2)CPL=1,选用堆栈指针(SP)的直接寻址方式
13	XF	1	XF 引脚状态位.以 XF 表示外部标志(XF)引脚的状态.XF 引脚是一个通用输出引脚,用 RSBX 或 SSBX 指令对 XF 复位或置位
12	HM	0	保持方式位.当处理响应 HOLD 信号时,HM 指示处理器是否继续执行内部操作: (1)HM=0,处理器从内部程序存储器取指,继续执行内部操作,而将外部接口置成高阻状态; (2)HM=1,处理器暂停内部操作

续表

位	名称	复位值	功　能
11	INTM	1	中断方式位. INTM 从整体上屏蔽或开放中断： (1)INTM＝0，开放全部可屏蔽中断 (2)INTM＝1，关闭所有可屏蔽中断 SSBX 指令可以置 INTM 为 1，RSBX 指令可以将 INTM 清 0. 当复位或者执行可屏蔽中断(INR 指令或外部中断)时，INTM 置 1. 当执行一条 RETE 或 RETF 指令(从中断返回)时，INTM 清 0. INTM 不影响不可屏蔽的中断(RS 和 NMI). INTM 位不能用存储器写操作来设置
10		0	此位总是读为 0
9	OVM	0	溢出方式位. OVM 确定发生溢出时以什么样的数加载目的累加器： (1)OVM＝0，乘法器后面的加法器中的溢出结果值，像正常情况一样加到目的累加器； (2)OVM＝1，当发生溢出时，目的累加器置成正的最大值(007FFFFFFFh)或负的最大值(FF80000000h). OVM 分别由 SSBX 和 RSBX 指令置位和复位
8	SXM	1	符号位扩展方式位. SXM 确定符号位是否扩展： (1)SXM＝0：禁止符号位扩展； (2)SXM＝1：数据进入 ALU 之前进行符号位扩展. SXM 不影响某些指令的定义：ADD、LDU 和 SUBS 指令不管 SXM 的值，都禁止符号位扩展. SXM 可分别由 SSBX 和 RSBX 指令置位和复位
7	C16	0	双 16 位/双精度算术运算方式位. C16 决定 ALU 的算术运算方式： (1)C16＝0，ALU 工作在双精度算术运算方式； (2)C16＝1，ALU 工作在双 16 位算术运算方式
6	FRCT	0	小数方式位. 当 FRCT＝1，乘法器中输出左移 1 位，以消去多余的符号位
5	CMPT	0	修正方式位. CMPT 决定 ARP 是否可以修正 (1)CMPT＝0，在间接寻址单个数据存储器操作数时，不能修正 ARP(DSP 工作在这种方式时，ARP 必须置 0)； (2)CMPT＝1：在间接寻址单个数据存储器操作数时，可修正 ARP，当指令正在选择辅助存储器 0(AR0)时除外
4～0	ASM	0	累加器移位方式位. 5 位字段的 ASM 规定一个从－16～15 的移位值(2 的补码值). 凡带并行存储的指令及 STH、STL、ADD、SUB、LD 指令都能利用这种移位功能. 可以从数据存储器或者用 LD 指令(短立即数)对 ASM 加载

(2)处理器工作模式状态寄存器(PMST). PMST 寄存器由存储器映射寄存器指令进行加载，例如 STM 指令. PMST 寄存器的结构如图 2-4 所示，各状态位的解释如表 2-5 所示.

15～7	6	5	4	3	2	1	0
IPTR	MP/$\overline{\text{MC}}$	OVLY	AVIS	DROM	CLKOFF①	SMUL①	SST①

图 2-4　PMST 结构图

注：①这些位置在 C54x DSP 的 A 版本及更新版本才有，或者在 C548 及更高的系列器件才有.

表 2-5　处理器工作方式状态寄存器 PMST 各状态位的功能

位	名称	复位值	功　能
15～7	IPTR	1FFh	中断向量指针. 9 位字段的 IPTR 指示中断向量所驻留的 128 字程序存储器的位置. 在自举加载操作情况下，用户可以将中断向量重新映像到 RAM. 复位时，这 9 位全都置 1；复位向量总是驻留在程序存储器空间的地址 FF80h. RESET 指令不影响这个字段
6	MP/$\overline{\text{MC}}$	MP/$\overline{\text{MC}}$ 引脚状态	微处理器/微型计算机工作方式位： (1)MP/$\overline{\text{MC}}$=0：允许使能并寻址片内 ROM； (2)MP/$\overline{\text{MC}}$=1：不能利用片内 ROM. 复位时，采样 MP/$\overline{\text{MC}}$引脚上的逻辑电平，并且将 MP/$\overline{\text{MC}}$位置成此值. 直到下一次复位，不再对 MP/MC 引脚再采样. RESET 指令不影响此位. MP/MC 位也可以用软件的办法置位或复位
5	OVLY	0	RAM 重复占位位. OVLY 可以允许片内双寻址数据 RAM 块映射到程序空间. OVLY 位的值为： (1)OVLY=0：只能在数据空间而不能在程序空间寻址在片 RAM； (2)OVLY=1：片内 RAM 可以映像到程序空间和数据空间，但是数据页 0 (00h～7Fh)不能映像到程序空间
4	AVIS	0	地址可见位. AVIS 允许/禁止在地址引脚上看到内部程序空间的地址线： (1)AVIS=0，外部地址线不能随内部程序地址一起变化(控制线和数据不受影响，地址总线受总线上的最后一个地址驱动)； (2)AVIS=1，让内部程序存储空间地址线出现在 C54x 的引脚上，从而可以跟踪内部程序地址. 而且，当中断向量驻留在片内存储器时，可以连同 IACK 一起对中断向量译码
3	DROM	0	数据 ROM 位. DROM 可以让片内 ROM 映像到数据空间. DROM 位的值为： (1)DROM=0，片内 ROM 不能映像到数据空间； (2)DROM=1，片内 ROM 的一部分映像到数据空间
2	CLKOFF	0	CLKOUT 时钟输出关断位. 当 CLKOFF=1 时，CLKOUT 的输出被禁止，且保持为高电平
1	SMUL*	N/A	乘法饱和方式位. 当 SMUL=1 时，在用 MAC 或 MAS 指令进行累加以前，对乘法结果作饱和处理. 仅当 OVM=1 和 FRCT=1 时，SMUL 位才起作用
0	SST*	N/A	存储饱和位. 当 SST=1 时，对存储前的累加器值进行饱和处理，饱和操作是在移位操作执行完之后进行的

备注：* 仅 LP 器件有此状态位，所有其他器件上此位均为保留位.

2.3.2　算术逻辑单元(ALU)

ALU 执行算术和逻辑操作功能，其结构如图 2-5 所示. 大多数算术逻辑运算指令都是单周期指令. 一个运算操作在 ALU 执行之后，运算所得结果一般被送到目的累加器(A 或 B)中，执行存储操作指令(ADDM、ANDM、ORM 和 XORM)例外.

(1)ALU 的输入. ALU 的 X 输入端的数据为以下 2 个数据中的任何一个.

移位器的输出(32 位或 16 位数据存储器操作数或者经过移位后累加器的值).

来自数据总线(DB)的数据存储器操作数.

ALU 的 Y 输入端的数据是以下 3 个数据中的任何一个.

累加器(A)或(B)的数据.

来自数据总线(CB)的数据存储器操作数.

T 寄存器的数据.

当一个 16 位数据存储器操作数加到 40 位 ALU 的输入端时，若状态寄存器 ST1 的 SXM=0，则高位添 0；若 SXM=1，则符号位扩展.

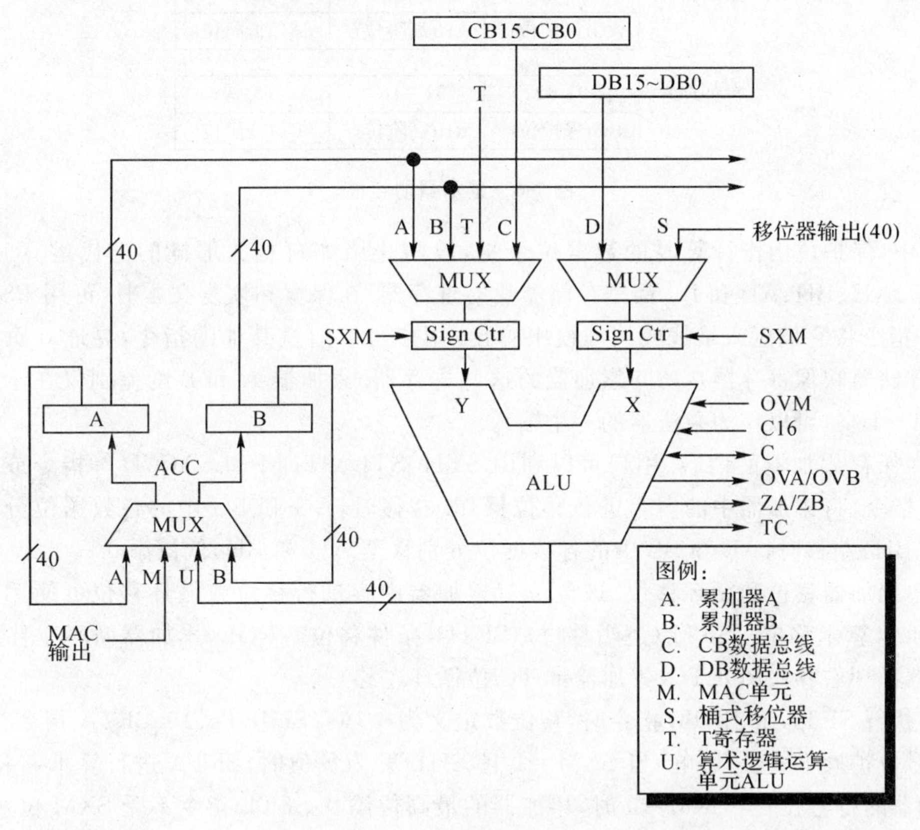

图 2-5　ALU 的结构

(2)ALU 的输出. ALU 的输出为 40 位，被送到累加器 A 或 B.

(3)溢出处理. ALU 的饱和逻辑可以处理溢出. 当发生溢出且状态寄存器 ST1 的 OVM =1 时，则用 32 位最大正数 007FFFFFFFh(正向溢出)或最大负数 FF80000000h(负向溢出)加载累加器. 当发生溢出后，相应的溢出标志位(OVA 或 OVB)置 1，直到复位或执行溢出条件指令.

注意：用户可以用 SAT 指令对累加器进行饱和处理，而不必考虑 OVM 的值.

(4)进位位. ALU 的进位位受大多数算术 ALU 指令(包括循环和移位操作)的影响，可以用来支持扩展精度的算术运算. 利用两个条件操作数 C 和 NC，可以根据进位位的状态，进行分支转移、调用与返回操作. RSBX 和 SSBX 指令可用来加载进位位. 硬件复位时，进位位置 1.

(5)双 16 位算术运算. 用户只要置位状态寄存器 ST1 的 C16 状态位，就可以让 ALU 在单个周期内进行特殊的双 16 位算术运算，即进行两次 16 位加法或两次 16 位减法.

2.3.3 累加器 A 和 B

累加器 A 和 B 都可以配置成乘法器、加法器或 ALU 的目的寄存器. 此外在执行 MIN 和 MAX 指令或者并行指令 LD ‖ MAC 时都要用到它们. 这时,一个累加器加载数据,另一个累加器完成运算.

累加器 A 和 B 都可分为 3 部分,如图 2-6 所示.

累加器A:	39~32	31~16	15~0
	AG(保护位)	AH(高阶位)	AL(低阶位)

累加器B:	39~32	31~16	15~0
	BG(保护位)	BH(高阶位)	BL(低阶位)

图 2-6 累加器的组成

其中,保护位用作计算时的数据位余量,以防止诸如自相关那样的迭代运算时溢出. AG、BG、AH、BH、AL 和 BL 都是存储器映射寄存器. 在保存和恢复文本时,可用 PSHM 或 POPM 指令将它们压入堆栈或从堆栈中弹出. 用户可以通过其他的指令,寻址 0 页数据存储器(存储器映像寄存器),访问累加器的这些寄存器. 累加器 A 和 B 的差别仅在于累加器 A 的 31～16 位可以作为乘法器的一个输入.

(1)保存累加器的内容. 用户可以利用 STH、STL、STLM 和 SACCD 等指令或者用并行存储指令,将累加器中的内容进行移位操作. 右移时,AG 和 BG 中的各数据位分别移至 AH 和 BH;左移时,AL 和 BL 中的各数据位分别移至 AH 和 BH,低位添 0.

(2)累加器移位和循环移位. 进位位对累加器内容进行移位或循环移位可使用下列指令:SFTA(算术移位);SFTL(逻辑移位);SFTC(条件移位);ROL(累加器循环左移);ROR(累加器循环右移);ROLTC(累加器带 TC 位循环左移).

在执行 SFTA 和 SFTL 指令时,移位数定义为－16＜SHIFT＜15. SFTA 指令受 SXM 位(符号位扩展方式位)影响. 当 SXM＝1 且 SHIFT 为负值时,SFTA 进行算术右移,并保持累加器的符号位;当 SXM＝0 时,累加器的最高位添 0. SFTL 指令不受 SXM 位影响,它对累加器的 31～0 位进行移位操作,移位时将 0 移到最高有效位 MSB 或最低有效位 LSB (取决于移位的方向).

SFTC 是一条条件移位指令,当累加器的第 31 位和第 30 位都为 1 或者都为 0 时,累加器左移一位. 这条指令可以用来对累加器的 32 位数归一化,以消去多余的符号位.

ROL 是一条经过进位位 C 的循环左移 1 位指令,进位位 C 移到累加器的 LSB,累加器的 MSB 移到进位位,累加器保护位清零.

ROR 是一条经过进位位 C 的循环右移 1 位指令,进位位 C 移到累加器的 MSB,累加器的 LSB 移到进位位,累加器保护位清零.

ROLTC 是一条带测试控制位 TC 的累加器循环左移指令. 累加器的 30～0 位左移 1 位,累加器的 MSB 移到进位位 C,测试控制位 TC 移到累加器的 LSB,累加器的保护位清 0.

(3)饱和处理累加器内容. PMST 寄存器的 SST 位决定了是否对存储当前累加器的值进行饱和处理. 饱和操作是在移位操作执行完之后进行的. 执行下列指令时可以进行存储前

的饱和处理：STH、STL、STLM、ST ‖ ADD、ST ‖ LD、ST ‖ MACR[R]、ST ‖ MAS[R]、ST ‖ MPY 和 ST ‖ SUB.

当存储前使用饱和处理时，应按如下步骤进行操作.

①根据指令要求对累加器的 40 位数据进行移位(左移或右移).

②将 40 位数据饱和处理为 32 位的值，饱和操作与 SXM 位有关(饱和处理时，数值总假设为正数).

当 SXM=0，生成以下 32 位数：如果数值大于 7FFFFFFFh，则生成 7FFFFFFFh.

当 SXM=1，生成以下 32 位数：如果数值大于 7FFFFFFFh，则生成 7FFFFFFFh；如果数值小于 80000000h，则生成 80000000h.

③按指令要求存放数据(存放低 16 位或高 16 位或者 32 位数).

④在整个操作期间，累加器的内容保持不变.

(4)专用指令. C54x DSP 还一些专用的并行操作指令，有了它们，累加器可以实现一些特殊的运算. 其中包括利用 FIRS 指令，实现对称有限冲激响应(FIR)滤波器算法；利用 LMS 指令实现自适应滤波器算法；利用 SQDST 指令计算欧几里得距离及其他的并行操作.

2.3.4 桶形移位器

桶形移位器用来为输入的数据定标，可以进行如下的操作：

(1)在 ALU 运算前，对来自数据存储器的操作数或者累加器的值进行预定标.

(2)执行累加器的值的一个逻辑或算术运算.

(3)对累加器的值进行归一化处理.

(4)对存储到数据存储器之前的累加器的值进行定标. 图 2-7 是桶形移位器的功能框图如图 2-7.

(5)40 位桶形移位器的输入端接至：①DB，取得 16 位输入数据；②DB 和 CB，取得 32 位输入数据；③40 位累加器 A 或 B.

(6)其输出端接至：①ALU 的一个输入端；②经过 MSW/LSW(最高有效字/最低有效字)写选择单元至 EB 总线.

SXM 位控制操作数进行带符号位、不带符号位扩展. 当 SXM=1 时，执行符号位扩展. 有些指令(如 LDU、ADDS 和 SUBS)认为存储器中的操作数是无符号数，不执行符号位扩展，也就可以不考虑 SXM 状态位的数值.

指令中的移位数就是移位的位数. 移位数都是用 2 的补码表示，正值表示左移，负值表示右移. 移位数可以用以下方式定义.

①用一个立即数(-16～15)表示.

②用状态寄存器 ST1 的累加器移位方式(ASM)位表示，共 5 位，移位数为-16～15.

③用 T 寄存器中最低 6 位的数值(移位数为-16～31)表示. 例如：

```
ADD     A,-4,B      ;累加器 A 右移 4 位后加到累加器 B
ADD     A,ASM,B     ;累加器 A 按 ASM 规定的移位数移位后加到累加器 B
NORM    A           ;按 T 寄存器中的数值对累加器归一化
```

最后一条指令对累加器中的数归一化是很有用的.

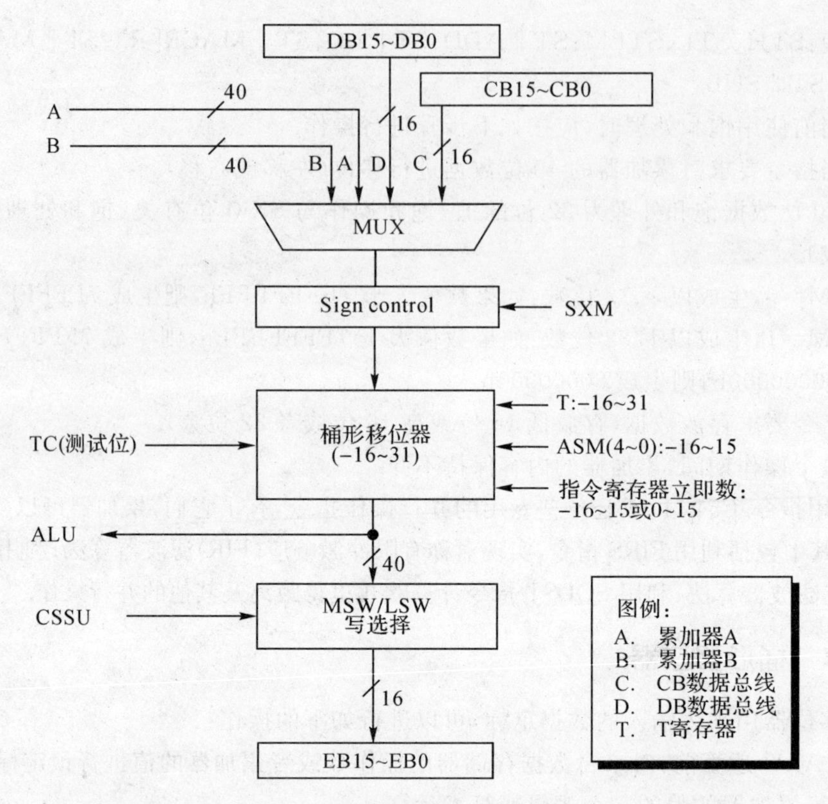

图 2-7 桶形移位器的功能框图

2.3.5 乘法器、加法器单元

C54x DSP 的 CPU 有一个 17×17 位硬件乘法器，它与一个 40 位专用加法器相连. 乘法器、加法器单元可以在一个流水线状态周期内完成一次乘法累加(MAC)运算. 图 2-8 是其功能框图.

乘法器能够执行无符号数乘法和带符号数乘法，按如下约束来实现乘法运算：

(1)带符号数乘法，使每个 16 位操作数扩展成 17 位带符号数.

(2)无符号数乘法，使每个 16 位操作数前面加一个 0.

(3)带符号、无符号乘法，使一个 16 位操作数前面加一个 0；另一个 16 位操作数扩展成 17 位带符号数，以完成相乘运算.

当两个 16 位的数在小数模式下(FRCT 位为 1)相乘时，会产生多余的符号位，乘法器的输出可以左移 1 位，以消去多余的符号位.

在乘法器、加法器单元中的加法器包含一个零检查器(Zero Detector)、一个舍入器(2 的补码)和溢出、饱和逻辑电路. 舍入处理即加 215 到结果中，然后清除目的累加器的低 16 位. 当指令中包含后缀 R 时，会执行舍入处理，如乘法，乘法、累加(MAC)和乘法、减(MAS)等指令，LMS 指令也会进行舍入操作，并最小化更新系数的量化误差.

加法器的输入来自乘法器的输出和另一个加法器. 任何乘法操作在乘法器、加法器单元中执行时，结果会传送到一个目的累加器(A 或 B).

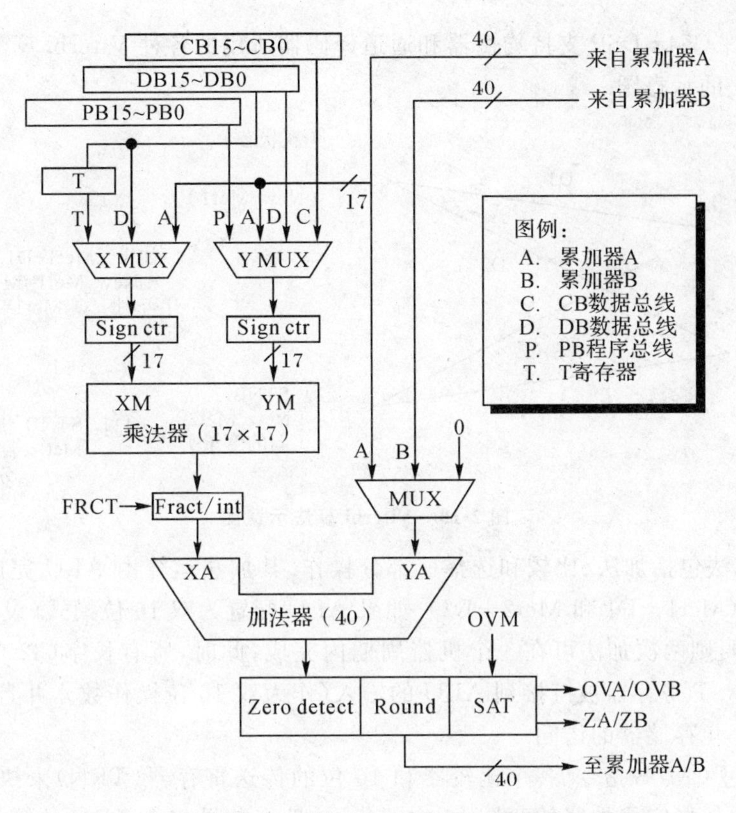

图 2-8　乘法器、加法器单元功能框图

2.3.6　比较、选择和存储单元

在数据通信、模式识别等领域，经常要用到 Viterbi（维特比）算法. C54x DSP 的 CPU 的比较、选择和存储单元（CSSU）就是专门为 Viterbi 算法设计的进行加法/比较/选择（ACS）运算的硬件单元. 图 2-9 所示为 CSSU 的结构图，它和 ALU 一起执行快速 ACS 运算.

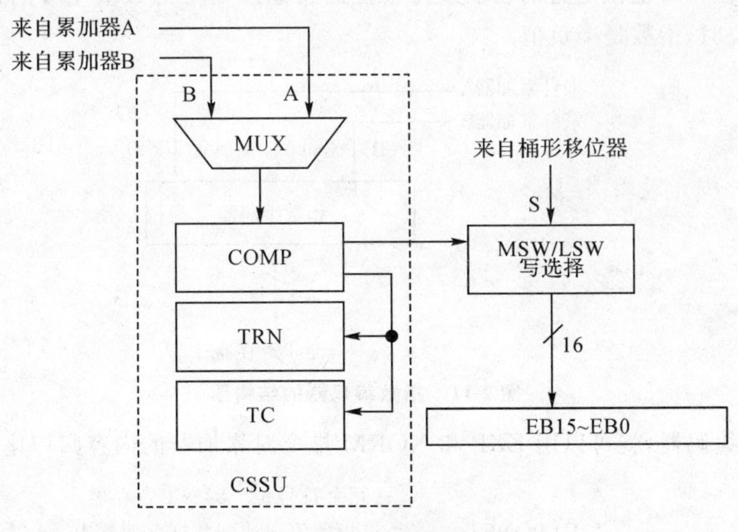

图 2-9　CSSU 的结构图

CSSU 允许 C54x DSP 支持均衡器和通道译码器所用的各种 Viterbi 算法. 图 2-10 给出了 Viterbi 算法的示意图.

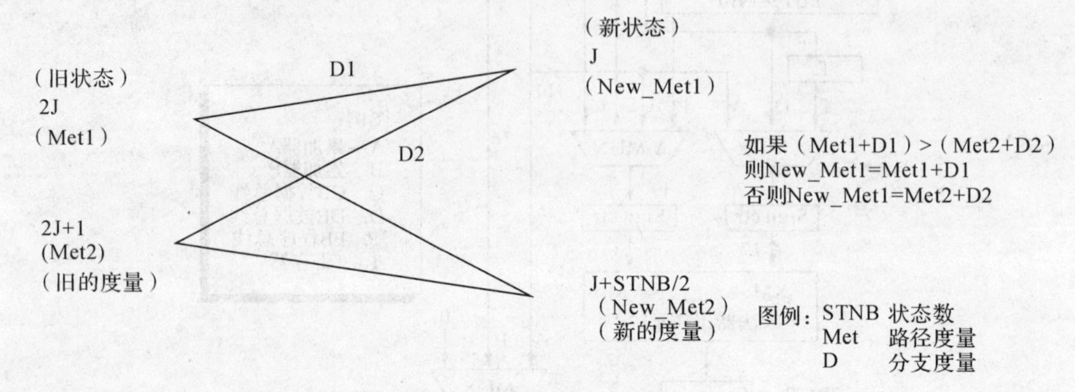

图 2-10 Viterbi 算法示意图

Viterbi 算法包括加法、比较和选择三部分操作. 其加法运算由 ALU 完成，该功能包括两次加法运算(Met1＋D1 和 Met2＋D2). 如果 ALU 配置为双 16 位模式(设置 ST1 寄存器的 C16 位为 1)，则两次加法可在一个机器周期内完成，此时，所有长字(32 位)指令均变成了双 16 位指令. T 寄存器被链接到 ALU 的输入(作为双 16 位操作数)，并且被用作局部存储器，以便最小化存储器的访问.

CSSU 通过 CMPS 指令、一个比较器和 16 位的传送寄存器(TRN)来执行比较和选择操作. 该操作比较指定累加器的两个 16 位部分，并且将结果移入 TRN 的第 0 位. 该结果也保存在 ST0 寄存器的 TC 位. 基于该结果，累加器的相应 16 位被保存在数据存储器中.

2.3.7 指数编码器

指数编码器也是一个专用硬件，如图 2-11 所示. 它可以在单个周期内执行 EXP 指令，求得累加器中数的指数值，并以 2 的补码形式(－8～31)存放到 T 寄存器中. 累加器的指数值＝冗余符号位－8，也就是为消去多余符号位而将累加器中的数值左移的位数. 当累加器数值超过 32 位时，指数是个负值.

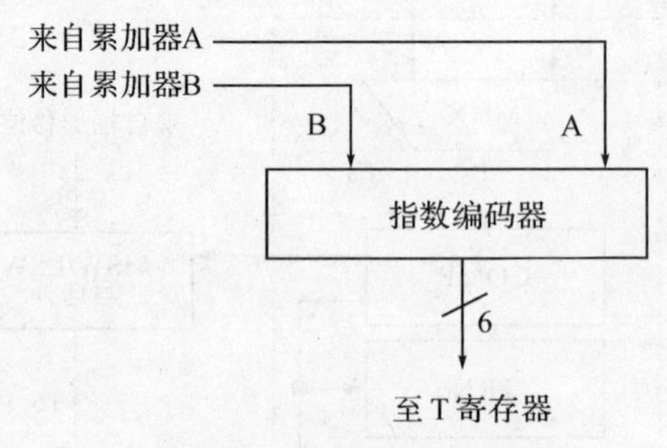

图 2-11 指数编码器的结构图

有了指数编码器，就可以用 EXP 和 NORM 指令对累加器的内容归一化了. 例如：

```
EXP     A            ;(冗余符号位－8)→T 寄存器
ST      T,EXPONET    ;将指数值存放到数据存储器中
NORM    A            ;对累加器归一化(累加器按 T 中值移位)
```

假设 40 位累加器 A 中的定点数为 FF FFFF F001. 先用 EXP A 指令,求得它的指数为 13h,存放在 T 寄存器中,再执行 NORM A 指令就可以在单个周期内将原来的定点数分成尾数 FF 80080000 和指数两部分.

2.4　存储器和 I/O 空间

通常,C54x 的总存储空间为 192 k 字. 这些空间可分为 3 个可选择的存储空间:64 k 字的程序存储空间、64 k 字的数据存储空间和 64 k 字的 I/O 空间. 所有的 C54x DSP 片内都有随机存储器(RAM)和只读存储器(ROM). RAM 有两种类型:单寻址 RAM(SARAM)和双寻址 RAM(DARAM).

表 2-6 列出了各种 C54x DSP 片内存储器的容量. C54x DSP 片内还有 26 个映像到数据存储空间的 CPU 寄存器和外围电路寄存器. C54DSP 结构上的并行性及在片 RAM 的双寻址能力,使它能够在任何一个给定的机器周期内同时执行 4 次存储器操作,即 1 次取指、读 2 个操作数和写 1 个操作数.

表 2-6　C54x DSP 片内程序和数据存储器(单位:k 字)

存储器类型	C541	C542	C543	C545	C546	C548	C549	C5402	C5410	C5420
ROM	28 k	2 k	2 k	48 k	48 k	2 k	16 k	4 k	16 k	0
程序 ROM	20 k	2 k	2 k	32 k	32 k	2 k	16 k	4 k	16 k	0
程序/数据	8 k	0	0	16 k	16 k	0	16 k	4 k	0	0
DARAM	5 k	10 k	10 k	6 k	6 k	8 k	8 k	16 k	8 k	32 k
SARAM	0	0	0	0	0	24 k	24 k	0	56 k	168 k

用户可以将双寻址 RAM(DARAM)和单寻址 RAM(SARAM)配置为数据存储器或程序、数据存储器. 与片外存储器相比,片内存储器具有不需插入等待状态、成本和功耗低等优点. 当然,片外存储器具有能寻址较大存储空间的能力,这是片内存储器无法比拟的.

2.4.1　存储空间的分配

C54x DSP 的存储器空间可以分成 3 个可单独选择的空间,即程序、数据和 I/O 空间. 在任何一个存储空间内,RAM、ROM、EPROM、EEPROM 或存储器映像外设都可以驻留在片内或者片外. 这 3 个空间的总地址范围为 192 k 字(C548 除外).

程序存储器空间存放要执行的指令和执行中所用的系数表,数据存储器存放执行指令所要用的数据,I/O 存储空间与存储器映像外围设备相接口也可以作为附加的数据存储空间.

在 C54x 中,片内存储器的形式有 DARAM、SARAM 和 ROM 3 种,取决于芯片的型号. RAM 总是安排到数据存储空间,但也可以构成程序存储空间,ROM 一般构成程序存储空间,也可以部分地安排到数据存储空间. C54x 通过 3 个状态位,可以很方便地"使能"和"禁止"程序和数据空间中的片内存储器.

(1)MP/$\overline{\text{MC}}$位.

若 MP/$\overline{\text{MC}}$=0,则片内 ROM 安排到程序空间.

若 MP/$\overline{\text{MC}}$=1,则片内 ROM 不安排到程序空间.

(2)OVLY 位.

若 OVLY=1,则片内 RAM 安排到程序和数据空间;

若 OVLY=0,则片内 RAM 只安排到数据存储宇间.

(3)DROM 位.

当 DROM=1,则部分片内 RAM 安排到数据空间;

当 DROM=0,则片内 RAM 不安排到数据空间. DROM 的用法与 MP/$\overline{\text{MC}}$的用法无关.

上述 3 个状态位包含在处理器工作方式状态寄存器(PMST)中.

图 2-12 以 C5402 为例给出了数据和程序存储区图,并说明了与 MP/$\overline{\text{MC}}$、OVLY 及 DROM 3 个状态位的关系. C54x 其他型号的存储区图可参阅相关芯片手册.

C5402 可以扩展程序存储器空间. 采用分页扩展方法,使其程序空间可扩展到 1024k 字. 为此,设有 20 根地址线,增加了一个额外的存储器映像寄存器——程序计数器扩展寄存器(XPC),以及 6 条寻址扩展程序空间的指令. C5402 中的程序空间分为 16 页,每页 64k 字,如图 2-13 所示.

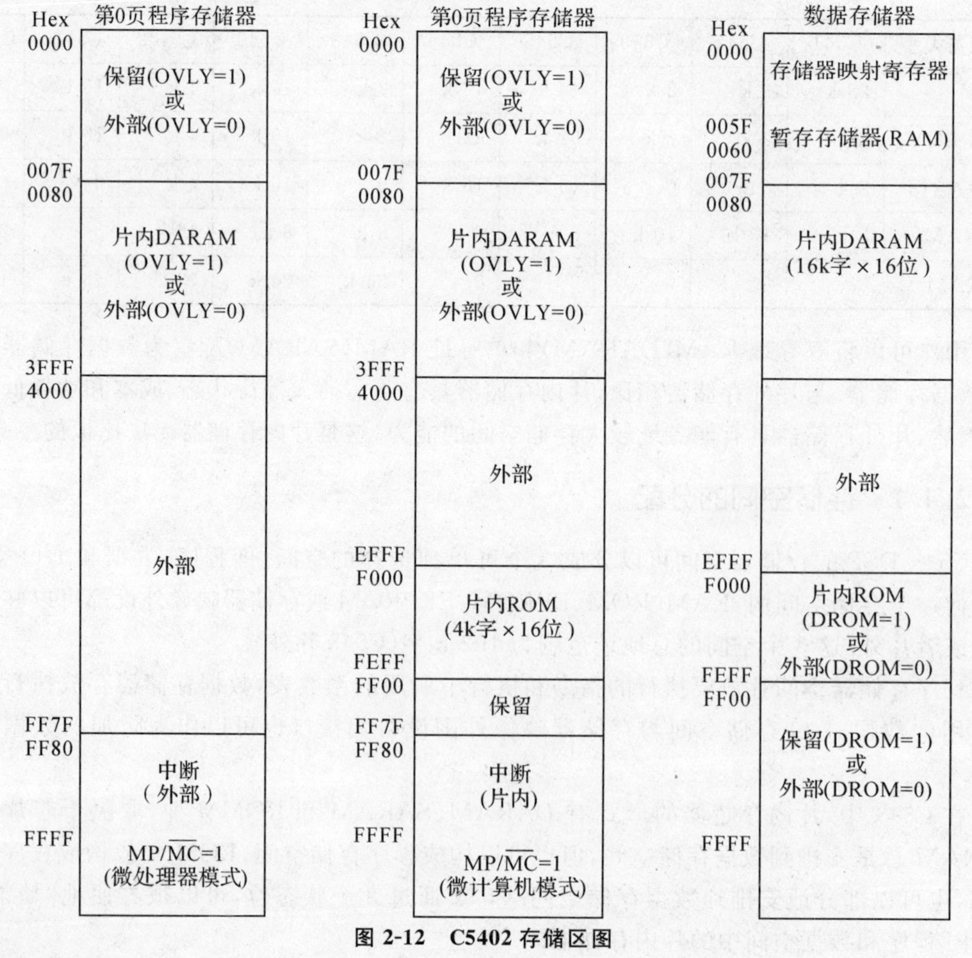

图 2-12 C5402 存储区图

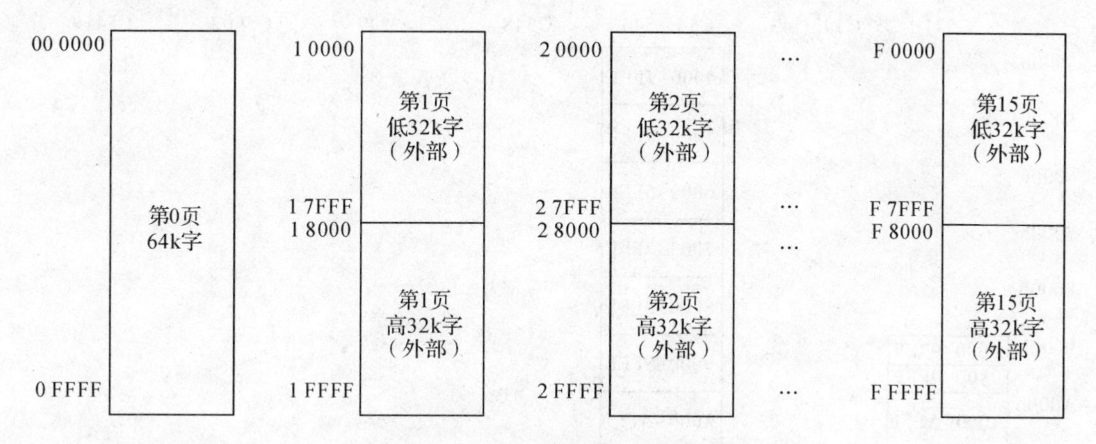

图 2-13　C5402 扩展程序存储区图

注:当 OVLY=0 时,1～15 页的低 32 k 字是可以获得的;当 OVLY=1 时,则片内 RAM 映射到所有程序空间页的低 32 k 字.

2.4.2　程序存储器

多数 C54x DSP 的外部程序存储器可寻址 64 k 字的存储空间. 它们的片内 ROM、双寻址 RAM(DARAM)以及单寻址 RAM(SARAM),都可以通过软件映像到程序空间. 当存储单元映像到程序空间时,处理器就能自动地对它们所处的地址范围寻址. 如果程序地址生成器(PAGEN)发出的地址处在片内存储器地址范围以外,处理器就能自动地对外部寻址. 表 2-7 列出了 C54x DSP 可用的片内程序存储器的容量. 由表可见,这些片内存储器是否作为程序存储器,取决于软件对处理器工作方式状态寄存器(PMST)的状态位 MP/MC 和 OVLY的编程.

表 2-7　C54x DSP 的片内程序存储器

器　件	ROM(MP/$\overline{MC}$=0)	DARAM(OVLY=1)	SARAM(OVLY=0)
C541	28k	5k	—
C542	2k	10k	—
C543	2k	10k	—
C545	48k	6k	—
C546	48k	6k	—
C548	2k	8k	24k
C549	16k	8k	24k
C5402	4k	16k	—
C5410	16k	8k	56k
C5420	—	32k	168k

为了增强处理器的性能,对片内 ROM 再细分为若干块,如图 2-14 所示. 这样,就可以在片内 ROM 的一个块内取指的同时,又在别的块中读取数据.

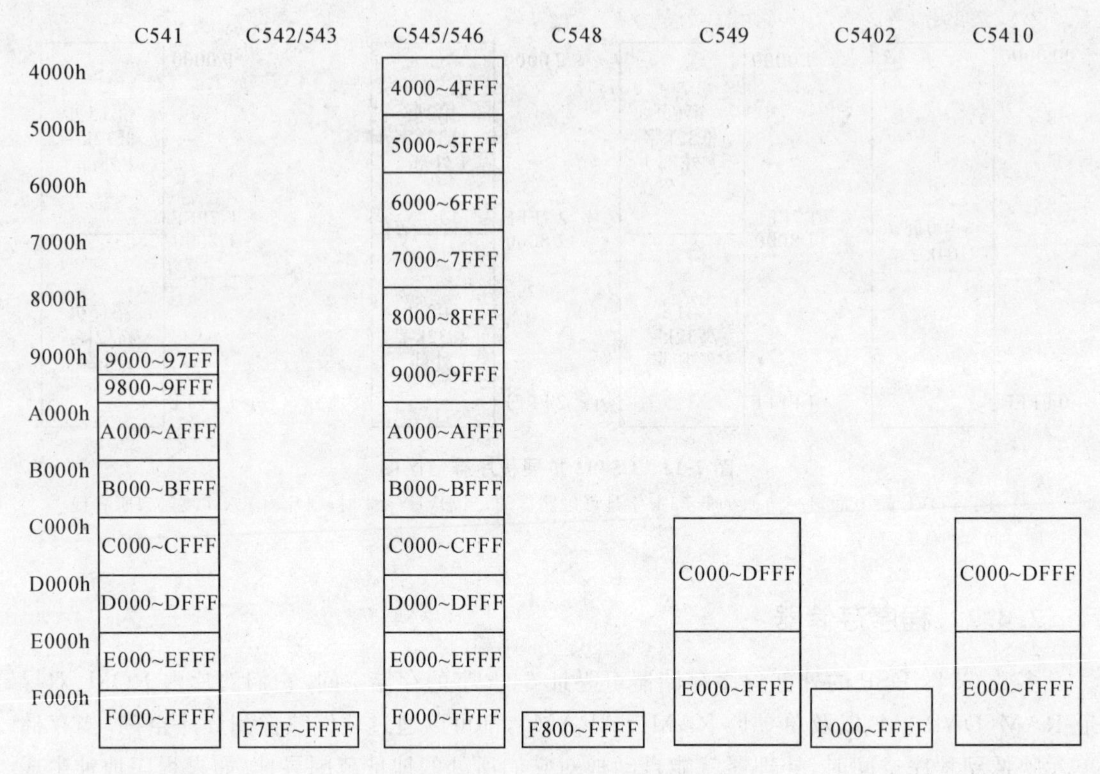

图 2-14 片内 ROM 分布图

当处理器复位时，复位和中断向量都映像到程序空间的 FF80h. 复位后，这些向量可以被重新映像到程序空间中任何一个 128 字页的开头. 这就很容易将中断向量表从引导 ROM 中移出来，然后再根据存储器图安排.

C54x DSP 的片内 ROM 容量有大(28k 或 48k 字)有小(2k 字)，容量大的片内 ROM 可以把用户的程序代码编写进去，然而片内高 2k 字 ROM 中的内容是由 TI 公司定义的，这 2k 字程序空间(F800h～FFFFh)中包含如下内容.

(1)自举加载程序. 从串行口、外部存储器、I/O 接口或者主机接口(如果存在的话)自举加载.

(2)256 字 A 律压扩表.

(3)256 字 μ 律压扩表.

(4)256 字正弦函数值查找表.

(5)中断向量表.

图 2-15 所示为 C54x DSP 片内高 2k 字 ROM 中的内容及其地址范围. 如果 MP/MC＝0，则用于代码的地址范围 F800h～FFFFh 被映射到片内 ROM.

C548、C549、C5402、C5410 和 C5420 可以在程序存储器空间使用分页的扩展存储器，允许访问最高达 8192k 字的程序存储器. 为了扩展程序存储器，上述芯片应该包括以下的附加特征：23 位地址线代替 16 位的地址线(C5402 为 20 位的地址总线，C5420 为 18 位)；一个特别的存储器映射寄存器，即程序计数器扩展寄存器(XPC)；6 个特别的指令，用于寻址扩展程序空间.

扩展程序存储器的页号由 XPC 寄存器设定. XPC 映像到数据存储单元 001Eh，在硬件

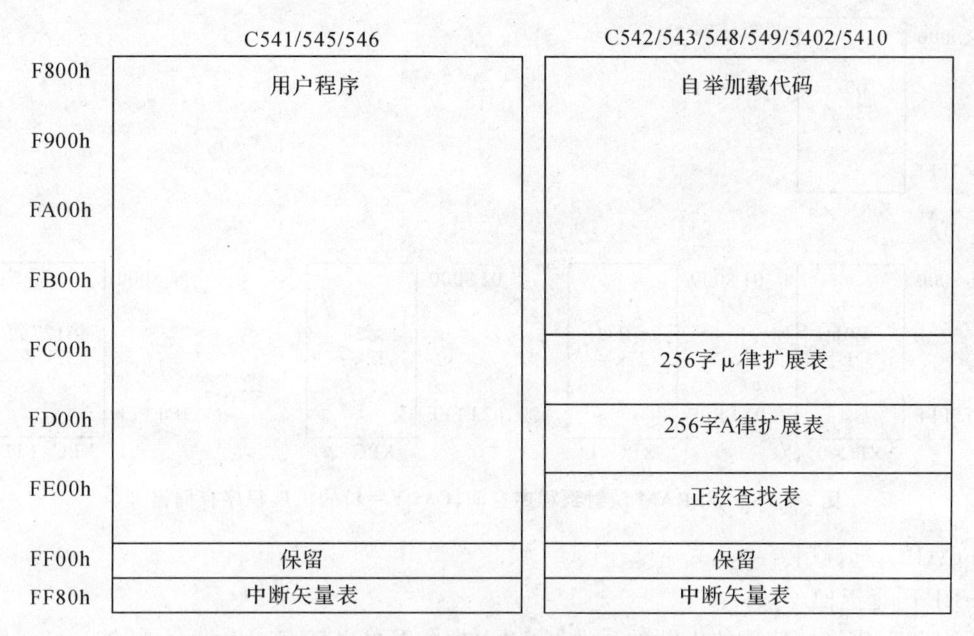

图 2-15　片内 ROM 程序存储器映射(高 2k 字的地址)

复位时,XPC 初始化为 0.

C548、C549、C5402、C5410 和 C5420 的程序存储空间被组织为 128 页(C5402 的程序存储空间为 16 页,而 C5420 的程序存储空间为 4 页),每页长度为 64k 字长.图 2-16 显示了扩展为 128 页的程序存储器,此时片内 RAM 不映射到程序空间(OVLY=0).

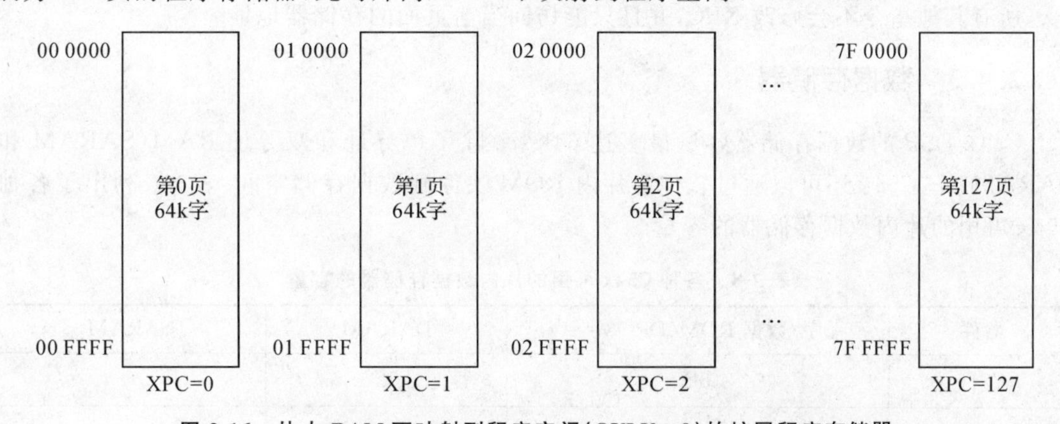

图 2-16　片内 RAM 不映射到程序空间(OVLY=0)的扩展程序存储器

当片内 RAM 安排到程序空间(OVLY=1)时,每页程序存储器分为两部分:一部分是公共的 32k 字,另一部分是各自独立的 32k 字.公共存储区为所有页共享,而每页独立的 32k 字存储区只能按指定的页号寻址,如图 2-17 所示.

如果片内 ROM 被寻址($MP/\overline{MC}$=0),它只能在 0 页,不能映像到程序存储器的其他页.为了通过软件切换程序存储器的页面,有 6 条专用的影响 XPC 值的指令.

FB:远转移.

FBACC:远转移到累加器 A 或 B 指定的位置.

FCALA:远调用累加器 A 或 B 指定的位置的程序.

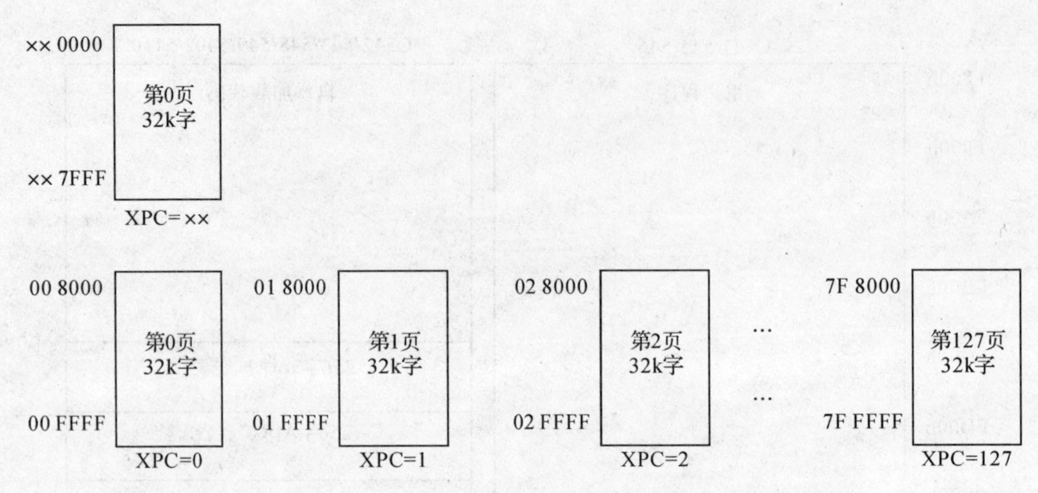

图 2-17 片内 RAM 映射到程序空间(OVLY＝1)的扩展程序存储器

FCALL:远调用.

FRET:远返回.

FRETE:带有被使能的中断的远返回. 以上指令都可以带有或不带有延时.

READA、WRITA 指令 C548、C549、C5402、C5410 和 C5420 的专用指令,用来使用 23 位地址总线(C5402 的指令为 20 位,C5420 的指令为 18 位).

READA:读累加器 A 所指向的程序存储器位置的值,并保存在数据存储器.

WRITA:写数据到累加器所指向的程序存储器位置.

所有其他指令不会修改 XPC,并且只能访问当前页面的存储器地址.

2.4.3 数据存储器

C54x DSP 的数据存储器容量最多达 64k 字. 除了单寻址和双寻址 RAM(SARAM 和 DARAM)外,C54x 还可以通过软件将片内 ROM 映像到数据存储空间. 表 2-8 列出了各种 C54x 可用的片内数据存储器的容量.

表 2-8 各种 C54x 可用的片内数据存储器的容量

器件	程序/数据 ROM(DROM＝1)	DARAM	SARAM
C541	8k	5k	—
C542	—	10k	—
C543	—	10k	—
C545	16k	6k	—
C546	16k	6k	—
C548	—	8k	24k
C549	8k	8k	24k
C5402	4k	16k	—

续表

器件	程序/数据 ROM(DROM=1)	DARAM	SARAM
C5410	16k	8k	56k
C5420	—	32k	168k

当处理器发出的地址处在片内存储器的范围内时，就对片内的 RAM 或数据 ROM(当 ROM 设为数据存储器时)寻址. 当数据存储器地址产生器发出的地址不在片内存储器的范围内时，处理器就会自动地对外部数据存储器寻址.

数据存储器可以驻留在片内或者片外. 片内 DARAM 都是数据存储空间. 对于某些 C54x DSP，用户可以通过设置 PMST 寄存器的 DROM 位，将部分片内 ROM 映像到数据存储空间. 这一部分片内 ROM 既可以在数据空间使能(DROM 位=1)，也可以在程序空间使能(MP/$\overline{MC}$位=0). 复位时，处理器将 DROM 位清 0.

对数据 ROM 的单操作数寻址，包括 32 位长字操作数寻址，单个周期就可完成. 而在双操作数寻址时，如果操作数驻留在同一块内则要两个周期；若操作数驻留在不同块内则只需 1 个周期就可以了.

为了提高处理器的性能，片内 RAM 也细分为若干块. 分块以后，用户可以在同一周期内从同一 DARAM 中取出 2 个操作数，将数据写入另一块 DARAM 中. 图 2-18 中给出了 C5402、C5410、C5420 的片内 RAM 分块组织图.

C54x DSP 中 DARAM 前 1k 数据存储器包括存储器映像 CPU 寄存器(0000h～0001Fh)和外围电路寄存器(0020h～005Fh)、32 字暂存器(0060h～007Fh)以及 896 字 DARAM(0080h～03FFh).

寻址存储器映像 CPU 寄存器，不需要插入等待周期. 外围电路寄存器用于对外围电路的控制和存放数据，对它们寻址，需要 2 个机器周期. 表 2-9 列出了存储器映像 CPU 寄存器的名称及地址.

表 2-9　存储器映象 CPU 寄存器

地　址	CPU 寄存器名称	地　址	CPU 寄存器名称
0	IMR(中断屏蔽寄存器)	12	AR2(辅助寄存器 2)
1	IFR(中断标志寄存器)	13	AR3(辅助寄存器 3)
2～5	保留(用于测试)	14	AR4(辅助寄存器 4)
6	ST0(状态寄存器 0)	15	AR5(辅助寄存器 5)
7	ST1(状态寄存器 1)	16	AR6(辅助寄存器 6)
8	AL(累加器 A 低字，15～0 位)	17	AR7(辅助寄存器 7)
9	AH(累加器 A 高字，31～16 位)	18	SP(堆栈指针)
A	AG(累加器 A 保护位，39～32 位)	19	BK(循环缓冲区长度寄存器)
B	BL(累加器 B 低字，15～0 位)	1A	BRC(块重复寄存器)
C	BH(累加器 B 高字，31～16 位)	1B	RSA(块重复起始地址寄存器)
D	BG(累加器 B 保护位，39～32 位)	1C	REA(块重复结束地址寄存器)

续表

地　址	CPU 寄存器名称	地　址	CPU 寄存器名称
E	T(暂时寄存器)	1D	PMST(处理器工作方式状态寄存器)
F	TRN(状态转移寄存器)	1E	XPC(程序计数器扩展寄存器)

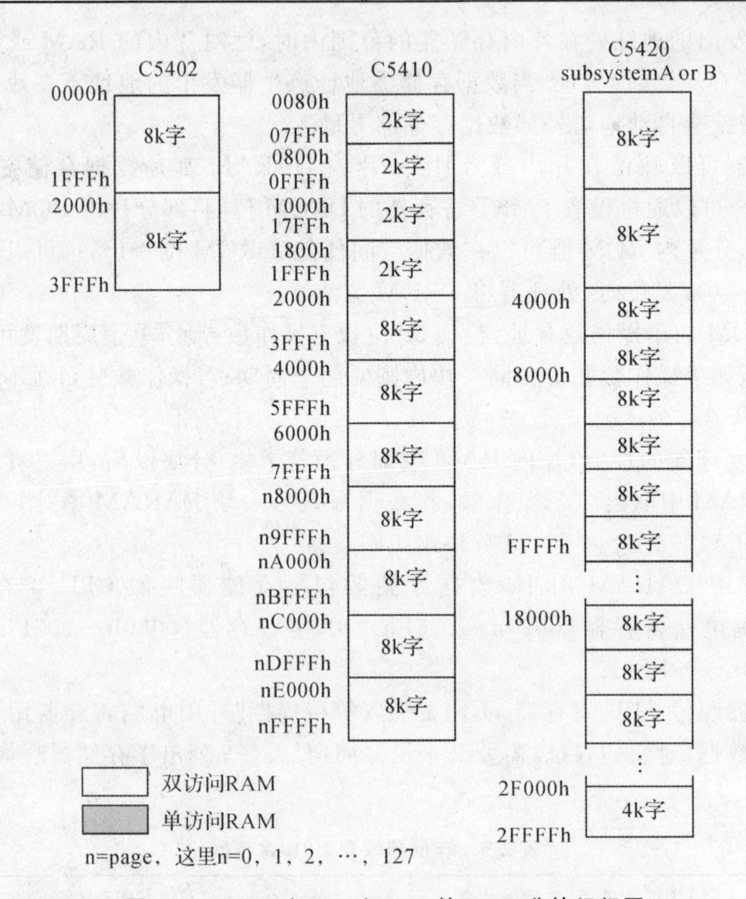

图 2-18　C5402/C5410/C5420 的 RAM 分块组织图

2.4.4　I/O 空间

C54x DSP 除了程序和数据存储器空间外，还有一个 I/O 存储器空间. 它是一个 64k 的地址空间(0000h～FFFFh)，并且都在片外. 可以用两条指令(输入指令 PORTR 和输出指令 PORTW)对 I/O 空间寻址. 程序存储器和数据存储器空间的读取时序与 I/O 空间的读取时序不同，访问 I/O 空间是对 I/O 映射的外部器件进行访问，而不是访问存储器.

所有 C54x DSP 只有两个通用 I/O，即 BIO 和 XF. 为了访问更多的通用 I/O，可以对主机通信并行接口和同步串行接口进行配置，以用作通用 I/O. 另外，还可以扩展外部 I/O，C54x DSP 可以访问 64 k 字的 I/O，外部 I/O 必需使用缓冲或锁存电路，配合外部 I/O 读写控制时序构成外部 I/O 的控制电路.

2.5　中断系统

2.5.1　中断系统概述

中断是由硬件驱动或者软件驱动的信号. 中断信号使 C54x DSP 暂停正在执行的程序，并进入中断服务程序(ISR). 通常，当外部需要送一个数至 C54x DSP(如 A/D 转换)，或者从 C54x DSP 取走一个数(如 D/A 转换)，就通过硬件向 C54x DSP 发出中断请求信号. 中断也可以是发出特殊事件的信号，如定时器已经完成计数.

C54x DSP 既支持软件中断，也支持硬件中断.

(1)由程序指令(INTR、TRAP 或 RESET)要求的软件中断.

(2)由外围设备信号要求的硬件中断. 这种硬件中断有 2 种形式：①受外部中断口信号触发的外部硬件中断. ②受片内外围电路信号触发的内部硬件中断.

当同时有多个硬件中断出现时，C54x DSP 按照中断优先级别的高低(1 表示优先级最高)对它们进行服务.

2.5.2　中断分类

C54x DSP 的中断可以分成两大类.

(1)第一类是可屏蔽中断. 这些都是可以用软件来屏蔽或开放的硬件和软件中断. C54x 最多可以支持 16 个用户可屏蔽中断(SINT15～SINT0). 但有的处理器只用了其中的一部分，例如 C5402 只使用 14 个可屏蔽中断，这 14 个中断的硬件名称为：①INT3～INT0. ②BRINT0、BXINT0、BRINT1 和 BXINT1(串行口中断). ③TINT0、TINT1(定时器中断). ④HPINT(主机接口)DMAC0～DMAC5.

(2)第二类是非屏蔽中断. 这些中断是不能够屏蔽的，C54x 对这一类中断总是响应，并从主程序转移到中断服务程序. C54x DSP 的非屏蔽中断包括所有的软件中断，以及两个外部硬件中断：RS(复位)和 NMI(也可以用软件进行 RS、NMI 中断). RS 是一个对 C54x 所有操作方式产生影响的非屏蔽中断，而 NMI 中断不会对 C54x 的任何操作方式发生影响. NMI 中断响应时，所有其他的中断将被禁止.

2.5.3　中断处理步骤

C54x DSP 处理中断分为 3 个步骤：

(1)接受中断请求. 通过软件(程序代码)或硬件(引脚或片内外设)请求挂起主程序. 如果中断源正在请求一个可屏蔽中断，则当中断被接收到时中断标志寄存器(IFR)的相应位被置 1.

(2)应答中断. C54x DSP 必须应答中断请求. 如果中断是可屏蔽的，则预定义条件的满足与否决定 C54x 如何应答中断. 如果是非屏蔽硬件中断和软件中断，中断应答是立即的.

(3)执行中断服务程序(ISR). 一旦中断被应答，C54x DSP 执行中断向量地址所指向的分支转移指令，并执行中断服务程序(ISR).

2.5.4 中断标志寄存器(IFR)和中断屏蔽寄存器(IMR)

在讨论中断响应过程之前,先介绍一下 C54x DSP 内部的两个寄存器:中断标志寄存器(IFR)和中断屏蔽寄存器(IMR).

图 2-19 所示的中断标志寄存器是一个存储器映像的 CPU 寄存器.当一个中断出现的时候,IFR 中相应的中断标志位置 1,直到中断得到处理为止.当出现以下 4 种情况时中断标志清都将 0:①C54x 复位(RS 为低电平).②中断得到处理.③将 1 写到 IFR 中的适当位,相应的尚未处理完的中断被清除.④利用适当的中断号执行 INTR 指令,相应的中断标志位清 0.

IFR 的任何位为 1 时,表示一个未处理的中断.为了清除这个中断,可以将 1 写到 IFR 相应的中断位.所有未处理的中断可以通过 IFR 的当前内容写回到 IFR 这种方法来清除.

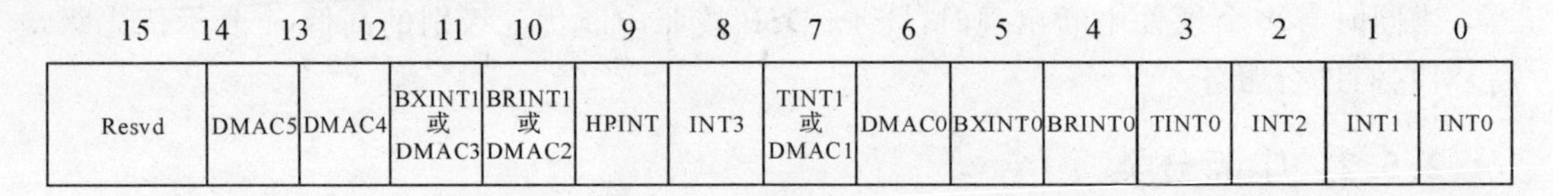

15	14	13	12	11	10	9	8	7	6	5	4	3	2	1	0
Resvd		DMAC5	DMAC4	BXINT1 或 DMAC3	BRINT1 或 DMAC2	HPINT	INT3	TINT1 或 DMAC1	DMAC0	BXINT0	BRINT0	TINT0	INT2	INT1	INT0

图 2-19 C5402DSP 的中断标志寄存器(IFR)

图 2-20 所示的中断屏蔽寄存器(IMR)也是一个存储器映像的 CPU 寄存器,主要用来屏蔽外部和内部中断.如果状态寄存器 ST1 中的 INTM 位为 0 且 IMR 寄存器中的某一位为 1,就开放相应的中断.RS 和 NMI 都不包括在 IMR 中,IMR 不能屏蔽这两个中断.用户可以对 IMR 寄存器进行读写操作.

15	14	13	12	11	10	9	8	7	6	5	4	3	2	1	0
Resvd		DMAC5	DMAC4	BXINT1 或 DMAC3	BRINT1 或 DMAC2	HPINT	INT3	TINT1 或 DMAC1	DMAC0	BXINT0	BRINT0	TINT0	INT2	INT1	INT0

图 2-20 C5402DSP 的中断屏蔽寄存器(IMR)

2.5.5 接收、应答及处理中断

(1)接收中断请求.一个中断由硬件器件或软件指令请求.产生一个中断请求时,IFR 寄存器中相应的中断标志位被置位.不管中断是否被处理器应答,该标志位都会被置位.当相应的中断响应后,该标志位自动被清除.TMS320C5402DSP 中断源说明如表 2-10 所示.

①硬件中断请求.硬件中断有外部和内部两种.以 C5402 为例,来自外部中断口的中断 RS、NMI、INT0～INT3 等 6 个,来自片内外围电路的中断有串行口中断(RINT0、XINT0、RINT1 和 XINT1)及定时器中断(TINT)等.

②软件中断请求.软件中断都是由程序中的指令 INTR、TRAP 和 RESET 产生的.软件中断指令 INTR K,可以用来执行任何一个中断服务程序.这条指令中的操作数 K,表示 CPU 转移到那个中断向量地址.操作数 K 与中断向量地址的对应关系如表 2-10 所示.INTR 软件中断是不可屏蔽的中断,即不受状态寄存器 ST1 的中断屏蔽位 INTM 的影响.当 CPU 响应 INTR 中断时,INTM 位置 1,屏蔽其他可屏蔽中断.

表 2-10　TMS320C5402DSP 中断源说明

中断号	优先级	中断名称	中断向量地址	功　能
0	RS/SINTR	0	复位(硬件和软件复位)	1
1	NMI/SINT16	4	非屏蔽中断	2
2	SINT17	8	软中断＃17	—
3	SINT18	C	软中断＃18	—
4	SINT19	10	软中断＃19	—
5	SINT20	14	软中断＃20	—
6	SINT21	18	软中断＃21	—
7	SINT22	1C	软中断＃22	—
8	SINT23	20	软中断＃23	—
9	SINT24	24	软中断＃24	—
10	SINT25	28	软中断＃25	—
11	SINT26	2C	软中断＃26	—
12	SINT27	30	软中断＃27	—
13	SINT28	34	软中断＃28	—
14	SINT29	38	软中断＃29	—
15	SINT30	3C	软中断＃30	—
16	INT0/SINT0	40	外部用户中断＃0	3
17	INT1/SINT1	44	外部用户中断＃1	4
18	INT2/SINT2	48	外部用户中断＃2	5
19	TINT0/SINT3	4C	定时器 0 中断	6
20	BRINT0/SINT4	50	McBSP＃0 接收中断	7
21	BXINT0/SINT5	54	McBSP＃0 发送中断	8
22	DMAC0/SINT6	58	DMA 通道 0 中断	9
23	TINT1/DMAC1/SINT7	5C	定时器(默认)/DMA 通道 1 中断	10
24	INT3/SINT8	60	外部用户中断＃3	11
25	HPINT/SINT9	64	HPI 中断	12
26	BRINT1/DMAC2/SINT10	68	McBSP＃1 接收中断/DMA 通道 2 中断	13
27	BXINT1/DMAC3/SINT11	6C	McBSP＃1 发送中断/DMA 通道 3 中断	14
28	DMAC4/SINT12	70	DMA 通道 4 中断	15
29	DMAC5/SINT13	74	DMA 通道 5 中断	16
120～127	保留	78～7F	保留	—

软件中断指令 TRAP K，其功能与 INTR 指令相同，也是不可屏蔽的中断，两者的区别在于执行 TRAP 软件中断时，不影响 INTM 位.

软件复位指令 RESET 执行的是一种不可屏蔽的软件复位操作，它可以在任何时候将 C54x DSP 转到一个已知的状态（复位状态）. RESET 指令影响状态寄存器 ST0 和 ST1，但不影响处理器工作方式状态寄存器 PMST，因此，RESET 指令复位与硬件复位在对 IPTR 和外围电路初始化方面是有区别的.

（2）应答中断. 硬件或软件中断发送了一个中断请求后，CPU 必须决定是否应答中断请求. 软件中断和非屏蔽硬件中断会立刻被应答，但屏蔽中断仅仅在如下条件被满足后才被应答：①优先级别最高（当同时出现一个以上中断时）；②状态寄存器 ST1 中的 INTM 位为 0；③中断屏蔽寄存器 IMR 中的相应位为 1.

CPU 响应中断时，让 PC 转到适当的地址取出中断向量，并发出中断响应信号 IACK，清除相应的中断标志位.

（3）执行中断服务程序（ISR）. 响应中断之后，CPU 会采取如下的操作：①将 PC 值（返回地址）存到数据存储器堆栈的栈顶；②将中断向量的地址加载到 PC；③在中断向量地址上取指（如果是延迟分支转移指令，则可以在它后面安排一条双字指令或者两条单字指令，CPU 也对这两个字取指）；④执行分支转移指令，转至中断服务程序（如果延迟分支转移，则在转移前先执行附加的指令）；⑤执行中断服务程序；⑥中断返回，从堆栈弹出返回地址加到 PC 中；⑦继续执行被中断了的程序.

（4）保存中断上下文. 在执行中断服务程序前，必须将某些寄存器保存到堆栈（保护现场）. 程序执行完毕准备返回时，应当以相反的次序恢复这些寄存器（恢复现场）. 要注意的是 BRC 寄存器应该比 ST1 中 BRAF 位先恢复. 如果不是按这样的次序恢复，那么若恢复前中断服务程序中的 BRC＝0，则先恢复的 BRAF 位将被清 0.

2.5.4 中断操作流程

一旦将一个中断传给 CPU，CPU 会按下面的方式进行操作，如图 2-21 所示.

（1）如果请求的是一个可屏蔽中断，则：①设置 IFR 的相应标志位. ②测试应答条件（INTM＝0 并且相应的 IMR＝1）. 如果条件为真，则 CPU 应答该中断，产生一个 IACK 信号（中断应答信号）；否则，忽略该中断并继续执行主程序. ③当中断已经被应答后，IFR 相应的标志位被清除，并且 INTM 位被置 1（屏蔽其他可屏蔽中断）. ④PC 值保存到堆栈中. ⑤CPU分支转移到中断服务程序（ISR）并执行 ISR. ⑥ISR 由返回指令结束，返回指令将返回的值从堆栈中弹出给 PC. ⑦CPU 继续执行主程序.

（2）如果请求是一个不可屏蔽中断，则：①CPU 立刻应答该中断，产生一个 IACK 信号（中断应答信号）. ②如果中断是由 RS、NMI 或 INTR 指令请求的，则 INTM 位被置 1（屏蔽其他可屏蔽中断）. ③如果 INTR 指令已经请求了一个可屏蔽中断，那么相应的标志位被清除为 0. ④PC 值保存到堆栈中. ⑤CPU 分支转移到中断服务程序（ISR）并执行 ISR. ⑥ISR 由返回指令结束，返回指令将返回的值从堆栈中弹出给 PC. ⑦CPU 继续执行主程序.

注意：INTR 指令通过设置中断模式位（INTM）来禁止可屏蔽中断，但 TRAP 指令不会影响 INTM.

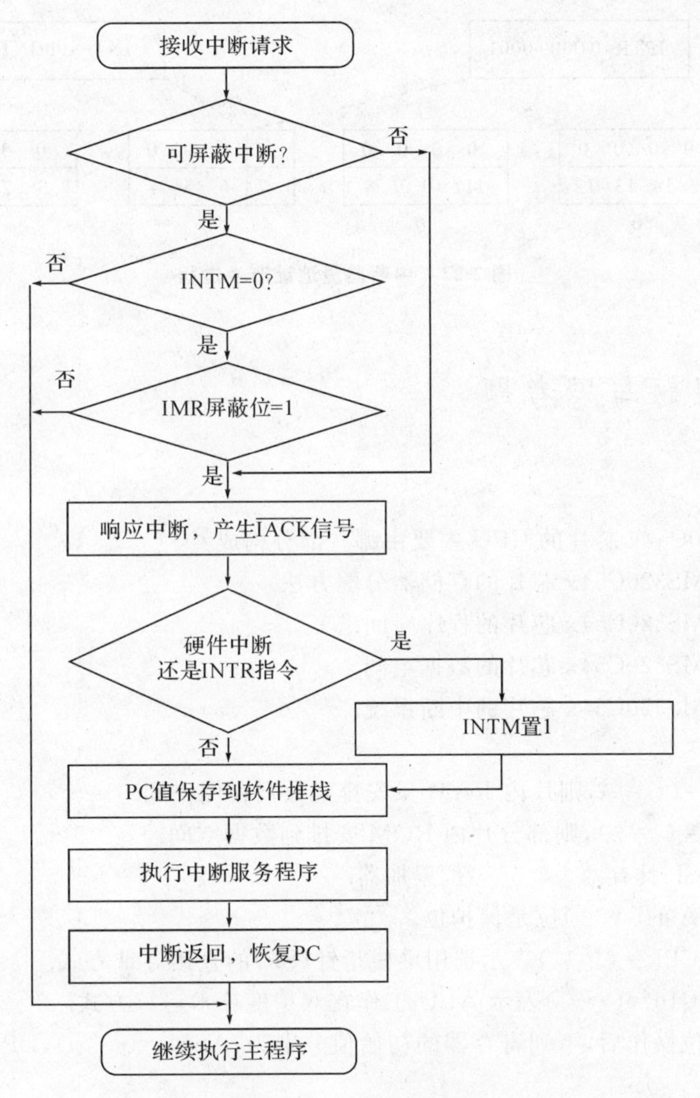

图 2-21　中断操作流程

2.5.5　重新安排中断向量地址

在 C54x DSP 中,中断向量地址是由 PMST 寄存器中的 IPTR(中断向量指针 9 位)和左移 2 位后的中断向量序号(中断向量序号为 0～31,左移 2 位后变成 7 位)所组成.

例如,如果 INT0 的中断向量号为 16(10h),左移 2 位后变成 40h,若 IPTR＝0001h,那么中断向量地址为 00C0h,中断向量地址产生过程如图 2-22 所示.

复位时,IPTR 位全置 1(IPTR＝1FFh),并按此值将复位向量映像到程序存储器的 511 页空间. 所以,硬件复位后总是从 0FF80h 开始执行程序. 除硬件复位向量外,其他的中断向量,只要改变 IPTR 位的值,都可以重新安排它们的地址. 例如,用 0001h 加载 IPTR,那么中断向量就被移到从 0080h 单元开始的程序存储器空间.

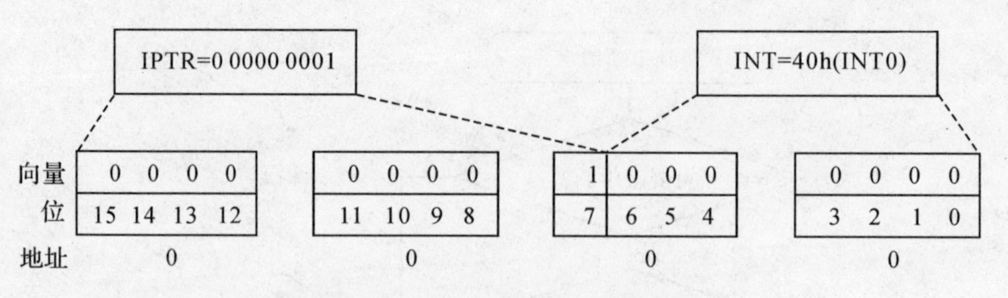

图 2-22 中断向量地址产生过程

2.6 习题与思考题

1. 简答题

(1)TMS320C54x 芯片的 CPU 主要由哪些部分构成?

(2)简述 TMS320C54x 芯片的存储器分配方法.

(3)简述 TMS320C54x 芯片的程序空间.

(4)简述 TMS320C54x 芯片的数据空间.

(5)简述 TMS320C54x 芯片的中断系统.

2. 填空题

(1)OVLY=(　　),则片内 RAM 只安排到数据存储空间.

(2)DROM=(　　),则部分片内 ROM 安排到数据空间.

(3)C54x DSP 具有两个(　　)位累加器.

(4)累加器 A 的(　　)位是保护位.

(5)ST1 的 CPL=(　　)表示选用堆栈指针(SP)的直接寻址方式.

(6)ST1 的 C16=(　　)表示 ALU 工作在双精度算术运算方式.

(7)执行复位操作后,下列寄存器的初始值分别为:ASM=(　　),DP=(　　),XM=(　　),XF=(　　).

(8)软件中断都是由(　　)、(　　)和(　　)产生.

第 3 章　TMS320C54x 指令系统

3.1　汇编源程序格式

汇编语言指令的书写形式有两种：助记符形式和代数式形式. 本章以介绍助记符指令系统为主. 汇编语言是 DSP 应用软件的基础，编写汇编语言必须要符合相应的格式，这样汇编器才能将源文件转换为机器语言的目标文件. TMS320C54x 汇编语言源程序由源说明语句组成，包括汇编语言指令、汇编伪指令（汇编命令）、宏指令（宏命令）和注释等，一般一句程序占据编辑器的一行. 由于汇编器每行最多只能读 200 个字符，所以源语句的字符数不能超过 200 个. 一旦长度超过 200 个字符，汇编器将自行截去行尾的多余字符并给出警告信息.

汇编语言语句格式可以包含 4 个部分：标号域、指令域、操作数域和注释域. 格式如下：

　　[标号][:]　　指令[操作数列表]　　[;注释]

其中[]内的部分是可选项. 每个域必须由 1 个或多个空格分开，制表符等效于空格. 例如：

```
begin:  LD #40,AR1     ;将立即数 40 传送给辅助寄存器 AR1
```

3.1.1　标号域

标号供本程序的其他部分或其他程序调用. 对于所有 C54x 汇编指令和大多数汇编伪指令，标号都是可选项，但伪指令. set 和. equ 除外，二者需要标号. 标号值和它所指向的语句所在单元的值（地址或汇编时段程序计数器的值）是相同的.

使用标号时，必须从源语句的第一列开始. 一个标号允许最多有 32 个字符：A～Z、a～z、0～9、—和 $，第一个字符不能是数字. 标号对大小写敏感，如果在启动汇编器时，用到了 －c选项，则标号对大小写不敏感. 标号后可跟一个冒号“:”，也可不跟. 如果不用标号，则第一列上必须是空格、分号或星号.

3.1.2　指令域

指令域不能从第一列开始，一旦从第一列开始，它将被认作标号. 指令域包括以下指令码之一：

(1)助记符指令（如 STM，MAC，MPVD，STL）.

(2)汇编伪指令（如. data，. list，. set）.

(3)宏指令（如. macro，. var，. mexit）.

(4)宏调用.

作为助记符指令，一般用大写；汇编伪指令和宏指令，以句点“. ”开始，且为小写.

3.1.3 操作数域

操作数域是操作数列表.操作数可以是常量、符号,或是常量和符号的混合表达式.操作数之间用逗号分开.

汇编器允许在操作数前使用前缀来指定操作数(常数、符号或表达式)是地址还是立即数或间接地址.前缀的使用规则如下:

(1)前缀#:表示其后的操作数为立即数.若使用#符号作为前缀,则汇编器将操作数处理为立即数.即使操作数是寄存器或地址,也当立即数处理,汇编器将地址处理为一个值,而不使用地址的内容.以下是指令中使用前缀#的例子:

```
Label:  ADD #123,A
```

表示操作数#123 为立即数,汇编器将 123(十进制)加到指定的累加器的内容上.立即数符号#,一般用在汇编语言指令中,也可用在伪指令中,表示伪指令后的立即数,但一般很少用.如:

```
.byte  10
```

表示立即数的#号一般省略,汇编器也认为操作数是一个立即数 10,用来初始化一个字节.

(2)前缀*:表示其后的操作数为间接地址.若使用*符号作为前缀,则汇编器将操作数处理为间接地址.也就是说,使用操作数的内容作为地址.以下是指令中使用前缀*的例子:

```
Label: LD *AR4,A
```

操作数*AR4 指定为间接地址.汇编器找到寄存器 AR4 的内容指定的地址,然后将该地址的内容装进指定的累加器.

(3)前缀@:表示其后的操作数是采用直接寻址或绝对寻址的地址.直接寻址产生的地址是@后操作数(地址)和数据页指针或堆栈指针的组合.如:

```
ADD   #10,@XYZ
```

3.1.4 注释域

注释可以从一行的任一列开始直到行尾.任一 ASCII 码(包括空格)都可以组成注释.注释在汇编文件列表中显示,但不影响汇编.如果注释从第一列开始,就用";"号或"*"号开头,否则用";"号开头."*"号在第一列出现时,仅仅表示此后内容为注释.

3.2 指令集符号与意义

为便于后续的学习和应用,首先列出 TMS320C54x 的指令系统符号和意义,如表 3-1 所示.

表 3-1　指令系统的符号与意义

符　号	意　义
A	累加器 A
ACC	累加器
ACCA	累加器 A
ACCB	累加器 B
ALU	算术逻辑运算单元
ARx	特指某个辅助寄存器(0≤x≤7)
ARP	ST0 中的辅助寄存器指针位;这 3 位指向当前辅助寄存器(AR)
ASM	ST1 中的 5 位累加器移位方式位(－16≤ASM≤15)
B	累加器 B
BRAF	ST1 中的块循环有效标志位
BRC	块循环计数器
BITC	是 4 位数(0≤BITC≤15),决定位测试指令对指定的数据存储单元中的哪一位进行测试
C16	ST1 中的双 16 位/双精度算术运算方式位
C	ST0 中的进位位
CC	2 位条件代码(0≤CC≤3)
CMPT	ST1 中的 ARP 修正方式位
CPL	ST1 中的直接寻址编译方式位
Cond	表示一种条件的操作数,用于条件执行指令
[d],[D]	延时选项
DAB	D 地址总线
DAR	DAB 地址寄存器
dmad	16 位立即数表示的数据存储器地址(0≤dmad≤65535)
Dmem	数据存储器操作数
DP	ST0 中的 9 位数据存储器页指针(0≤DP≤511)
dst	目的累加器(A 或 B)
dst_	另一个目的累加器if　dst＝A,thendst_＝B if　dst＝B,then dst_＝A
EAB	E 地址总线
EAR	EAB 地址寄存器
extpmad	23 位立即数表示的程序存储器地址
FRCT	ST1 中的小数方式位
hi(A)	累加器 A 的高 16 位(31～16 位)

续表

符　号	意　义
HM	ST1 中的保持方式位
IFR	中断标志寄存器
INTM	ST1 中的中断屏蔽位
K	少于 9 位的短立即数
K3	3 位立即数(0≤K3≤7)
K5	5 位立即数(−16≤K5≤15)
K9	9 位立即数(0≤K9≤511)
1k	16 位长立即数
Lmem	使用长字寻址的 32 位单数据存储器操作数
mmr MMR	存储器映射寄存器
MMRx MMRy	存储器映射寄存器,AR0～AR7 或 SP
n	紧跟 XC 指令的字数,n=1 或 2
N	指定在 RSBX 和 SSBX 指令中修改的状态寄存器 N=0,状态寄存器 ST0;N=1,状态寄存器 ST1
OVA	ST0 中的累加器 A 的溢出标志
OVB	ST0 中的累加器 B 的溢出标志
OVdst	目的累加器(A 或 B)的溢出标志
OVdst_	另一个目的累加器(A 或 B)的溢出标志
OVsrc	源累加器(A 或 B)的溢出标志
OVM	ST1 中的溢出方式位
PA	16 位立即数表示的端口地址(0≤PA≤65535)
PAR	程序存储器地址寄存器
PC	程序计数器
pmad	16 位立即数表示的程序存储器地址(0≤pmad≤65535)
Pmem	程序存储器操作数
PMST	处理器工作方式状态寄存器
prog	程序存储器操作数
[R]	凑整选项
rnd	凑整
RC	循环计数器

续表

符　号	意　义
RTN	在指令 RETF[D]中使用的快速返回寄存器
REA	块循环结束地址寄存器
RSA	块循环开始地址寄存器
SBIT	4 位数(0≤SBIT≤15),指明在指令 RSBX、SSBX 和 XC 中修改的状态寄存器位数
SHFT	4 位移位数(0≤SHFT≤15)
SHIFT	5 位移位数(-16≤SHFT≤15)
Sind	使用间接寻址的单数据存储器操作数
Smem	16 位单数据存储器操作数
SP	堆栈指针
src	源累加器(A 或 B)
ST0	状态寄存器 0
ST1	状态寄存器 1
SXM	ST1 中的符号扩展方式位
T	暂存器
TC	ST0 中的测试/控制标志位
TOS	堆栈栈项
TRN	状态转移寄存器
TS	T 寄存器的 5～0 位确定的移位数(－16≤TS≤31)
uns	无符号的数
XF	ST1 中的外部标志状态位
XPC	程序计数器扩展寄存器
Xmem	在双操作数指令和一些单操作数指令中使用的 16 位双数据存储器操作数
Ymem	在双操作指令中使用的 16 位双数据存储器操作数

3.3　寻址方式

指令的寻址方式是指当 CPU 执行指令时,寻找指令所指定的参与运算的操作数的方法.不同的寻址方式为编程提供了极大的柔性编程操作空间,可以根据程序要求采用不同的寻址方式,以提高程序的速度和代码效率.C54x 共有 7 种有效的数据寻址方式,如表 3-2 所示.

表 3-2 TMS320C54x 的数据寻址方式

寻址方式	举 例	指令含义	用 途
立即寻址	LD #10,A	将立即数 10 传送至累加器 A	主要用于初始化
绝对寻址	STLA, *(y)	将累加器的低 16 位存放到变量 y 所在的存储单元中	利用 16 位地址寻址存储单元
累加器寻址	READA x	将累加器 A 作为地址读程序存储器,并存入变量 x 所在的数据存储器单元	把累加器的内容作为地址
直接寻址	LD @x, A	(DP+x 的低 7 位地址)→A	利用数据页指针和堆栈指针寻址
间接寻址	LD * AR1,A	(AR1)→A	利用辅助寄存器作为地址指针
存储器映像寄存器寻址	LDMST1,B	ST1→B	快速寻址存储器映像寄存器
堆栈寻址	PSHM AG	SP−1→SP,AG→TOS	压入/弹出数据存储器和 MMR

C54x 寻址存储器具有两种基本的数据形式:16 位数和 32 位数. 大多数指令能够寻址 16 位数,只有双精度和长字指令才能寻址 32 位数. 在讨论寻址方式时,往往要用到一些缩写语. 常用的有:Smem 表示 16 位单寻址操作数,Xmem 和 Ymem 表示 16 位双寻址操作数,dmad 表示数据存储器地址,pmad 表示程序存储器地址,PA 表示 I/O 端口地址,src 表示源累加器,dst 表示目的累加器,1k 表示 16 位长立即数等,上述缩写语的详细含义可参见表 3-1.

3.3.1 立即寻址

立即寻址,是在指令中已经包含有执行指令所需要的操作数. 主要用于寄存器或存储器的初始化. 在立即寻址方式的指令中,数字前面加一个 # 号,表示一个立即数. 例如:

```
LD #10H,A      ;立即数 10→A 累加器
RPT #99        ;将紧跟在此条语句后面的语句重复执行 99+1 次
```

立即寻址方式中的立即数,有两种数值形式:3、5、8 或 9 位短立即数和 16 位长立即数. 它们在指令中分别编码为单字和双字指令.

3.3.2 绝对寻址

绝对寻址,是在指令中包含有所要寻址的存储单元的 16 位地址. 可利用 16 位地址寻址存储器或 I/O 端口. 在绝对寻址指令句法中,存储单元的 16 位地址,可以用其所在单元的地址标号或者 16 位符号常数来表示. 绝对地址寻址有以下 4 种类型.

(1)数据存储器寻址. 数据存储器(dmad)寻址是用一个符号或一个数来确定数据空间中的一个地址. 例如:

```
MVKD,DATA, * AR5
```

将数据存储器 DATA 地址单元中的数据传送到由 AR5 寄存器所指向的数据存储器单元

中. 这里的 DATA 是一个符号常数，代表一个数据存储单元的地址.

(2)程序存储器寻址. 程序存储器(pmad)寻址是用一个符号或一个数来确定程序存储器中的一个地址. 例如：

```
MVPD,TABLE, * AR7
```

将程序存储器标号为 TABLE 地址单元中的数据传送到由 AR7 寄存器所指向的数据存储器单元中，且 AR7 减 1. 这里的 TABLE 是一个地址标号，代表一个程序存储单元的地址.

程序存储器寻址基本上和数据存储器寻址一样，区别仅在于空间不同.

(3)I/O 端口寻址. 端口(PA)寻址是用一个符号或一个 16 位数来确定 I/O 空间存储器中的一个地址，实现对 I/O 设备的读和写. 用于下面两条指令：

```
PORTR,FIFO, * AR5        ;从端口 FIFO 读数据→(AR5)
PORTW, * AR2,BOFO        ;将(AR2)→写入 BOFO 端口
```

第一条指令表示从 FIFO 端口读入一个数据，将其存放到由 AR5 寄存器所指向的数据存储单元中. 这里的 FIFO 和 BOFO 是 I/O 端口地址的标号.

(4) *(1k)寻址. *(1k)寻址是用一个符号或一个常数来确定数据存储器中的一个地址. 适用于支持单数据存储器操作数的指令. 1k 是一个 16 位数或一个符号，它代表数据存储器中的一个单元地址. 例如：

```
LD * (BUFFER),A
```

将 BUFFER 符号所指的数据存储单元中的数据传送到累加器 A，这里的 BUFFER 是一个 16 位符号常数. *(1k)寻址的语法允许所有使用单数据存储器(Smem)寻址的指令，访问数据空间的单元而不改变数据页(DP)的值，也不用对 AR 进行初始化. 当采用绝对寻址方式时，指令长度将在原来的基础上增加一个字. 值得注意的是，使用 *(1k)寻址方式的指令不能与循环指令(RPT,RPTZ)一起使用.

3.3.3 累加器寻址

累加器寻址是用累加器中的数作为地址来读写程序存储器. 这种方式可用来对存放数据的程序存储器寻址. 仅有两条指令可以采用累加器寻址：

```
READA    Smem
WRITA    Smem
```

READA 指令是以累加器 A(bit15～0)中的数为地址，从程序存储器中读一个数，传送到单数据存储器(Smem)操作数所确定的数据存储单元中. WRITA 指令是把 Smem 操作数所确定的数据存储单元中的一个数，传送到累加器 A(bit15～0)确定的程序存储单元中去.

应该注意的是，在大部分 C54x 芯片中，程序存储器单元由累加器 A 的低 16 位确定，但 C548 以上的 C54x 芯片有 23 条地址线，它的程序存储器单元就由累加器的低 23 位确定.

3.3.4 直接寻址

直接寻址，就是在指令中包含有数据存储器地址(dmad)的低 7 位，由这 7 位作为偏移

地址值,与基地址值(数据页指针 DP 或堆栈指针 SP)一道构成 16 位数据存储器地址. 利用这种寻址方式,可以在不改变 DP 或 SP 的情况下,随机地寻址 128 个存储单元中的任何一个单元. 直接寻址的优点是每条指令只需要一个字. 图 3-1 给出了使用直接寻址的指令代码的格式.

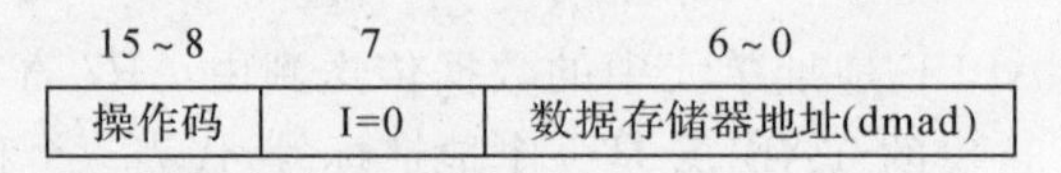

图 3-1　直接寻址的代码格式

其中,15～8 位为指令的操作码;第 7 位确定了寻址方式,若 I=0,表示指令使用直接寻址方式;6～0 位包含了指令的数据存储器的偏移地址.

直接寻址的语法是用一个符号或一个常数来确定偏移值. 例如:

```
ADD     SAMPLE,B
```

表示要将地址为 SAMPLE 的存储器单元内容加到累加器 B 中,此时地址 SAMPLE 的低 7 位存放在指令代码(6～0 位)中,高 9 位由 DP 或 SP 提供,至于是选择 DP 还是 SP 作为基地址,则由状态寄存器 ST1 中的编译方式位(CPL)来决定.

(1)当 ST1 中的 CPL 位为 0 时,由 ST0 中的 DP 值(9 位地址)与指令中的 7 位地址一道形成 16 位数据存储器地址. 如图 3-2 所示.

9位数据页指针DP	7位dmad

图 3-2　CPL=0,16 位数据存储器地址的形成

(2)当 ST1 中的 CPL 位为 1 时,将指令中的 7 位地址与 16 位堆栈指针 SP 相加,形成 16 位的数据存储器地址. 如图 3-3 所示.

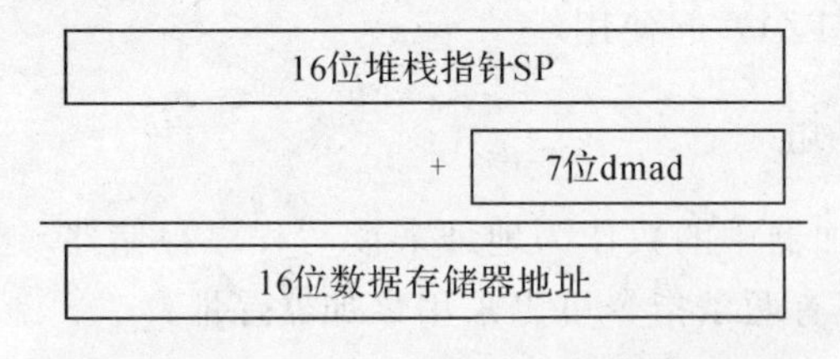

图 3-3　CPL=1,16 位数据存储器地址的形成

因为 DP 值的范围是从 0 到 511($1\sim2^9$),所以以 DP 为基准的直接寻址方式把存储器分成 512 页. 7 位的 dmad 值的变化范围为 0～127,每页有 128 个可访问的单元. 换句话说,DP 指向 512 页中的一页,dmad 就指向了该页中的特定单元. 访问第 1 页的单元 0 和访问第 2 页的单元 0 的唯一区别是 DP 值的变化. DP 值可由 LD 指令装入. RESET 指令将 DP 赋为 0. 注意,DP 不能用上电进行初始化,在上电后它处于不定状态. 所以,没有初始化 DP 的程序可能工作不正常,所有的程序都必须对 DP 初始化. 例如:

```
RSBX    CPL     ;CPL=0
LD #2,DP        ;DP 指向第 2 页
LD 60H,16,A;        ;将第 2 页的 60H 单元内容装入 A 高 16 位
```

3.3.5　间接寻址

按照辅助寄存器的内容寻址数据存储器.在间接寻址中,64k 字数据空间任何一个单元都可以通过一个辅助寄存器中的 16 位地址进行访问.C54x 有 8 个 16 位辅助寄存器(AR0～AR7),两个辅助寄存器算术单元(ARAU0 和 ARAU1),根据辅助寄存器 ARx 的内容进行操作,完成无符号的 16 位地址算术运算.

间接寻址主要用在需要存储器地址以步进方式连续变化的场合.当使用间接寻址方式时,辅助寄存器内容(地址)可以被修改(增加或减少).特别是可以提供循环寻址和位倒序寻址.间接寻址方式很灵活,不仅能从存储器中读或写一个 16 位数据操作数,而且能在一条指令中访问两个数据存储单元,即从两个独立的存储器单元读数据,或读一个存储器单元的同时写另一个存储器单元,或者读写两个连续的存储器单元.

间接寻址有两种方式.

单操作数间接寻址:从存储器中读或写一个单 16 位数据操作数.

双操作数间接寻址:在一条指令中访问两个数据存储单元.

下面首先介绍单操作数寻址及 DSP 独有的循环寻址方式和位倒序寻址方式,然后介绍双操作数寻址.

(1)单操作数间接寻址.单操作数寻址是一条指令中只有一个存储器操作数(即从存储器中只存取一个操作数),其指令的格式如图 3-4 所示.

15～8	7	6～3	2～0
操作码	I=1	MOD	ARF

图 3-4　单数据存储器操作数间接寻址指令的格式

其中,15～8 位是指令的操作码;第 7 位 I=1,表示指令的寻址方式为间接寻址;6～3 位为方式(MOD),4 位的方式域定义了间接寻址的类型,表 3-3 中详细说明了 MOD 域的各种类型;2～0 位定义寻址所使用的辅助寄存器(如 AR0～AR7).

使用间接寻址方式可以在指令执行存取操作前或后修改要存取操作数的地址,可以加 1、减 1 或加一个 16 位偏移量或用 AR0 中的值索引(indexing)寻址.这样结合在一起共有 16 种间接寻址的类型.表 3-3 列出了间接寻址方式中对单操作数的寻址类型.

表 3-3　单操作数间接寻址类型

MOD 域	操作码语法	功　能	说　明
0000	*ARx	Addr=ARx	ARx 包含了数据存储器地址
0001	*ARx－	Addr=ARx ARx=ARx－1	访问后,ARx 中的地址减 1
0010	*ARx＋	Addr=ARx ARx=ARx＋1	访问后,ARx 中的地址加 1
0011	*＋ARx	Addr=ARx＋1 ARx=ARx＋1	在寻址前,ARx 中的地址加 1

续表

MOD 域	操作码语法	功　能	说　明
0100	*ARx−0B	Addr＝ARx ARx＝B(ARx−AR0)	访问后，从 ARx 中以位倒序进位的方式减去 AR0
0101	*ARx−0	Addr＝ARx ARx＝ARx−AR0	访问后，从 ARx 中减去 AR0
0110	*ARx＋0	Addr＝ARx ARx＝ARx＋AR0	访问后，把 AR0 加到 ARx 中去
0111	*ARx＋0B	Addr＝ARx ARx＝B(ARx＋AR0)	访问后，把 AR0 以位倒序进位的方式加到 ARx 中去
1000	*ARx−%	Addr＝ARx ARx＝circ(ARx−1)	访问后，ARx 中的地址以循环寻址的方式减 1
1001	*ARx−0%	Addr＝ARx ARx＝circ(ARx−AR0)	访问后，从 ARx 的地址以循环寻址的方式减去 AR0
1010	*ARx＋%	Addr＝ARx ARx＝circ(ARx＋1)	访问后，ARx 中的地址以循环寻址的方式加 1
1011	*ARx＋0%	Addr＝ARx ARx＝circ(ARx＋AR0)	访问后，把 AR0 以循环寻址的方式加到 ARx 中
1100	*ARx(1k)	Addr＝ARx＋1k ARx＝ARx	ARx 和 16 位的长偏移(1k)的和用来作为数据存储器地址；ARx 本身不被修改
1101	*＋ARx(1k)	Addr＝ARx＋1k ARx＝ARx＋1k	在寻址之前，把一个带符号的 16 位的长偏移(1k)加到 ARx 中，然后用新的 ARx 的值作为数据存储器的地址
1110	*＋ARx(1k)%	Addr＝circ(ARx＋1k) ARx＝circ(ARx＋1k)	在寻址之前，把一个带符号的 16 位的长偏移以循环寻址的方式加到 ARx 中，然后再用新的 ARx 的值作为数据存储器的地址
1111	*(1k)	Addr＝1k	一个无符号的 16 位的长偏移用来做数据存储器的绝对地址(也属于绝对寻址)

例如：

```
LD *AR2+,A      ;(AR2)→A,AR2=AR2+1
```

表示将由 AR2 寄存器内容所指向的数据存储器单元中的数据传送到累加器 A 中，然后 AR2 中的地址加 1.

在表 3-3 中，*＋ARx 间接寻址方式只用在写操作中.

*ARx(1k)和 *＋ARx(1k)是间接寻址中加固定偏移量的一种类型，这种类型中的一个 16 位偏移量被加到 ARx 寄存器中，该寻址方式在辅助寄存器 ARx 内容不修改(用 *ARx(1k)寻址)，而存取数据阵列或结构中一个特殊单元时特别有用. 当辅助寄存器被修改时(用 *＋ARx(1k)寻址)，特别适合于按固定步长寻址操作数的操作. 这种类型指令不能用在单指令重复中(RPT、RPTZ)，另外指令的执行周期也多一个.

索引寻址是间接寻址的一种类型.在这种类型中,ARx 的内容在存取的前后被减去或加上 AR0 的内容,以达到修改 ARx 内容(修改地址)的目的.此种类型比 16 位偏移量方便,指令字短.*ARx−0 和 *ARx+0 就是该种类型.

还有两种特殊的寻址类型,以%符号表示的为循环寻址,如 *ARx+0%;以 B 符号表示的为位倒序寻址,如 *ARx+0B.这两种是 DSP 独有的寻址方式,下面详细介绍.

①循环寻址.循环寻址用%表示,其辅助寄存器使用规则与其他寻址方式相同.在卷积、自相关和 FIR 滤波器等许多算法中,都需要在存储器中设置循环缓冲区.循环缓冲区是一个滑动窗口,包含着最近的数据.如果有新的数据到来,它将覆盖最早的数据.对一个需要 8 个循环缓冲的运算,循环指针在第一次的移动从 1,2,3,4,5,6,7→8;第二次是从 2,3,4,5,6,7→8→1;第三次是从 3,4,5,6,7→8→1→2;依次下去,直到完成规定的循环次数.实现循环缓冲区的关键是循环寻址.循环缓冲器的主要参数包括:

a.长度计数器(BK):定义了循环缓冲区的大小 R($R<2^N$).

b.有效基地址(EFB):定义了缓冲区的起始地址,即 ARx 低 N 位设为 0 后的值.

c.尾地址(EOB):定义了缓冲区的尾部地址,通过用 BK 的低 N 位代替 ARx 的低 N 位得到.

d.缓冲区索引(index):当前 ARx 的低 N 位.

e.步长(Step):一次加到辅助寄存器或从辅助寄存器中减去的值.

要求缓冲区地址始于最低 N 位为零的地址,且 R 值满足 $R<2^N$,R 值必须要放入 BK.例如,一个长度为 31 个字的循环缓冲区必须开始于最低 5 位为零的地址(即 XXXX XXXX XXX0　0000b),且赋值 BK=31.又如,一个长度为 32 个字的循环缓冲区必须开始于最低 6 位为零的地址(即 XXXX　XXXX　XX00　0000b),且 BK=32.循环缓冲示意图如图 3-5 所示.循环寻址的算法为:

```
If      0≤index+step<BK;
index=index+step;
Else if index+step ≥BK;
index =index+step-BK; Else if      index+step<0; index =index+step+BK;
```

例如,对于指令:

```
LD *+AR1(8)%,A
STL A,*+AR1(8)%;
```

假定 BK=10,AR1=100H.由 R 值应满足 $R<2^N$ 得到 N=4,因为 AR1 的低 4 位为 0,得到 index=0,循环寻址 *+AR1(8)%的步长 Step=8.循环寻址过程如图 3-6 所示.

执行第一条指令时:index=index+step=8,寻址 108h 单元.执行第二条指令时:index=index+step=8+8=16>BK,则:

index=index+step−BK=8+8−10=6,寻址 106h 单元.

……

使用循环寻址时,必须遵循以下 3 个原则:

循环缓冲区的长度 R 小于 2^N,且地址从一个低 N 位为 0 的地址开始;

步长小于或等于循环缓冲区的长度;

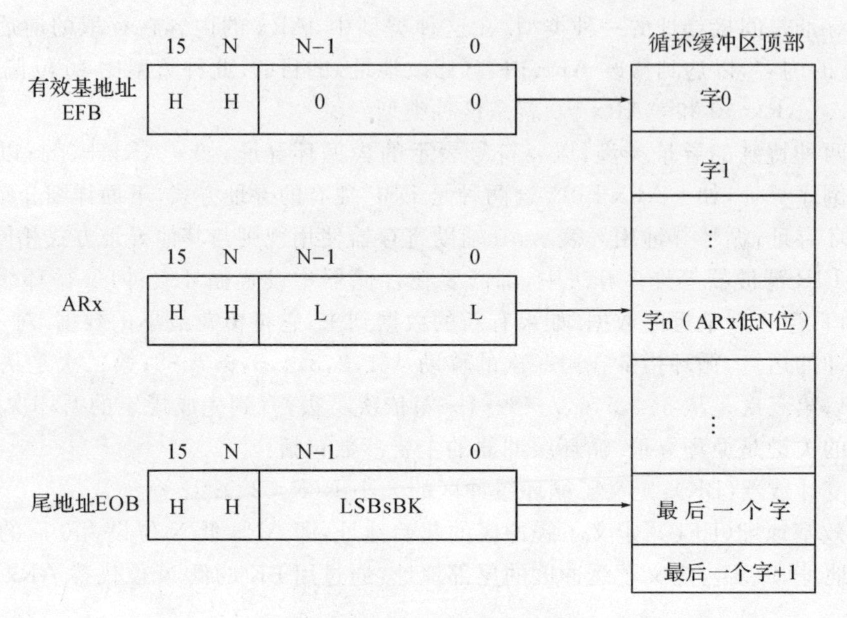

图 3-5 循环缓冲示意图

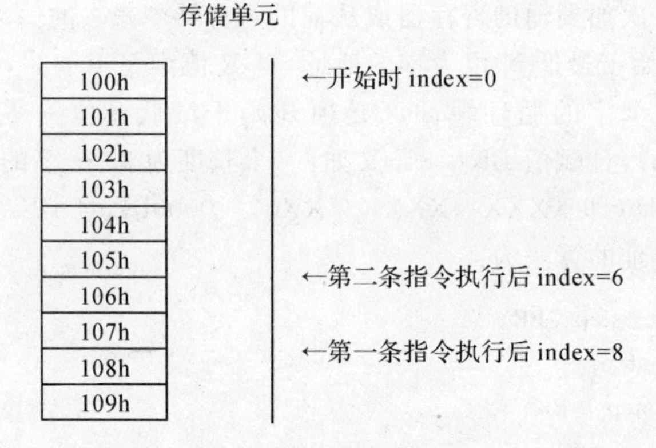

图 3-6 循环寻址过程

使用的辅助寄存器必须指向缓冲区单元.

②位倒序寻址. ARx－0B 和 ARx＋0B 是间接寻址的位倒序寻址类型. 间接寻址的 ARx 中的内容与 AR0 中内容以位倒序的方式相加产生 ARx 中的新内容.

位倒序寻址主要应用于 FFT 运算,可以提高 FFT 算法的执行速度和使用存储器的效率. FFT 运算主要实现采样数据从时域到频域的转换,用于信号分析,FFT 要求采样点输入是倒序时,输出才是顺序;若输入是顺序,则输出就是倒序,采用位倒序寻址的方式正好符合 FFT 算法的要求.

使用时,AR0 存放的整数值为 FFT 点数的一半,另一个辅助寄存器 ARx 指向存放数据的单元. 位倒序寻址将 AR0 加到辅助寄存器中,地址以位倒序方式产生. 也就是说,两者相加时,进位是从左到右反向传播的,而不是通常加法中的从右到左.

以 16 点 FFT 为例,当输入序列是顺序时,其 FFT 变换结果的次序为 X(0)、X(8)、X(4),…,X(15)的倒序方式.

表 3-4　位码倒序寻址

存储单元地址	变换结果	位码倒序	位码倒序寻址结果
0000	X(0)	0000	X(0)
0001	X(8)	1000	X(1)
0010	X(4)	0100	X(2)
0011	X(12)	1100	X(3)
0100	X(2)	0010	X(4)
0101	X(10)	1010	X(5)
0110	X(6)	0110	X(6)
0111	X(14)	1110	X(7)
1000	X(1)	0001	X(8)
1001	X(9)	1001	X(9)
1010	X(5)	0101	X(10)
1011	X(13)	1101	X(11)
1100	X(3)	0011	X(12)
1101	X(11)	1011	X(13)
1110	X(7)	0111	X(14)
1111	X(15)	1111	X(15)

由表 3-4 可见，如果按照位码倒序的方式寻址，就可以将乱序的结果整为顺序. 要达到这一目的，在 C54x 中是非常方便的.

例如：假设辅助寄存器都是 8 位字长，AR2 中存放数据存储器的基地址（设为 01100000B），指向 X(0)的存储单元，设定 AR0 的值是 FFT 长度的一半. 对 16 点 FFT：

```
AR2＝0110 0000B
AR0＝0000 1000B
```

执行指令：

```
RPT      #15              ;循环执行下一条语句 15＋1 次
PORTW  * AR2 +0B,PA  ;PA 为外设输出端口,AR0 以倒序方式加入
注:第 0 次循环   (0110 0000)  →  PA  →  X(0)
第 1 次循环   (0110 1000)  →  PA  →  X(1)
第 2 次循环   (0110 0100)  →  PA  →  X(2)
第 3 次循环   (0110 1100)  →  PA  →  X(3)
…                                        …
```

利用上述两条指令就可以向外设口（口地址为 PA）输出整序后的 FFT 变换结果了.

(2)双操作数间接寻址. 双操作数寻址用在完成两个读或一个读且一个写的指令中. 这些指令只有一个字长，只能以间接寻址的方式工作. 其指令格式如图 3-7 所示.

15~8	7~6	5~4	3~2	1~0
操作码	Xmod	Xar	Ymod	Yar

图 3-7 双操作数间接寻址指令格式

其中,15～8 位包含了指令的操作码,7～6 位为 Xmod,定义了用于访问 Xmem 操作数间接寻址方式的类型,5～4 位为 Xar,确定了包含 Xmem 地址的辅助寄存器,3～2 位为 Ymod,定义了用于访问 Ymem 操作数的间接寻址方式的类型,1～0 位为 Yar,确定了包含 Ymem 的辅助寄存器.

用 Xmem 和 Ymem 来代表这两个数据存储器操作数. Xmem 表示读操作数;Ymem 在读两个操作数时表示读操作数,在一个读并行一个写的指令中表示写操作数.如果源操作数和目的操作数指向了同一个单元,在并行存储指令中(例如 ST||LD),读在写之前执行.如果是一个双操作数指令(如 ADD)指向了同一辅助寄存器,而这两个操作数的寻址方式不同,那么就用 Xmod 域所确定的方式来寻址.表 3-5 列出了双操作数间接寻址的类型.

表 3-5 双操作数间接寻址的类型

Xmod 或 Yomd	操作码语法	功　能	说　明
00	*ARx	Addr＝ARx	ARx 是数据存储器地址
01	*ARx－	Addr＝ARx Addr＝ARx－1	访问后,ARx 中的地址减 1
10	*ARx＋	Addr＝ARx Addr＝ARx＋1	访问后,ARx 中的地址加 1
11	*ARx＋0%	Addr＝ARx ARx＝circ(ARx＋AR0)	访问后,AR0 以循环寻址的方式加到 ARx 中

3.3.6 存储器映射寄存器寻址

存储器映射寄存器(MMR)寻址用来修改存储器映射寄存器而不影响当前数据页指针(DP)或堆栈指针(SP)的值.因为 DP 和 SP 的值在这种模式下不需要改变,因此写一个寄存器的开销是最小的.存储器映射寄存器寻址既可以在直接寻址中使用,也可以在间接寻址中使用.

当采用直接寻址方式时,高 9 位数据存储器地址被置 0(不管当前的 DP 或 SP 为何值),利用指令中的低 7 位地址访问 MMR.

当采用间接寻址方式时,高 9 位数据存储器地址被置 0,按照当前辅助寄存器中的低 7 位地址访问 MMR.(注意,用此种方式访问 MMR,寻址操作完成后辅助寄存器的高 9 位被强迫置 0.)

只有 8 条指令能使用存储器映射寄存器寻址

```
LDM    MMR,dst       ;将 MMR 内容装入累加器
MVDM   dmad,MMR      ;将数据存储器单元内容装入 MMR
MVMD   MMR,dmad      ;将 MMR 的内容录入数据存储器单元
MVMM   MMRx,MMRy     ;MMRx,MMRy 只能是 AR0～AR7
```

```
POPM    MMR            ;将 SP 指定单元内容给 MMR,然后 SP=SP+1
PSHM    MMR            ;将 MMR 内容给 SP 指定单元,然后 SP=SP-1
STLM    src,MMR        ;将累加器的低 16 位给 MMR
STM     #1k,MMR        ;将一个立即数给 MMR
```

3.3.7 堆栈寻址

当发生中断或子程序调用时,堆栈用来自动保存程序计数器(PC)中的数值,它也可以用来保护现场或传送参数. C54x 的堆栈是从高地址向低地址方向生长,并用一个 16 位存储器映射寄存器——堆栈指针(SP)来管理堆栈.

所谓堆栈寻址,就是利用堆栈指针来寻址. 堆栈遵循先进后出的原则,SP 始终指向堆栈中所存放的最后一个数据. 在压入操作时,先减小 SP 后将数据压入堆栈;在弹出操作时,先从堆栈弹出数据后增加 SP 值.

有 4 条指令采用堆栈寻址方式:

PSHD 将数据存储器中的一个数压入堆栈.

PSHM 将一个 MMR 中的值压入堆栈.

POPD 从堆栈弹出一个数至数据存储单元.

POPM 从堆栈弹出一个数至 MMR.

3.4　指令系统

TMS320C54x 可以使用助记符方式和表达式方式两套指令系统,本节介绍助记符指令. TMS320C54x 指令按功能分为:算术运算指令、逻辑运算指令、程序控制指令及存储和装入指令四大类.

每一大类指令又可细分为若干小类. 以下各表中给出了指令的助记符方式、表达式、注释、指令的字数和执行周期数. 其中的指令字数和执行周期数均假定采用片内 DARAM 作为数据存储器.

3.4.1　算术运算指令

算术运算指令分为 6 小类,它们是:加法指令(ADD);减法指令(SUB);乘法指令(MPY);乘加指令(MAC)和乘减指令(MAS);双数/双精度指令(DADD、DSUB);特殊操作指令(ABDST、SQDST). 其中大部分指令都只需要一个指令周期,只有个别指令需要 2~3 个指令周期.

(1)加法指令. TMS320C54x 中提供了多条用于加法的指令,共有 13 条,不同的加法指令用途不同,如表 3-6 所示.

表 3-6　加法指令

语　法	表 达 式	注　释	字/周期
ADD　Smem,src	src=src+Smem	操作数与 ACC 相加	1/1

续表

语　法	表 达 式	注　释	字/周期
ADD　Smem,TS,src	src=src+Smem<<TS	操作数移位后加到 ACC 中	1/1
ADD　Smem,16,src[,dst]	dst=src+Smem<<16	把左移 16 位的操作数加到 ACC 中	1/1
ADD　Smem,[,SHIFT],src[,dst]	dst=src+Smem<<SHIFT	把移位后的操作数加到 ACC 中	2/2
ADD　Xmem,SHFT,src	src=src+Xmem<<SHFT	把移位后的操作数加到 ACC 中	1/1
ADD　Xmem,Ymem,dst	dst=Xmem<<16+Ymem<<16	两个操作数分别左移 16 位,然后相加	1/1
ADD　#1k[,SHFT],src[,dst]	dst=src+#1k<<SHFT	长立即数移位后加到 ACC 中	2/2
ADD　#1k,16,src[,dst]	dst=src+#1k<<16	把左移 16 位的长立即数加到 ACC 中	2/2
ADD　src,[,SHIFT][,dst]	dst=dst+src<<SHIFT	移位再相加	1/1
ADD　src,ASM[,dst]	dst=dst+src<<ASM	移位再相加,移动位数为 ASM 的值	1/1
ADDC　Smem,src	src=src+Smem+C	带有进位位的加法	1/1
ADDM　#1k,Smem	Smem=Smem+#1k	把长立即数加到存储器中	2/2
ADDS　Smem,src	src=src+uns(Smem)	无符号位扩展的加法	1/1

其中,ADD 为不带进位加法,ADDC 用于带进位的加法运算(如 32 位扩展精度加法),ADDS 用于无符号数的加法运算,而 ADDM 专用于立即数的加法.前 10 条指令说明,将一个 16 位的数加到选定的累加器中,这 16 位数可以为下列情况之一.

①单访问的数据存储器操作数 Smem.

②双访问的数据存储器操作数 Xmem、Ymem.

③立即数#1k.

④累加器 src 移位后的值.

若定义了 dst,加法结果存入 dst,否则存入 src 中.操作数左移时低位加 0,右移时,若 SXM=1,则高位进行符号扩展;若 SXM=0,则高位加 0.指令受 OVM 和 SXM 状态标志位的影响,执行结果影响 C 和 OVdst(若未指定 dst,则为 OVsrc).

【例 3.1】ADD　*AR3+,14,A;将 AR3 所指的数据存储单元内容,左移 14 位与 A 相加,结果放 A 中,AR3 加 1.

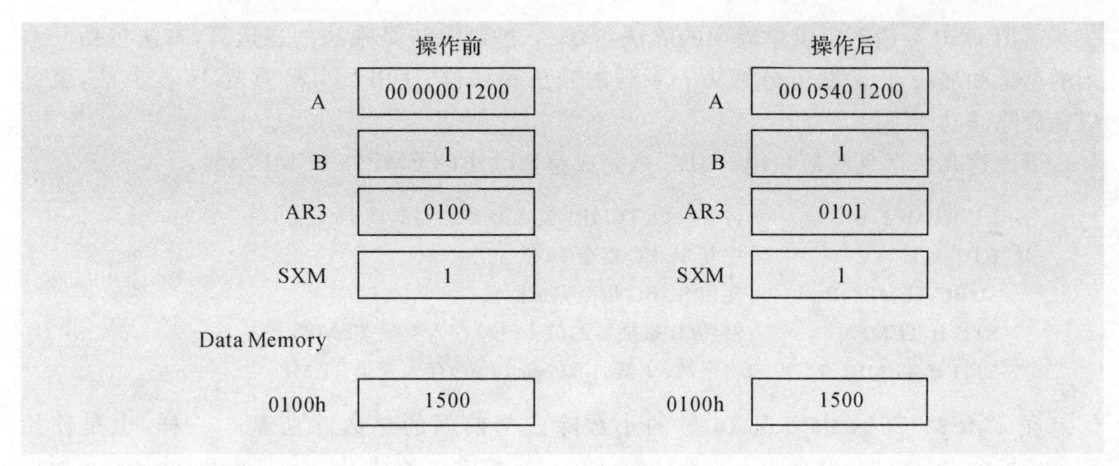

(2)减法指令.减法指令共有 13 条,如表 3-7 所示.

表 3-7　减法指令

语　法	表 达 式	注　释	字/周期
SUB Smem,src	src=src−Smem	从累加器中减去一个操作数	1/1
SUB Smem,TS,src	src=src−Smem<<TS	移动由 T 寄存器的 0~5 位所确定的位数,再与 ACC 相减	1/1
SUB Smem,16,src[,dst]	dst=src−Smem<<16	移位 16 位再与 ACC 相减	1/1
SUB Smem[,SHIFT],src[,dst]	dst=src−Smem<<SHIFT	操作数移位后再与 src 相减	2/2
SUB Xmem,SHFT,src	src=src−Xmem<<SHFT	操作数移位后再与 src 相减	1/1
SUB Xmem,Ymem,dst	dst= Xmem<<16 − Ymem<<16	两个操作数分别左移 16 位,再相减	1/1
SUB #1k[,SHFT],src[,dst]	dst=src− # 1k<<SHFT	长立即数移位后与 ACC 做减法	2/2
SUB #1k,16,src[,dst]	dst=src− # 1k<<16	长立即数左移 16 位后再与 ACC 相减	2/2
SUB src[,SHIFT][,dst]	dst=dst−src<<SHIFT	移位后的 src 与 dst 相减	1/1
SUB src,ASM[,dst]	dst=dst−src<<ASM	src 移动由 ASM 决定的位数再与 dst 相减	1/1
SUBB Smem,src	src=src−Smem−C	做带借位的减法	1/1
SUBC Smem,src	If(src−Smem<<15)>0 src=(src−Smem<<15)<<1+1 Else src=src<<1	条件减法	1/1
SUBS Smem,src	src=src−uns(Smem)	与 ACC 做无符号的扩展减法	1/1

TMS320C54x 中提供了多条用于减法的指令,其中 SUBS 用于无符号数的减法运算,SUBB 用于带借位的减法运算(如 32 位扩展精度的减法),而 SUBC 为条件减法,src 减去 Smem 左移 15 位后的值,若结果大于 0,则结果左移 1 位再加 1,最终结果存放到 src 中;否则 src 左移 1 位并存入 src 中.

通用 DSP 一般不提供单周期的除法指令.二进制除法是乘法的逆运算,乘法包括一系列的移位和加法,而除法可分解为一系列的减法和移位.使用 SUBC 重复 16 次减法,就可以完成除法功能.

下面这几条指令就是利用 SUBC 来完成整数除法(TEMP1/TEMP2)的:

```
LD TEMP1,B          ;将被除数 TEMP1 装入 B 累加器的低 16 位
RPT #15             ;重复 SUBC 指令 16 次
SUBC TEMP2,B        ;使用 SUBC 指令完成除法
STL B,TEMP3         ;将商(B 累加器的低 16 位)存入变量 TEMP3
STH B,TEMP4         ;将余数(B 累加器的高 16 位)存入变量 TEMP4
```

在 TMS320C54x 中实现 16 位的小数除法与前面的整数除法基本一样,也是使用 SUBC 指令来完成的.但有两点需要注意:第一,小数除法的结果一定是小数(小于 1),所以被除数一定小于除数.在执行 SUBC 指令前,应将被除数装入 A 或 B 累加器的高 16 位,而不是低 16 位.其结果的格式与整数除法一样.第二,应当考虑符号位对结果小数点的影响,所以应将商右移一位,得到正确的有符号数.

(3)乘法指令.乘法指令共有 10 条,如表 3-8 所示.

表 3-8 乘法指令

语　法	表达式	注　释	字/周期
MPY Smem,dst	dst=T * Smem	T 寄存器与单数据存储器操作数相乘	1/1
MPYR Smem,dst	dst=rnd(T * Smem)	T 寄存器与单数据存储器操作数相乘,并凑整	1/1
MPY Xmem,Ymem,dst	dst=Xmem * Ymem, T=Xmem	两个数据存储器操作数相乘	1/1
MPY Smem,#1k,dst	dst=Smem * #1k, T=Smem	长立即数与单数据存储器操作数相乘	2/2
MPYA dst	dst =T * A(32～16)	ACCA 的高端与 T 寄存器的值相乘	1/1
MPYA Smem	B=Smem * A(32～16), T=Smem	单数据存储器操作数与 ACCA 的高端相乘	1/1
MPYU Smem,dst	dst= T * uns(Smem)	T 寄存器的值与无符号数相乘	1/1
SQUR Smem,dst	dst=Smem * Smem, T=Smem	单数据存储器操作数的平方	1/1
SQUR A,dst	dst=A(32～16) * A(32～16)	ACCA 的高端的平方值	1/1

在 TMS320C54x 中提供大量的乘法运算指令,其结果都是 32 位的,放在 A 或 B 累加器中.乘数在 TMS320C54x 的乘法指令中很灵活,可以是 T 寄存器、立即数、存储单元和 A 或 B 累加器的高 16 位.若是无符号数乘,使用 MPYU 指令,这是一条专用于无符号数乘法运算的指令,而其他指令都是有符号数的乘法.

在 TMS320C54x 中,小数的乘法与整数乘法基本相同,只是由于两个有符号的小数相乘,其结果的小数点的位置在次高的后面,所以必须左移一次,才能得到正确的结果.

TMS320C54x 中提供一个状态位 FRCT，将其设置为 1 时，系统自动将乘积结果左移 1 位。

MPY 指令受 OVM 和 FRCT 状态标志位的影响，执行结果影响 OVdst。

【例 3.2】MPY　13，A；T * Smem→A，Smem 所在的单数据存储器地址为 13(0Dh)。

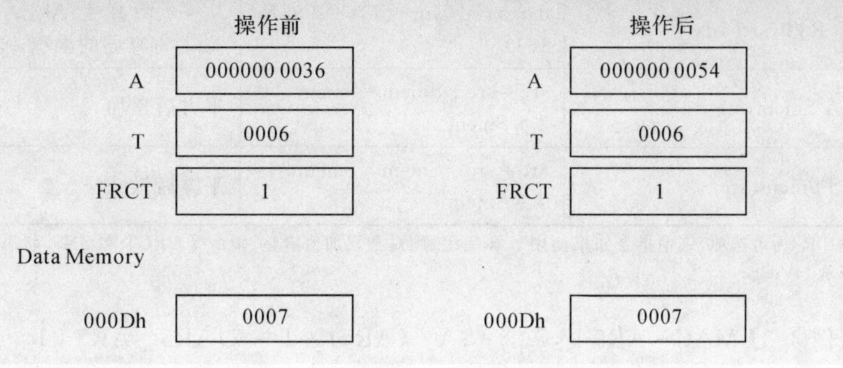

(4)乘加和乘减指令。

乘加和乘减指令共有 15 条，如表 3-9 所示。

表 3-9　乘加和乘减指令

语　法	表达式	注　释	字/周期
MAC[R]Smem，src	src＝rnd(src＋T * Smem)	与 T 寄存器相乘再加到 ACC 中，[R]为[凑整]选项	1/1
MAC[R]Xmem，Ymem，src[，dst]	dst ＝ rnd (src ＋ Xmem * Ymem) T＝Xmem	双操作数相乘再加到 ACC 中，[凑整]	1/1
MAC　#1k，src[，dst]	dst＝src＋T * #1k	T 寄存器与长立即数相乘，再加到 ACC 中	2/2
MACSmem，　#1k，src[，dst]	dst＝src＋Smem * #1k T＝Smem	与长立即数相乘，再加到 ACC 中	2/2
MACA[R]Smem，[，B]	B＝rnd(B＋Smem * A(32～16))T＝Smem	与 ACCA 的高端相乘，加到 ACCB 中，[凑整]	1/1
MACA[R]T，src[，dst]	dst＝rnd(src＋T * A(32～16))	T 寄存器与 ACCA 高端相乘，加到 ACC 中，[凑整]	1/1
MACDSmem，pmad，src	src＝src＋Smem * pmad T＝Smem，(Smem＋1)＝Smem	与程序存储器值相乘再累加并延时	2/3
MACP Smem，pmad，src	src＝src＋Smem * pmad T＝Smem	与程序存储器值相乘再累加	2/3
MACSU Xmem，Ymem，src	src＝src＋uns(Xmem) * Ymem T＝Xmem	带符号数与无符号数相乘再累加	1/1
MAS[R]Smem，src	src＝rnd(src－T * Smem)	与 T 寄存器相乘再与 ACC 相减，[凑整]	1/1
MAS[R]Xmem，Ymem，src[，dst]	dst ＝ rnd (src － Xmem * Ymem) T＝Xmem	双操作数相乘再与 ACC 相减，[凑整]	1/1

续表

语　法	表 达 式	注　释	字/周期
MASA Smem[,B]	B=B－Smem * A(32～16)) T=Smem	从 ACCB 中减去单数据存储器操作数与 ACCA 的乘积	1/1
MASA[R]T,src[,dst]	dst= rnd(src－T * A(32～16))	从 src 中减去 ACCA 高端与 T 寄存器的乘积,[凑整]	1/1
SQURA Smem,src	src=src+Smem * Smem T=Smem	平方后累加	1/1
SQURS Smem,src	src=src－Smem * Smem T=Smem	平方后做减法	1/1

备注:[R]为可选项,表中指令如果使用了 R 后缀,则对乘累加值凑整.指令受 FRCT 和 SXM 状态标志位的影响,执行结果影响 OVdst.

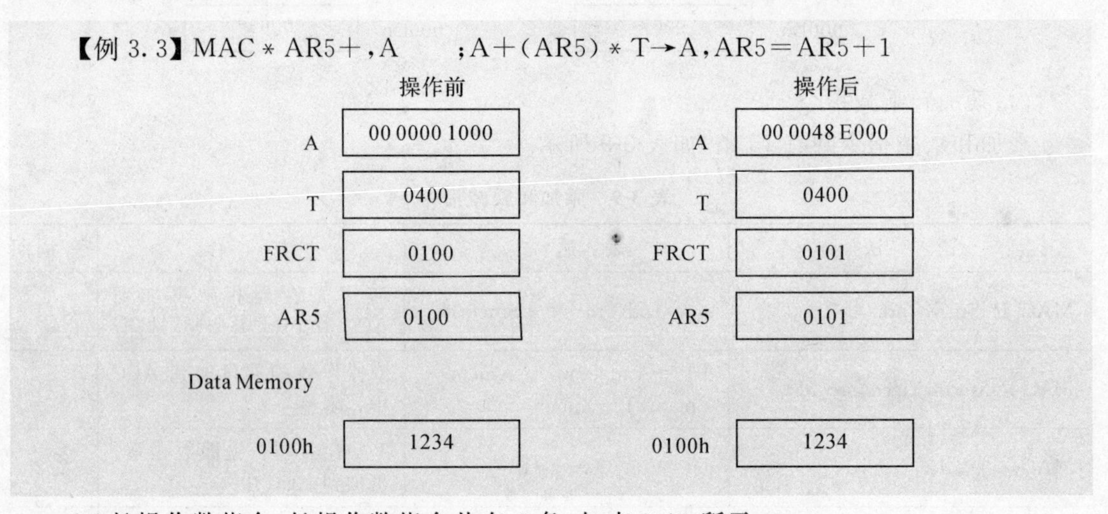

(5)长操作数指令.长操作数指令共有 6 条,如表 3-10 所示.

表 3-10　长操作数指令

语　法	表 达 式	注　释	字/周期
DADD Lmem, src [,dst]	If　C16=0　dst=Lmem+src If　C16=1 dst(39～16)=Lmem(31～16)+src(31～16) dst(15～0)=Lmem(15～0)+src(15～0)	双精度/双 16 位加法	1/1
DADST Lmem,dst	If　C16=0　dst=Lmem+(T<<16+T) If　C16=1　dst(39～16)=Lmem(31～16)+T dst(15～0)=Lmem(15～0)－T	T 寄存器和长立即数的双精度/双 16 位加法和减法	1/1
DRSUB Lmem,src	If　C16=0　src=Lmem－src If　C16=1 src(39～16)=Lmem(31～16)－src(31～16) src(15～0)=Lmem(15～0)－src(15～0)	长字的双 16 位减法	1/1
DSADT Lmem,dst	If　C16=0　dst=Lmem－(T<<16+T) If　C16=1　dst(39～16)=Lmem(31～16)－T dst(15～0)=Lmem(15～0)+T	T 寄存器和长操作数的双重减法	1/1

续表

语　　法	表 达 式	注　　释	字/周期
DSUB Lmem,src	If　C16＝0　src＝src－Lmem If　C16＝1 src(39～16)＝src(31～16)－Lmem(31～16) src(15～0)＝src(15～0)－Lmem(15～0)	ACC 的双精度/双 16 位减法	1/1
DSUBT Lmem,dst	If　C16＝0　dst＝Lmem－(T<<16＋T) If　C16＝1　dst(39～16)＝Lmem(31～16)－T dst(15～0)＝Lmem(15～0)－T	T 寄存器和长操作数的双重减法	1/1

其中,Lmem 为 32 位长操作数,32 位操作数由两个连续地址的 16 位字构成,低地址必须为偶数,内容为 32 位操作数的高 16 位,高地址的内容则是 32 位操作数的低 16 位.

注意 ST1 中的 C16 位决定了指令的方式.以 DADD 指令为例,若 C16＝0,指令以双精度方式执行,40 位的 src 与 Lmem 相加,饱和与溢出位根据计算结果设置.指令受 OVM 和 SXM 状态标志位的影响,执行结果影响 C 和 OVdst(若未指定 dst,则为 OVsrc).

若 C16＝1,指令以双 16 位方式执行,src 高端与 Lmem 的高 16 位相加;src 低端与 Lmem 的低 16 位相加.此时,饱和与溢出位不受影响.不管 OVM 位的状态如何,结果都不进行饱和运算.

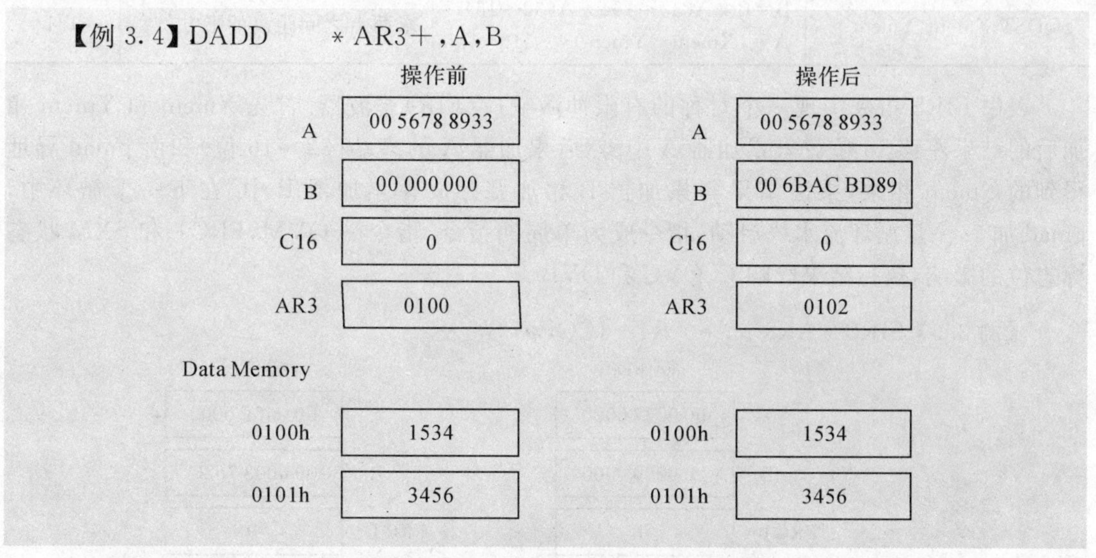

(6)特殊应用指令.特殊应用指令共 15 条,如表 3-11 所示.

表 3-11　特殊应用指令

语　　法	表 达 式	注　　释	字/周期
ABDST Xmem,Ymem	B＝B＋|A(32～16)| A＝(Xmem－Ymem)<<16	求绝对值	1/1
ABS src[,dst]	dst＝|src|	ACC 的值取绝对值	1/1
CMPL src[,dst]	dst＝src	求累加器值的反码	1/1
DELAY Smem	(Smem＋1)＝Smem	存储器延迟	1/1
EXP src	T＝符号所在的位数(src)	求累加器指数	1/1

续表

语　法	表 达 式	注　释	字/周期
FIRS Xmem,Ymem,pmad	B=B+A * pmad A=(Ymem+Xmem)<<16	对称有限冲击响应滤波器	2/3
LMS Xmem,Ymem	B=B+Xmem * Ymem A=A+Xmem<<16+215	求最小均方值	1/1
MAX dst	dst=max(A,B)	求累加器的最大值	1/1
MIN dst	dst=min(A,B)	求累加器的最小值	1/1
NEG src[,dst]	dst=-src	求累加器的反值	1/1
NORM src[,dst]	dst=src<<TS dst=norm(src,TS)	归一化	1/1
POLY Smem	B=Smem<<16 A=rnd(A(32～16) * T+B)	求多项式的值	1/1
RND src[,dst]	dst=src+215	求累加器的四舍五入值	1/1
SAT src	饱和计算(src)	对累加器的值做饱和计算	1/1
SQDST Xmem,Ymem	B=B+A(32～16) * A(32～16) A=(Xmem-Ymem)<<16	求两点之间距离的平方	1/1

表中 FIRS 指令实现一个对称的有限冲激响应(FIR)滤波器. 首先 Xmem 和 Ymem 相加后的结果左移 16 位放入累加器 A 中. 然后累加器 A 的高端(32～16 位)和由 pmad 寻址得到的 Pmem 相乘,乘法结果与累加器 B 相加并存放在累加器 B 中. 在下一个循环中,pmad 加 1. 一旦循环流水线启动,指令成为单周期指令. 指令受 OVM,FRCT 和 SXM 状态标志位的影响,执行结果影响 C、OVC 和 OVB.

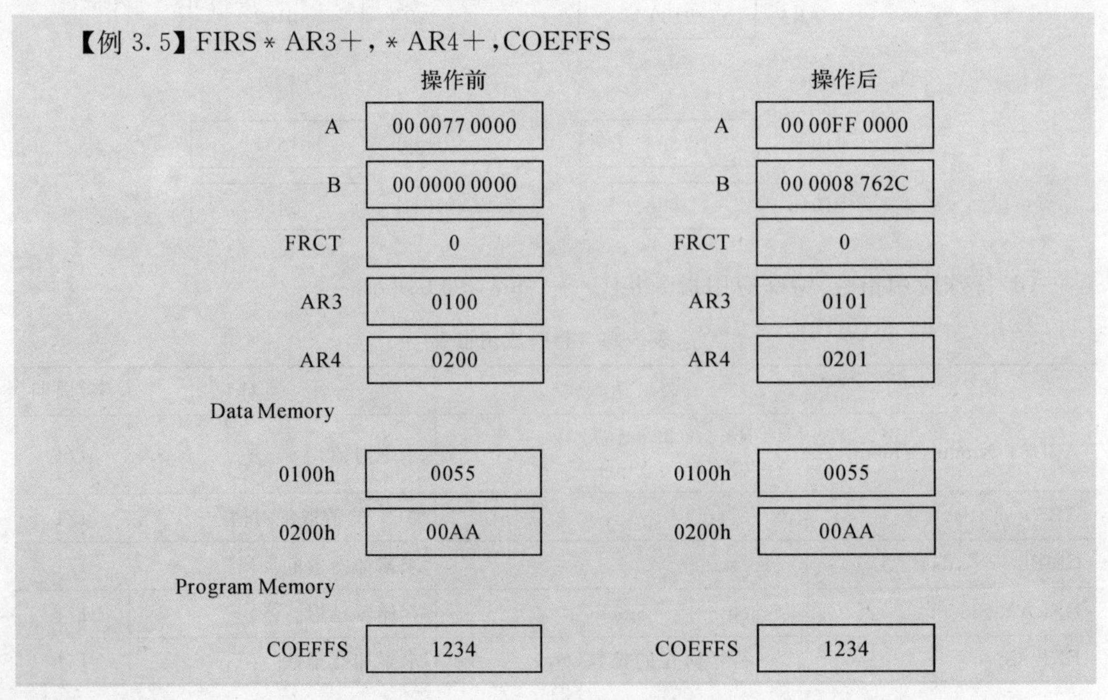

3.4.2　逻辑指令

逻辑指令分为 5 小类，根据操作数的不同，这些指令需要 1～2 个指令周期. 它们是：与指令（AND）；或指令（OR）；异或指令（XOR）；移位指令（ROL）；测试指令（BITF）.

（1）与、或、异或指令. 与、或、异或指令共 15 条，如表 3-12 所示.

表 3-12　与、或、异或指令

语　法	表 达 式	注　释	字/周期
AND Smem，src	src＝src&Smem	单数据存储器操作数和 ACC 相与	1/1
AND ＃1k[，SHFT]，src[，dst]	dst＝src&＃1k＜＜SHFT	长立即数移位后和 ACC 相与	2/2
AND ＃1k，16，src[，dst]	dst＝src&＃1k＜＜16	长立即数左移 16 位后和 ACC 相与	2/2
AND src[，SHIFT][，dst]	dst＝ dst & src＜＜SHIFT	src 移位后与 dst 值相与	1/1
ANDM ＃1k，Smem	Smem＝Smem & ＃1k	单数据存储器操作数和长立即数相与	2/2
OR Smem，src	src＝src ｜ Seme	单数据存储器操作数和 ACC 相或	1/1
OR ＃ 1k[，SHFT]，src[，dst]	dst＝src ｜ ＃1k＜＜SHFT	长立即数移位后与 ACC 相或	2/2
OR ＃ 1k，16，src[，dst]	dst＝src ｜ ＃1k＜＜16	长立即数左移 16 位后和 ACC 相或	2/2
OR sre[，SHFT][，dst]	dst＝dst ｜ src ＜＜SHIFT	src 移位后与 dst 值相或	1/1
ORM ＃1k，Smem	Smem＝Smem ｜ ＃1k	单数据存储器操作数和长立即数相或	2/2
XOR Smem，sre	src＝src∧Smem	单数据存储器操作数和 ACC 相异或	1/1
XOR ＃1k[，SHFT]，src[，dst]	dst＝src∧＃1k＜＜SHFT	长立即数移位后与 ACC 相异或	2/2
XOR ＃1k，16，src[，dst]	dst＝src∧＃1k＜＜16	长立即数左移 16 位后和 ACC 相异或	2/2
XOR sre[，SHIFT][，dst]	dst＝ dst∧src＜＜SHIFT	src 移位后与 dst 值相异或	1/1
XORM ＃1k，Smem	Smem＝Smem∧＃1k	单数据存储操作数和长立即数相异或	2/2

如果指令中有移位，则操作数移位后再进行与/或/异或操作. 左移时低位清零，高位无符号扩展；右移时高位也不进行符号扩展.

【例 3.6】AND * AR3+,A

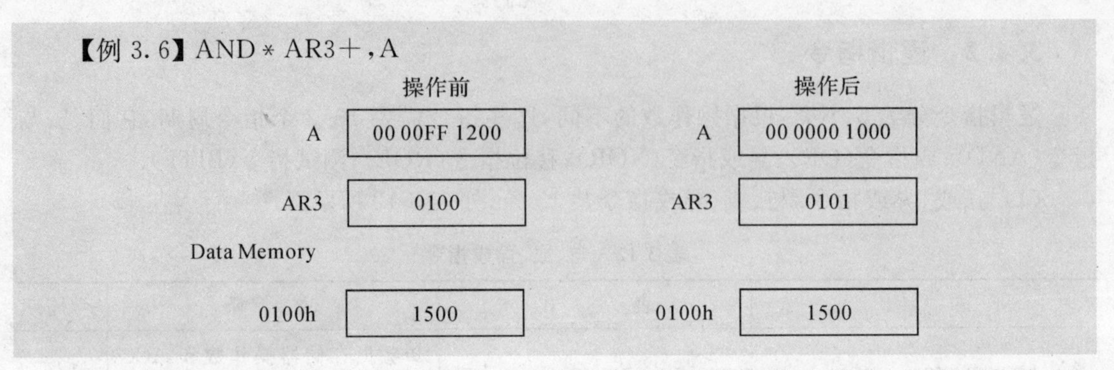

(2)移位指令和测试指令. 移位指令有 6 条,分循环移位和算术移位,位测试指令有 5 条,如表 3-13 所示.

表 3-13　移位指令和测试指令

语　法	表 达 式	注　释	字/周期
ROL src	带进位位循环左移	累加器值循环左移	1/1
ROL TC src	带 TC 位循环左移	累加器值带 TC 位循环左移	1/1
ROR src	带进位位循环右移	累加器值循环右移	1/1
SFTA src,SHIFT[,dst]	dst=src<<SHIFT(算术移位)	累加器值算术移位	1/1
SFTC src	if src(31)=src(30)then src=src<<1	累加器值条件移位	1/1
SFTL src,SHIFT[,dst]	dst=src<<SHIFT(逻辑移位)	累加器逻辑移位	1/1
BIT Xmem,BITC	TC=Xmem(15-BITC)	测试指定位	1/1
BITF Smem,#1k	TC=(Smemk)	测试由立即数指定位	2/2
BITF Smem	TC=Smem(15-T(3-0))	测试由 T 寄存器指定位	1/1
CMPM Smem,#1k	TC=(Smem= =#1k)	比较单数据存储器操作数和立即数的值	2/2
CMPR CC,ARx	Compare ARx with AR0	辅助寄存器 ARx 和 AR0 相比较	1/1

表中第一条指令表示 src 循环左移 1 位,进位位 C 的值移入 src 的最低位,src 的最高位移入 C 中,保护位清零. CMPM 指令比较 Smem 与常数 1k 是否相等,若相等 TC=1,否则 TC=0.

【例 3.7】ROL　A

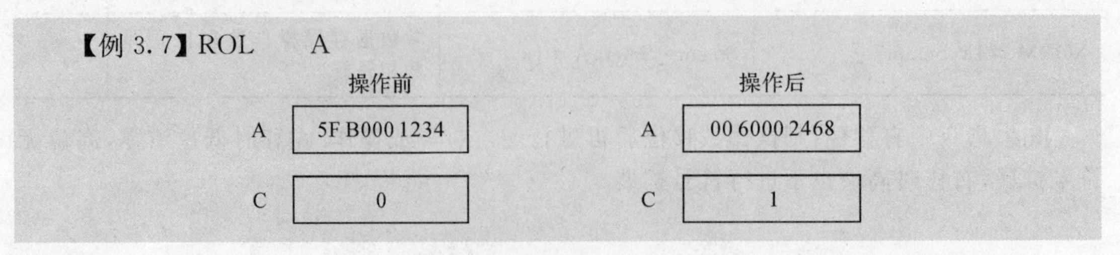

【例 3.8】CMPM　*AR4+,#0404h

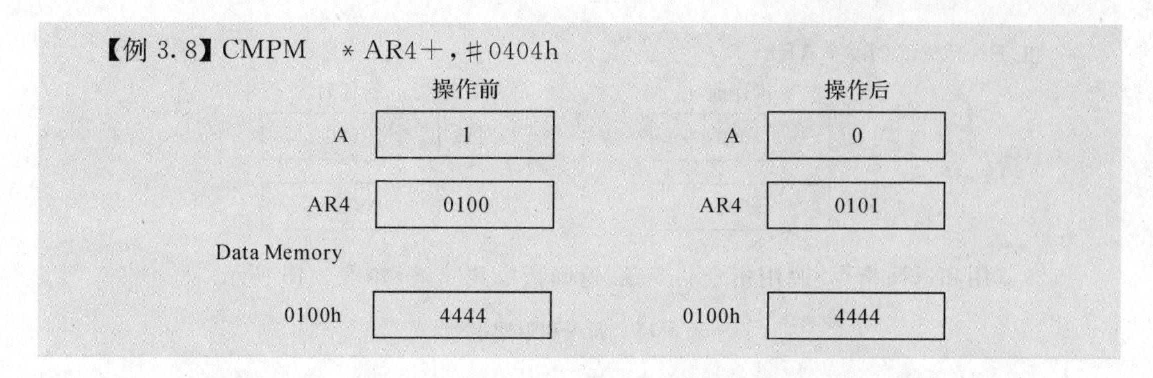

3.4.3　程序控制指令

程序控制指令分为 7 小类,这些指令根据不同情况分别需要 1～6 个指令周期.它们是:分支指令(B,BC);调用指令(CALL);返回指令(RET);中断指令(INTR,TRAP);重复指令(RPT);堆栈操作指令(FRAME,POP);其他程序控制指令(IDLE,NOP).

(1)分支指令.分支指令共 6 条,如表 3-14 所示.

表 3-14　分支指令

语　法	表 达 式	注　释	字/周期
B[D]pmad	PC=pmad(15～0)	无条件转移	2/4 2/2
BACC[D]src	PC=src(15～0)	指针指向 ACC 所指向的地址	1/6 1/4
BANZ[D]pmad,Sind	if(Sind≠0) then PC=pmad(15～0)	当 AR 不为 0 时转移	2/4 2/2
BC [D] Pmad, cond [, cond [,cond]]	if(cond(s)) then PC=pmad(15～0)	条件转移	2/5 3/3
FB[D] extpmad	PC=pmad(15～0) XPC=pmad(22～16)	无条件远程转移	2/4 2/2
FBACC[D] src	PC=src(15～0) XPC=src(22～16)	远程转移到 ACC 所指向的地址	1/6 1/4

备注:语法中后缀[D]表示延时执行,为可选项.6 条指令均为可选择延时指令.

从时序上看,当分支转移指令到达流水线的执行阶段,其后面两个指令字已经被“取指”了.这两个指令字如何处置,则部分地取决于此分支转移指令是带延时的还是不带延时的.如果是带延时分支转移,则紧跟在分支转移指令后面的一条双字指令或两条单字指令被执行后再进行分支转移;如果是不带延时分支转移,就先要将已被读入的一条双字指令或两条单字指令从流水线中清除(没有被执行),然后再进行分支转移.因此,合理地设计好延时转移指令,可以提高程序的效率.

【例 3.9】BANZ[D]pmad,Sind

若当前辅助寄存器 ARx 不为 0,则 pmad 值赋给 PC,否则 PC 值加 2.若为延迟方式,此时紧跟该指令的两条单字指令或一条双字指令先被取出执行,然后程序再跳转.该指令不能被循环执行.

如:BANZ2000h,*AR3－

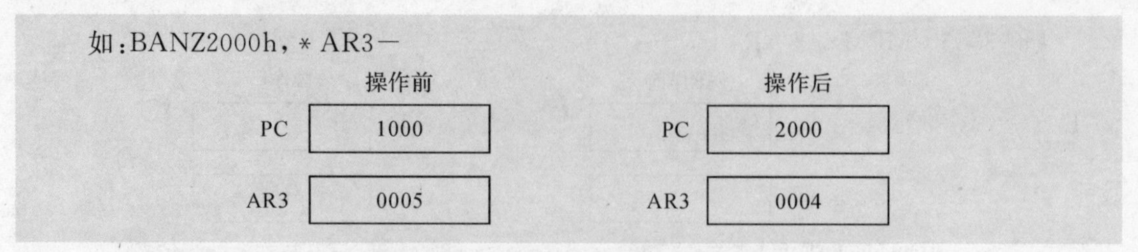

(2)调用和返回指令.调用指令共5条,返回指令共6条,如表3-15所示.

表3-15　调用和返回指令

语　法	表 达 式	注　　释	字/周期
CALA[D]src	－－SP,PC＋1[3]＝TOS PC＝src(15～0)	调用ACC所指向的子程序	1/6 1/4
CALL[D]pmad	－－SP,PC＋2[4]＝TOS PC＝pmad(15～0)	无条件调用	2/4 2/2
CC [D] pmad, cond [, cond [,cond]]	if(cond(s))then－－SP PC＋2[4]＝TOS PC＝pmad(15～0)	条件调用	2/5 3/3
FCALA[D] src	－－SP,PC＋1[3]＝TOS PC＝src(15～0) XPC＝src(22～16)	远程无条件调用	1/6 1/4
FCALL[D] extpmad	－－SP,PC＋2[4]＝TOS PC＝pmad(15～0) XPC＝pmad(22～16)	远程条件调用	2/4 2/2
FRET[D]	XPC＝TOS,＋＋SP PC＝TOS,＋＋SP	远程返回	1/6 1/4
FRETE[D]	XPC＝TOS,＋＋SP PC＝TOS,＋＋SP,INTM＝0	远程返回,且允许中断	1/6 1/4
RC[D] cond[,cond[,cond]]	if(cond(s)) thenPC＝TOS,＋＋SP	条件返回	1/5 3/3
RET[D]	PC＝TOS,＋＋SP	返回	1/5 1/3
RETE[D]	PC＝TOS,＋＋SP,INTM＝0	返回,且允许中断	1/5 1/3
RETF[D]	PC＝RTN,＋＋SP,INTM＝0	快速返回,且允许中断	1/3 1/1

备注:语法中后缀[D]表示延时执行,为可选项.11条指令均为可选择延时指令.

【例3.10】CALL[D]　　pmad

首先将返回地址压入栈顶(TOS)保存,无延时时返回地址为PC＋2,有延时时返回地址为PC＋4(延时2字),然后将pmad值赋给PC实现调用.如果是延时方式,紧接着CALL指令的两条单字指令或一条双字指令先被取出执行.该指令不能循环执行.

如:CALL3333h

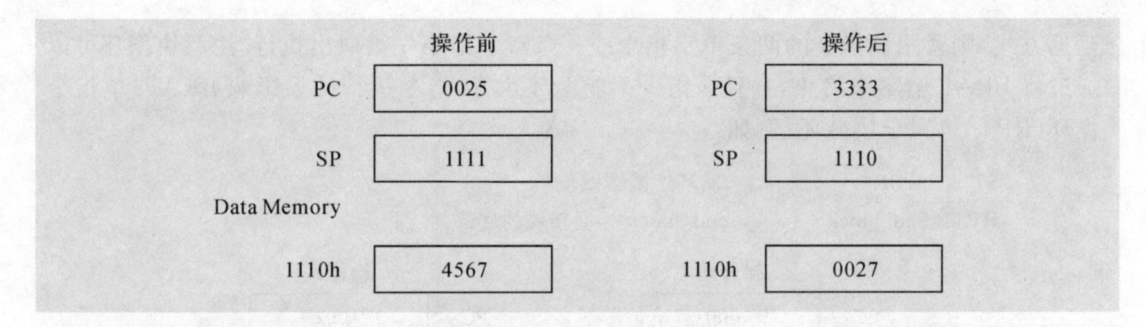

【例 3.11】RET[D]

将栈顶的 16 位数据弹出到 PC 中，从这个地址继续执行，堆栈指针 SP 加 1. 如果是延迟返回，则紧跟该指令的两条单字指令或一条双字指令先被取出执行，该指令不能循环执行.

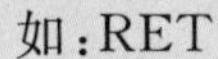
如：RET

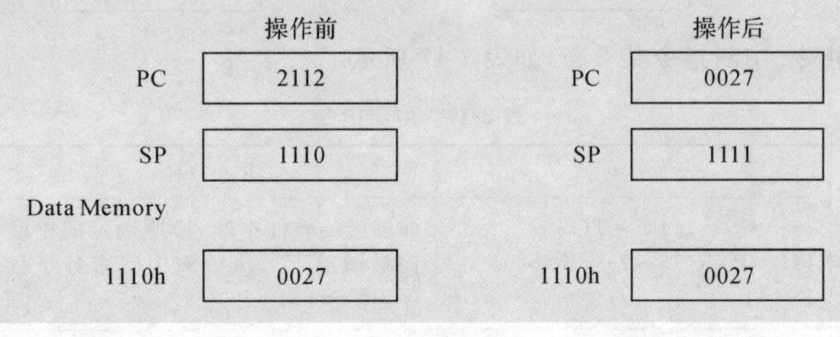

(3)重复指令. 重复指令共 5 条，如表 3-16 所示.

表 3-16　重复指令

语　法	表达式	注　释	字/周期
RPT Smem	循环执行一条指令，RC=Smem	循环执行下一条指令，计数为单数据存储器操作数	1/1
RPT ＃K	循环执行一条指令，RC=＃K	循环执行下一条指令，计数为短立即数	1/1
RPT ＃1k	循环执行一条指令，RC= ＃1k	循环执行下一条指令，计数为长立即数	1/1
RPTB[D] pmad	循环执行一段指令，RSA=PC+2[4] REA=pmad，BRAF=1	可以选择延迟的块循环	1/1
RPTZ dst，＃1k	循环执行一条指令，RC= ＃1k，dst=0	循环执行下一条指令且对 ACC 清 0	1/1

【例 3.12】RPTB[D]　　pmad

块循环指令. 循环次数由块循环计数器 BRC 确定，BRC 必须在指令执行前被装入. 执行命令时，块循环起始寄存器 RSA 装入 PC+2(若有 D 后缀时为 PC+4)，块循环尾地址寄存器 REA 中装入 pmad. 块循环在执行过程中可以被中断，为了保证循环能够正确执行，中断时必须保存 BRC、RSA 和 REA 寄存器且正确设置块循环标志 BRAF. 如果是延迟方式，则紧跟该指令的两条单字指令或一条双字指令先被取出执行．注意块循环可以通过将 BRAF 清零来终止，并且该指令不能循环执行．指令执行结果影响 BRAF．单指令循环（RPT）也属于块循环．例如：

```
ST #99,BRC              ;循环计数器赋值
RPTB end_block-1        ;end_block 为循环块的底部
```

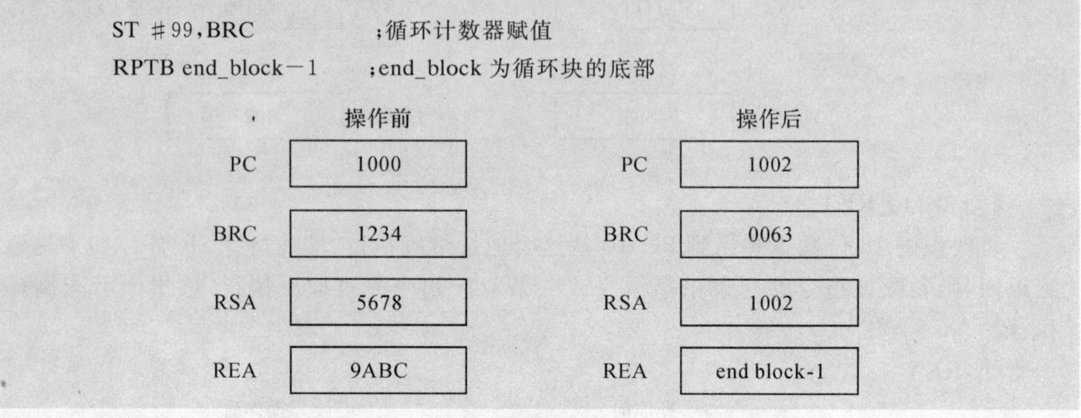

（4）中断指令．中断指令共 2 条，如表 3-17 所示．

表 3-17　中断指令

语　法	表　达　式	注　　释	字/周期
INTR　K	−−SP，++PC=TOS PC=IPTR(15～7)+K<<2 INTM=1	非屏蔽的软件中断，K 所确定的中断向量赋给 PC，执行该中断服务子程序，且 INTM=1	1/3
TRAP　K	−−SP，++PC=TOS PC=IPTR(15～7)+K<<2	软件中断	1/3

【例 3.13】INTR　K

首先将 PC 值压入栈顶，然后将由 K 所确定的中断向量赋给 PC，执行该中断服务子程序．中断标志寄存器（IFR）对应位清零且 INTM=1．该指令允许用户使用应用软件来执行任何中断服务子程序．注意中断屏蔽寄存器（IMR）不会影响 INTR 指令，并且不管 INTM 取值如何，INTR 指令都能执行．该指令不能循环执行．例如：

	操作前		操作后
PC	0025	PC	FFBC
INTM	0	INTM	1
IPTR	01FF	IPTR	01FF
SP	1000	SP	0FFF
Data Memory			
0FFFh	9653	0FFFh	0026

（5）堆栈操作指令．堆栈操作指令共 5 条，如表 3-18 所示．

表3-18　堆栈操作指令

语　法	表 达 式	注　释	字/周期
FRAME　K	SP=SP+K	堆栈指针偏移立即数值	1/1
POPD　Smem	Smem=TOS,++SP	把数据从栈顶弹入数据存储器	1/1
POPM　MMR	MMR=TOS,++SP	把数据从栈顶弹入存储器映射寄存器	1/1
PSHD　Smem	--SP,Smem=TOS	把数据存储器值压入堆栈	1/1
PSHM　MMR	--SP,MMR=TOS	把存储器映射寄存器值压入堆栈	1/1

(6)其他程序控制指令.其他程序控制指令共7条,如表3-19所示.

表3-19　其他程序控制指令

语　法	表 达 式	注　释	字/周期
IDLE K	idle(K)	保持空闲状态直到有中断产生	1/4
MAR Smem	If CMPT=0,then modify ARx If CMPT=1 and ARx≠AR0, then modify ARx,ARP=x If CMPT=1 and ARx=AR0, then modify AR(ARP)	修改辅助寄存器	1/1
NOP	无	无任何操作	1/1
RESET	软件复位	软件复位	1/3
RSBX N,SBIT	SBIT=0 ST(N,SBIT)=0	状态寄存器复位	1/1
SSBX N,SBIT	SBIT=1 ST(N,SBIT)=1	状态寄存器置位	1/1
XC n,cond[,cond][,cond]	如果满足条件执行下面的n条指令,n=1或n=2	条件执行	1/1

【例3.14】RESET

该指令实现非屏蔽的PMST、ST0和ST1复位,重新赋予默认值.这些寄存器中各个状态位的赋值情况如下:

(IPTR)<<7→PC　　0→OVM　　0→OVB　　1→C　　1→TC
0→ARP　　0→DP　　1→SXM　　0→ASM　　0→BRAF
0→HM　　0→XF　　0→C16　　0→FRCT0→CMPT
0→CPL　　1→INTM0→IFR　　0→OVM

该指令不受INTM指令的影响,但它对INTM置位以禁止中断.该指令不能循环执行.例如:

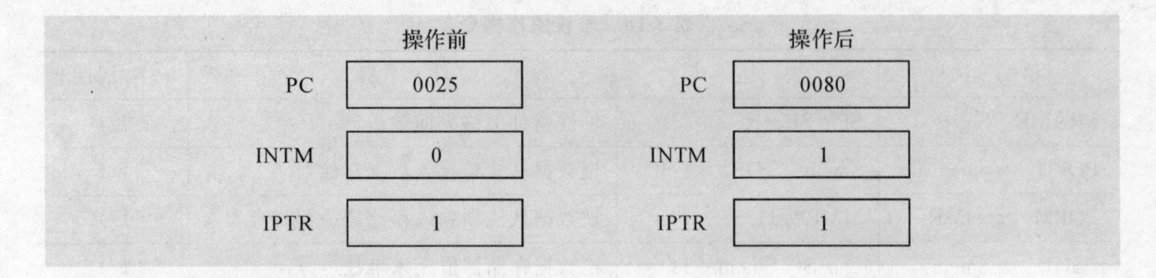

3.4.4 存储和装入指令

存储和装入指令有 8 小类，这些指令根据情况分别需要 1～5 个指令周期. 它们是：存储指令(ST)；装入指令(LD)；条件存储指令(CMPS)；并行装入和存储指令(LD||ST)；并行读取和乘法指令(LD||MAC)；并行存储和乘法指令(ST||MAC)；并行存储和加减指令(ST||ADD,ST||SUB)；其他存储和装入指令(MVDD,PORTW,READA).

(1)存储指令. 存储指令共 14 条，如表 3-20 所示.

表 3-20　存储指令

语　　法	表 达 式	注　　释	字/周期
DST src,Lmem	Lmem＝src	把累加器的值存放到 32 位长字中	1/2
ST T,Smem	Smem＝T	存储 T 寄存器的值	1/1
ST TRN,Smem	Smem＝TRN	存储 TRN 的值	1/1
ST ＃1k,Smem	Smem＝ ＃1k	存储长立即数	2/2
STH src,Smem	Smem＝src(31～16)	累加器的高端存放到数据存储器	1/1
STH src,ASM,Smem	Smem=src(31～16)<<(ASM)	ACC 的高端移动由 ASM 决定的位数后，存放到数据存储器	1/1
STH src,SHFT,Xmem	Xmem=src(31～16)<<(SHFT)	ACC 的高端移位后存放到数据存储器中	1/1
STH src[,SHIFT],Smem	Smem=src(31～16)<<(SHIFT)	ACC 的高端移位后存放到数据存储器中	2/2
STL src,Smem	Smem＝src(15～0)	累加器的低端存放到数据存储器中	1/1
STL src,ASM,Smem	Smem＝src(15～0)<<ASM	累加器的低端移动 ASM 决定位数后，存放在数据存储器中	1/3
STL src,SHFT,Xmem	Xmem＝src(15～0)<<SHFT	ACC 的低端移位后存放到数据存储器中	1/1
STL src [,SHIFT],Smem	Smem＝src(15～0)<<SHIFT	ACC 的低端移位后存放到数据存储器中	2/2
STLM src,MMR	MMR＝src(15～0)	累加器的低端存放到 MMR 中	1/1
STM ＃1k,MMR	MMR＝ ＃1k	长立即数存放到 MMR 中	2/2

(2)装入指令.装入指令共 21 条,如表 3-21 所示.

表 3-21　装入指令

语　法	表 达 式	注　释	字/周期
DLD Lmem,dst	dst＝Lmem	把 32 位长字装入累加器	1/1
LD Smem,dst	dst＝Smem	把操作数装入累加器	1/1
LD Smem,TS,dst	dst＝Smem＜＜TS	操作数移动由 T 寄存器(5～0)决定的位数后装入 ACC	1/1
LD Smem,16,dst	dst＝ Smem＜＜16	操作数左移 16 位后装入 ACC	1/1
LD Smem[,SHIFT],dst	dst＝ Smem＜＜SHFT	操作数移位后装入 ACC	2/2
LD Xmem,SHFT,dst	dst＝Xmem＜＜SHFT	操作数移位后装入 ACC	1/1
LD ＃K,dst	dst＝ ＃K	短立即数装入 ACC	1/1
LD ＃1k[,SHFT],dst	dst＝＃1k＜＜SHFT	长立即数移位后装入 ACC	2/2
LD ＃1k,16,dst	dst＝ ＃1k＜＜16	长立即数左移 16 位后装入 ACC	2/2
LD src,ASM[,dst]	dst＝src＜＜ASM	源累加器移动由 ASM 决定的位数后装入目的累加器	1/1
LD sre[,SHIFT],dst	dst＝src＜＜SHIFT	源累加器移位后装入目的累加器	1/1
LD Smem,T	T＝Smem	操作数装入 T 寄存器	1/1
LD Smem,DP	DP＝Smem(8～0)	9 位操作数装入 DP	1/3
LD ＃k9,DP	DP＝ ＃k9	9 位立即数装入 DP	1/1
LD ＃k5,ASM	ASM＝ ＃k5	5 位立即数装入累加器移位方式寄存器	1/1
LD ＃k3,ARP	ARP＝ ＃k3	3 位立即数装入 ARP	1/1
LD Smem,ASM	ASM＝Smem(4～0)	5 位操作数装入 ASM	1/1
LDM MMR,dst	dst＝ MMR	把存储器映射寄存器值装入累加器	1/1
LDR Smem,dst	dst＝rnd(Smem)	操作数凑整后装入累加器	1/1
LDU Smem,dst	dst＝uns(Smem)	无符号操作数装入累加器	1/1
LTD Smem	T=Smem,(Smem＋1)＝Smem	单数据存储器值装入 T 寄存器,并延迟	1/1

(3)条件存储指令.条件存储指令共 4 条,如表 3-22 所示.

表 3-22　条件存储指令

语　法	表 达 式	注　释	字/周期
CMPS src,Smem	If src(31～16)＞src(15～0) then Smem＝src(31～16) If src(31～16)≤src(15～0) then Smem＝src(15～0)	比较、选择并存储最大值	1/1

续表

语　法	表 达 式	注　释	字/周期
SACCD src,Xmem,cond	If (cond) Xmem=src<<(ASM−16)	条件存储累加器的值	1/1
SRCCD Xmem,cond	If(cond)Xmem=BRC	条件存储块循环计数器	1/1
STRCD Xmem,cond	If(cond)Xmem=T	条件存储 T 寄存器值	1/1

(4)并行指令.包括并行装入和存储指令(2 条),并行装入和乘法指令(2 条),并行存储和加减指令(2 条),并行存储和乘法指令(3 条),如表 3-23 所示.

表 3-23　并行指令

<table>
<tr><th>语　法</th><th>表 达 式</th><th>注　释</th><th>字/周期</th></tr>
<tr><td>ST src,Ymem
|| LD Xmem,dst</td><td>Ymem=src<<(ASM−16)
|| dst=Xmem<<16</td><td>存储 ACC 和装入累加器并行执行</td><td>1/1</td></tr>
<tr><td>ST src,Ymem
|| LD Xmem,T</td><td>Ymem=src<<(ASM−16)
|| T =Xmem</td><td>存储 ACC 和装入 T 寄存器并行执行</td><td>1/1</td></tr>
<tr><td>LD Xmem,dst
|| MAC[R] Ymem,dst</td><td>dst=Xmem<<16
|| dst_=[rand](dst_+T * Ymem)</td><td>装入和乘、累加操作并行执行,可凑整</td><td>1/1</td></tr>
<tr><td>LD Xmem,dst
|| MAS[R] Ymem,dst</td><td>dst=Xmem<<16
|| dst_=[rand](dst_−T * Ymem)</td><td>装入和乘、减法并行执行,可凑整</td><td>1/1</td></tr>
<tr><td>ST src,Ymem
|| ADD Xmem,dst</td><td>Ymem=src<<(ASM−16)
|| dst=dst+Xmem<<16</td><td>存储 ACC 和加法并行执行</td><td>1/1</td></tr>
<tr><td>ST src,Ymem
|| SUB Xmem,dst</td><td>Ymem=src<<(ASM−16)
|| dst=(Xmem<<16)−dst</td><td>存储 ACC 和减法并行执行</td><td>1/1</td></tr>
<tr><td>ST src,Ymem
|| MAC[R] Xmem,dst</td><td>Ymem=src<<(ASM−16)
|| dst=[rand](dst+T * Xmem)</td><td>存储和乘、累加并行执行,可凑整</td><td>1/1</td></tr>
<tr><td>ST src,Ymem
|| MAS[R] Xmem,dst</td><td>Ymem=src<<(ASM−16)
|| dst=[rand](dst−T * Xmem)</td><td>存储和乘、减法并行执行,可凑整</td><td>1/1</td></tr>
<tr><td>ST src,Ymem
|| MPY Xmem,dst</td><td>Ymem=src<<(ASM−16)
|| dst= T * Xmem</td><td>存储和乘法并行执行</td><td>1/1</td></tr>
</table>

(5)其他装入和存储指令.其他装入和存储指令共 12 条,如表 3-24 所示.最后简述单个循环指令.

TMS320C54x 有单个循环指令,它们引起下一条指令被重复执行,重复执行的次数等于指令的操作数加 1,该操作数被存储在一个 16 位的重复计数寄存器(RC)中,最大重复次数为 65536.一旦重复指令被译码,所有中断(包括 NMI,不包括 RS)都被禁止,直到重复循环完成.

表 3-24　其他装入和存储指令

语　法	表 达 式	注　释	字/周期
MVDD Xmem,Ymem	Ymem=Xmem	在数据存储器内部传送数据	1/1
MVDK Smem,dmad	dmad=Smem	数据存储器目的地址寻址的数据传送	2/2

续表

语　法	表 达 式	注　释	字/周期
MVDM dmad,MMR	MMR＝dmad	从数据存储器向 MMR 传送数据	2/2
MVDP Smem,pmad	pmad＝Smem	从数据存储器向程序存储器传送数据	2/4
MVKD dmad,Smem	Smem＝dmad	数据存储器源地址寻址的数据传送	2/2
MVMD MMR,dmad	dmad＝MMR	从 MMR 向数据存储器传送数据	2/2
MVMM MMRx,MMRy	MMRy＝MMRx	存储器映射寄存器内部传送数据	1/1
MVPD pmad,Smem	Smem＝pmad	从程序存储器向数据存储器传送数据	2/3
PORTR PA,Smem	Smem＝PA	从端口读入数据	2/2
PORTW Smem,PA	PA＝Smem	向端口输出数据	2/2
READA Smem	Smem＝(A)	把由 ACCA 寻址的程序存储器单元的值读到数据单元中	1/5
WRITA Smem	(A)＝Smem	把数据单元中的值写到由 ACCA 寻址的程序存储器单元中	1/5

C54x 对乘、加，块传送等指令可以执行重复操作. 重复操作的结果使这些多周期指令在第一次执行后变成单周期指令，这就增加了指令的执行速度，这样的单循环指令共有 11 条，它们是：

FIRS、MACD、MACP、MVDK、MVDM；

MVDP、MVKD、MVMD、MVPD、READA、WRITA.

当然，有些指令是不能重复的，在编程时需要注意. 更为详细的信息可参阅 TMS320C54x 有关资料.

3.5　习题与思考题

1. TMS320C54x 有哪几种基本的数据寻址方式？

2. 以 DP 和 SP 为基地址的直接寻址方式，其实际地址是如何生成的？当 SP＝2000h，DP＝2，偏移地址为 25h 时，分别寻址的是哪个存储空间的哪个地址单元？

3. 使用循环寻址时，必须遵循的 3 个原则是什么？试举例说明循环寻址的用法.

4. 简述位码倒寻址的主要用途及实现方法，试举例说明位码倒寻址的实现过程.

5. TMS320C54x 的指令集包含了哪几种基本类型的操作？

6. 汇编语句格式包含哪几部分？编写汇编语句需要注意哪些问题？

7. 当采用 * AR2＋0B 寻址，若 AR0 为 00001000b，试写出位模式和位倒序模式与 AR2 低 4 位的关系.

8. 循环寻址和位倒序寻址是 DSP 数据寻址的特殊之处，试叙述这两种寻址的特点和它们在数字信号处理算法中的作用.

9. 堆栈寻址的作用是什么？压栈和弹出堆栈操作是如何实现的？

第 4 章 DSP 集成开发环境(CCS)

4.1 CCS 集成开发环境简介

CCS 工作在 Windows 操作系统下,类似于 VC++的集成开发环境,采用图形接口界面,有编辑工具和工程管理工具.它将汇编器、链接器、C/C++编译器、建库工具等集成在一个统一的开发平台中.CCS 所集成的代码调试工具具有各种调试功能,能对 TMS320 系列 DSP 进行指令级的仿真和可视化的实时数据分析.此外,还提供了丰富的输入、输出库函数和信号处理的库函数,极大地方便了 TMS320 系列 DSP 软件的开发.

C5000CCS 是专门为开发 C5000 系列 DSP 应用设计的,包括 C54x 和 C55xDSP.利用 CCS 的软件开发流程如图 4-1 所示.

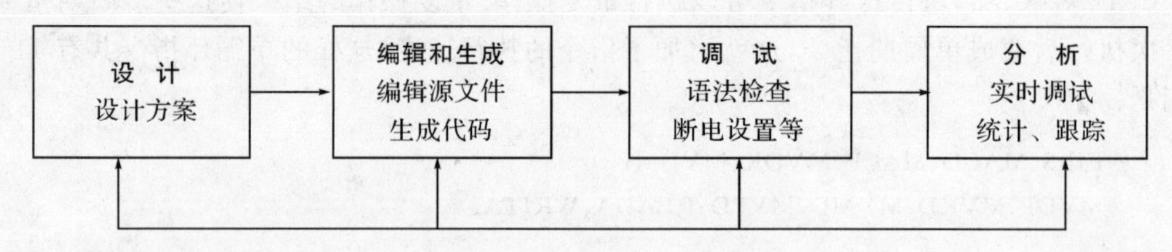

图 4-1 CCS 的软件开发流程

4.1.1 CCS 安装及设置

(1)CCS 2.0 系统的安装.运行 setup.exe 应用程序,弹出一个安装界面,然后选择 Code Composer Studio 项,就可以开始 CCS 2.0 的安装,按照屏幕提示可完成系统的安装.当 CCS 软件安装完成后,将在显示器桌面上出现如图 4-2 所示的两个图标.

图 4-2 CCS 设置图标

(2)系统配置.为使 CCS IDE 能工作在不同的硬件或仿真目标上,必须首先为它配置相应的配置文件.具体步骤如下:

①双击桌面上的 Setup CCS 2(' C 5000)图标,启动 CCS 设置.

②在弹出对话框中单击"Clear"按钮,清除以前定义的配置.

③从弹出的对话框中,单击"Yes"按钮,确认清除命令.

④从列出的可供选择的配置文件中,选择能与使用的目标系统相匹配的配置文件.

⑤单击加入系统配置按钮,将所选中的配置文件输入到 CCS 设置窗口当前正在创建的系统配置中,所选择的配置显示在设置窗的系统配置栏目的 My System 目录下,如图 4-3 所示.

⑥单击"File→Save(保存)"按钮,将配置保存在系统寄存器中.

⑦当完成 CCS 配置后,单击"File→Exit"按钮,退出 CCS Setup.

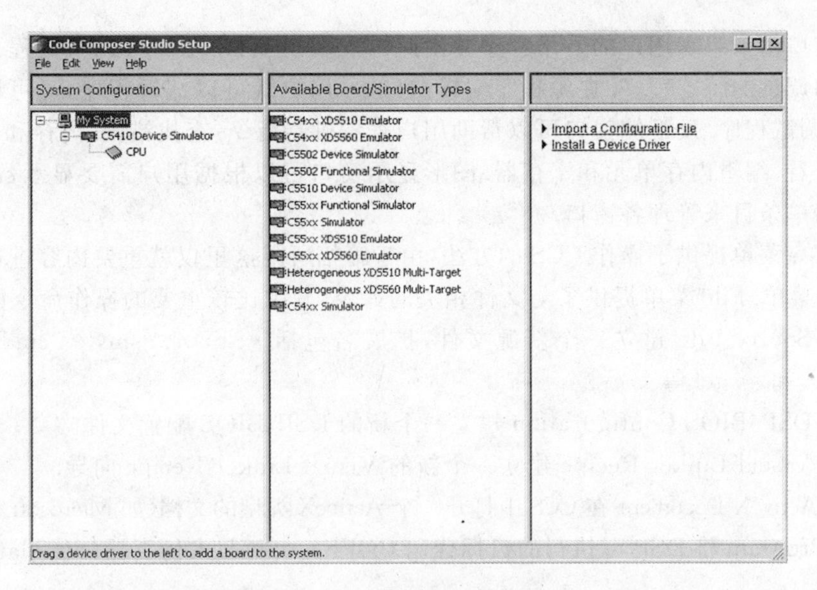

图 4-3　设置窗的系统配置栏目

(3)系统启动. 双击桌面上 CCS 2('C 5000)图标,启动 CCS IDE,将自动利用刚创建的配置打开并显示 CCS 主界面.

4.1.2　CCS 的窗口、菜单和工具条

(1)CCS 应用窗口. 一个典型的 CCS 集成开发环境窗口如图 4-4 所示.

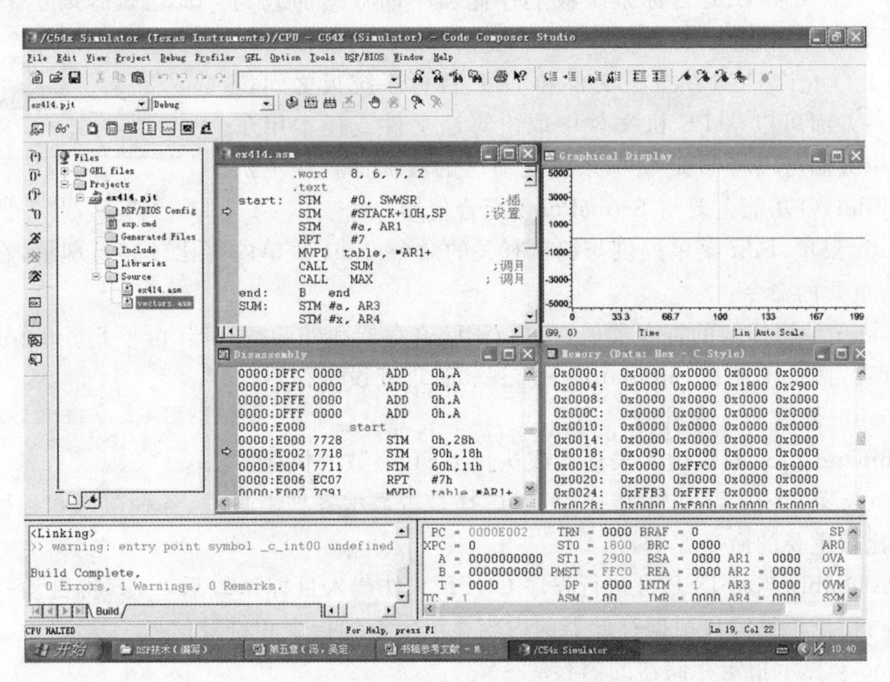

图 4-4　CCS 集成开发环境窗口

整个窗口由主菜单、工具条、工程窗口、编辑窗口、图形显示窗口、内存单元显示窗口和寄存器显示窗口等构成.

工程窗口用来组织用户的若干程序并由此构成一个项目,用户可以从工程列表中选中需要编辑和调试的特定程序.在源程序编辑窗口中,用户既可以编辑程序,又可以设置断点和探针,并调试程序.反汇编窗口可以帮助用户查看机器指令,查找错误.内存和寄存器显示窗口可以查看、编辑内存单元和寄存器.图形显示窗口可以根据用户需要显示数据.用户可以通过主菜单条目来管理各窗口.

(2)菜单.菜单提供了操作 CCS 的方法,由于篇幅所限这里仅就重要内容进行介绍.

①File 菜单.File 菜单提供了与文件相关的命令,其中比较重要的操作命令如下:

New→Source File 建立一个新源文件,扩展名包括 *.c, *.asm, *.cmd., *.map, *.h, *.inc 和 *.gel 等.

New→DSP/BIOS Configuration 建立一个新的 DSP/BIOS 配置文件.

New→Visual Linker Recipe 建立一个新的 Visual Linker Recipe 向导.

New→ActiveX Document 在 CCS 中打开一个 ActiveX 类型的文档(如 Microsoft Excel 等).

Load Program 将 DSP 可执行的目标代码 COFF(.out)载入仿真器(Simulator 或 Emulator)中.

Load GEL 加载通用扩展语言文件到 CCS 中.

Data→Load 将主机文件中的数据加载到 DSP 目标系统板,可以指定存放的数据长度和地址.数据文件的格式可以是 COFF 格式,也可以是 CCS 所支持的数据格式,缺省文件格式则是.dat 的文件.当打开一个文件时,会出现如图 4-5 所示的对话框.该对话框的含义是加载主机文件到数据段的从 0x0D00 处开始的长度为 0x00FF 的存储器中.

Data→Save 将 DSP 目标系统板上存储器中的数据加载到主机上的文件中,该命令和 Data→Load 是一个相反的过程.

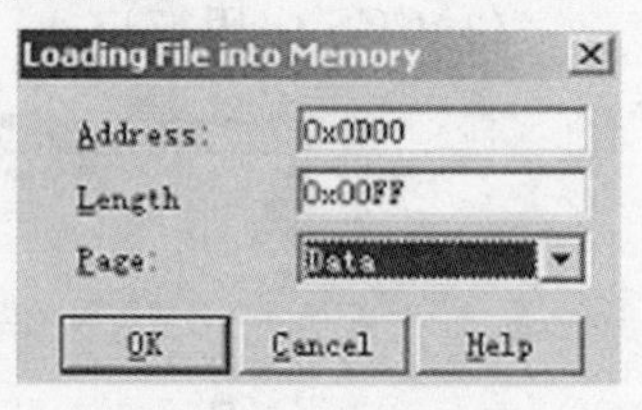

图 4-5 Probe Point

File I/O 允许 CCS 在主机文件和 DSP 目标系统板之间传送数据,一方面可以从 PC 机文件中取出算法文件或样本用于模拟,另一方面可以将 DSP 目标系统处理后的数据保存在主机文件中.FileI/O 功能主要与 ProbePoint 配合使用.

②Edit 菜单.Edit 菜单提供与编辑有关的命令.Edit 菜单内容比较容易理解,在这里只介绍比较重要的命令:

Register 编辑指定的寄存器值,包括 CPU 寄存器和外设寄存器.由于 Simulator 不支持外设寄存器,因此不能在 Simulator 下监视和管理外设寄存器内容.

Variable 修改某一变量值.

Command Line 提供键入表达式或执行 GEL 函数的快捷方法.

③View 菜单.在 View 菜单中,可以选择是否显示各种工具栏、各种窗口和各种对话框等.其中比较重要的命令如下:

Disassembly 当将 DSP 可执行程序 COFF 文件载入目标系统后,CCS 将自动打开一个反汇编窗口.反汇编窗口根据存储器的内容显示反汇编指令和符号信息.

Memory 显示指定存储器的内容.

Registers→CPU Registers 显示 DSP 寄存器的内容.

Registers→Peripheral Registers 显示外设寄存器的内容.Simulator 不支持此功能.

Graph→Time/Frequency 在时域或频域显示信号波形.

Graph→Constellation 使用星座图显示信号波形.

Graph→Eye Diagram 使用眼图来量化信号失真度.

Graph→Image 使用 Image 图来测试图像处理算法.

Watch Window 用来检查和编辑变量或 C 表达式,可以以不同格式显示变量值,还可以显示数组、结构或指针等包含多个元素的变量.

Call Stack 检查所调试程序的函数调用情况. 此功能调试 C 程序时有效.

Expression List 所有的 GEL 函数和表达式都采用表达式求值来估值.

Project CCS 启动后将自动打开视图.

Mixed Source/Asm 同时显示 C 代码及相关的反汇编代码.

④Project 菜单. CCS 使用工程(Project)来管理设计文档. CCS 不允许直接对 DSP 汇编代码或 C 语言源文件生成 DSP 可执行代码. 只有建立在工程文件基础上,在菜单或工具栏上运行 Build 命令时才会生成可执行代码. 工程文件被存盘为 *.pjt 文件. 在 Project 菜单下,除 New、Open、Close 等常见命令外,其他比较重要的命令介绍如下:

Add Files to Project CCS 根据文件的扩展名将文件添加到工程的相应子目录中. 工程中支持 C 源文件(*.c*)、汇编源文件(*.a*,*.s*)、库文件(*.o*,*.lib)、头文件(*.h)和链接命令文件(*.cmd). 其中 C 和汇编源文件可以被编译和链接,库文件和链接命令文件只能被链接,CCS 会自动将头文件添加到工程中.

Compile 对 C 或汇编源文件进行编译.

Biuld 重新编译和链接. 对那些没有修改的源文件,CCS 将不重新编译.

Rebuiled All 对工程中所有文件重新编译并链接生成输出文件.

Stop Build 停止正在 Build 的进程.

Biuld Options 用来设定编译器、汇编器和链接器的参数.

⑤Debug 菜单. Debug 菜单包含的是常用的调试命令,其中比较重要的命令介绍如下:

Breakpoints 设置、取消断点命令. 程序执行到断点时将停止运行. 当程序停止运行时,可检查程序的状态,查看和更改变量值,查看堆栈等. 在设置断点时应注意以下两点:a. 不要将断点设置在任何延迟分支或调用指令处. b. 不要将断点设置在 repeat 块指令的倒数 1、2 行指令处.

Probe Points 探测点设置. 允许更新观察窗口并在设置 Probe Points 处将 PC 文件数据读至存储器或将存储器数据写入 PC 文件,此时应设置 File I/O 属性.

对每一个建立的窗口,默认情况是在每个断点(Breakpoints)处更新窗口显示,然而也可以将其设置为到达 Probe Points 处更新窗口. 使用 Probe Points 更新窗口时,目标 DSP 将临时中止运行,当窗口更新后,程序继续运行. 因此 Probe Points 不能满足实时数据交换(RTDX)的需要.

StepInto 单步运行. 如果运行到调用函数处将跳入函数单步运行.

StepOver 执行一条 C 指令或汇编指令. 与 StepInto 不同的是,为保护处理器流水线,该指令后的若干条延迟分支或调用将同时被执行. 如果运行到函数调用处将执行完该函数而不跳入函数执行,除非在函数内部设置了断点.

StepOut 如果程序运行在一个子程序中,执行 StepOut 将使程序执行完该子程序后回到调用该函数的地方. 在 C 源程序模式下,根据标准运行 C 堆栈来推断返回地址,否则根据堆栈顶的值来求得调用函数的返回地址. 因此,如果汇编程序使用堆栈来存储其他信息,则 StepOut 命令可能工作不正常.

Run 当前程序计数器(PC)执行程序,碰到断点时程序暂停运行.

Halt 中止程序运行.

Animate 动画运行程序. 当碰到断点时程序暂时停止运行,在更新未与任何 Probe Points 相关联的窗口后程序继续执行. 该命令的作用是在每个断点处显示处理器的状态,可以在 Option 菜单下选择 Animate Speed 来控制其速度.

Run Free 忽略所有断点(包括 Probe Points 和 Profile Points),从当前 PC 处开始执行程序. 此命令在 Simulator 下无效. 使用 Emulator 进行仿真时,此命令将断开与目标 DSP 的链接,因此可移走 JTAG 和 MPSD 电缆. 在 Run Free 时还可对目标 DSP 硬件复位.

Run to Cursor 执行到光标处,光标所在行必须为有效代码行.

Multiple Operation 设置单步执行的次数.

Reset DSP 复位 DSP,初始化所有寄存器到其上电状态并中止程序运行.

Restart 将 PC 值恢复到程序的入口. 此命令并不开始程序的运行.

Go Main 在程序的 main 符号处设置一个临时断点. 此命令在调试 C 程序时起作用.

⑥Profiler 菜单. 剖切点(profiler points)是 CCS 的一个重要的功能,它可以在调试程序时,统计某一块程序执行所需要的 CPU 时钟周期数、程序分支数、子程序被调用数和中断发生次数等统计信息. Profile Point 和 Profile Clock 作为统计代码执行的两种机制,常常一起配合使用. Profiler 菜单的主要命令介绍如下:

Enable Clock 使能剖析时钟. 为获得指令的周期及其他事件的统计数据,必须使能剖析时钟(profile clock). 当剖析时钟被禁止时,将只能计算到达每个剖析点的次数,而不能计算统计数据. 指令周期的计算方式与 DSP 的驱动程序有关,对使用 JTAG 扫描路径进行通信的驱动程序,指令周期通过处理器的片内分析功能进行计算,其他驱动程序则可以使用其他类型的定时器. Simulator 使用模拟的 DSP 片内分析接口来统计剖析数据. 当时钟使用时, CCS 调试器将占用必要的资源以实现指令周期的计算. 剖析时钟作为一个变量(CLK)通过 Clock 窗口被访问. CLK 变量可在 Watch 窗口观察,并可在 Edit Variable 对话框修改其值. CLK 还可以在用户定义的 GEL 函数中使用. Instruction Cycle Time 用于执行一条指令的时间,其作用是在显示统计数据时将指令周期数转化成时间或频率.

Clock Setup 时钟设置. 单击该命令将出现如图 4-6 所示的 Clock Setup 对话框.

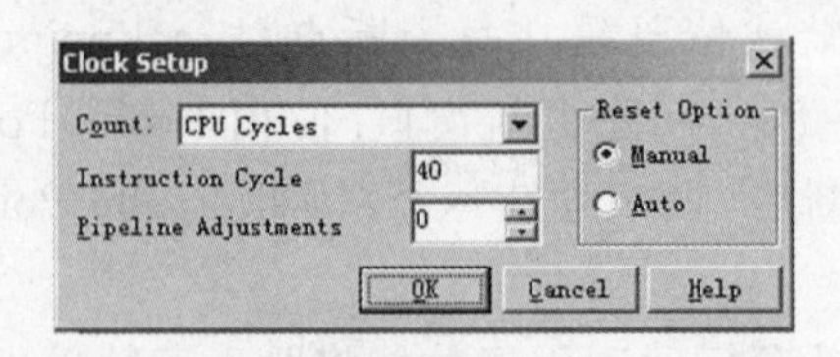

图 4-6 Clock Setup 对话框

在 Count 域内选择剖析的事件. 使用 Reset Option 参数可以决定如何计算. 如选择 Manual 选项,则 CLK 变量将不断累计指令周期数;如选择 Auto 选项,则在每次 DSP 运行前自动将 CLK 设置为 0. 因此,CLK 变量显示的是上一次运行以来的指令周期数.

View Clock 打开 Clock 窗口,以显示 CLK 变量的值. 双击 Clock 窗口的内容可直接复位 CLK 变量(使 Clock=0).

⑦Option 菜单. Option 菜单提供 CCS 的一些设置选项,其中比较重要的命令介绍如下:

Font 设置字体.该命令可以设置字体、大小及显示样式等.

Disassembly Style Options 设置反汇编窗口显示模式,包括反汇编成助记符或代数符号,直接寻址与间接寻址,用十进制、二进制或十六进制显示.

Memory Map 用来定义存储器映射.存储器映射指明了 CCS 调试器不能访问哪段存储器.典型情况下,存储器映射与命令文件的存储器定义一致.

⑧GEL 菜单. CCS 软件本身提供了 C54X 和 C55X 的 GEL 函数,它们在 c5000. gel 文件中定义. GEL 菜单中包括 CPU_Reset 和 C54X_Init 命令.

CPU_Reset 该命令复位目标 DSP 系统、复位存储器映射(处于禁止状态)以及初始化寄存器.

C54X_Init 该命令也对目标 DSP 系统复位,与 CPU_Reset 命令不同的是,该命令使能存储器映射,同时复位外设和初始化寄存器.

⑨Tools 菜单. Tools 菜单提供了常用的工具集,这里就不再介绍了.

(3)工具栏. CCS 集成开发环境提供 5 种工具栏,以便执行各种菜单上相应的命令.这 5 种工具栏可在 View 菜单下选择是否显示.

①Standard Toolbar(标准工具栏),如图 4-7 所示,包括新建、打开、保存、剪切、复制、粘贴、取消、恢复、查找、打印和帮助等常用工具.

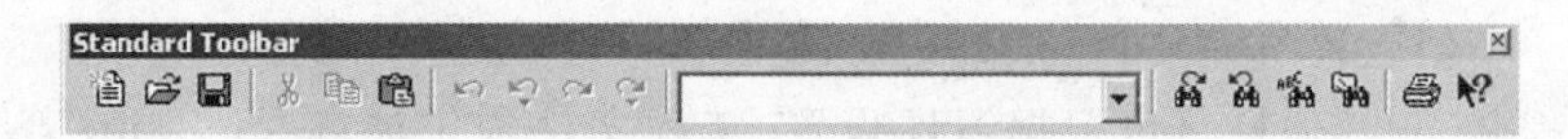

图 4-7 标准工具栏

②Project Toolbar(工程工具栏),如图 4-8 所示,包括选择当前工程、编译文件、设置和移去断点、设置和移去 Probe Point 等功能.

图 4-8 工程工具栏

③Edit Toolbar,提供了一些常用的查找和设置标签命令,如图 4-9 所示.

图 4-9 Edit 工具栏

④GEL Toolbar,提供了执行 GEL 函数的一种快捷方法,如图 4-10 所示.在工具栏左侧的文本输入框中键入 GEL 函数,再单击右侧的执行按钮即可执行相应的函数.如果不使用 GEL 工具栏,也可以使用 Edit 菜单下的 Edit Command Line 命令执行 GEL 函数.

⑤ASM/Source Stepping Toolbar,提供了单步调试 C 或汇编源程序的方法,如图 4-11 所示.

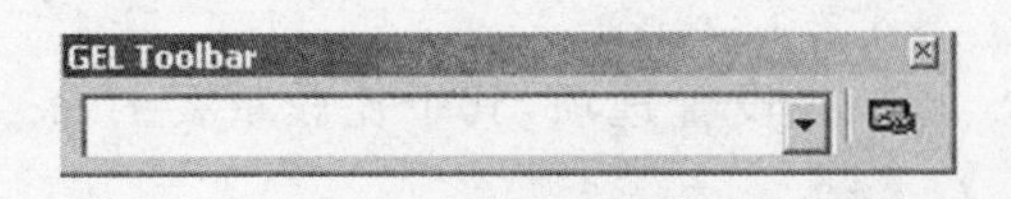

图 4-10　GEL 工具栏

图 4-11　ASM/Source Stepping 工具栏

⑥Target Control Toolbar,提供了目标程序控制的一些工具,如图 4-12 所示.

⑦Debug Window Toolbar,提供了调试窗口工具,如图 4-13 所示.

图 4-12　Target Control 工具栏

图 4-13　Debug Window 工具栏

4.1.3　CCS 工程管理

CCS 对程序采用工程(Project)的集成管理方法. 工程保持并跟踪在生成目标程序或库过程中的所有信息. 一个工程包括以下的内容:源代码的文件名和目标库的名称,编译器、汇编器、连接器选项,以及有关的包括文件.

本节将具体说明在 CCS 中如何创建和管理用户程序.

(1)工程的创建、打开和关闭. 每个工程的信息存储在单个工程文件(* . pjt)中. 可按以下步骤创建、打开和关闭工程.

①创建一个新工程. 选择"Project→New(工程→新工程)",如图 4-14 所示,在 Project 栏中输入工程名字,其他栏目可根据习惯设置. 工程文件的扩展名是 * . pjt. 若要创建多个工程,每个工程的文件名必须是唯一的. 但可以同时打开多个工程.

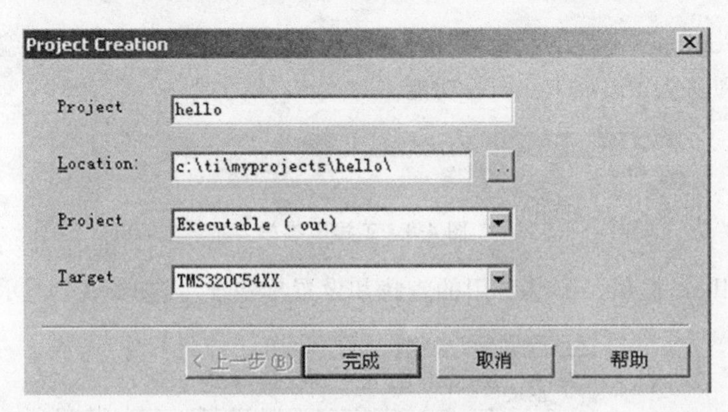

图 4-14　建立新工程对话框

②打开已有的工程. 选择"Project→Open(工程→打开)",弹出如图 4-15 所示工程打开对话框. 双击需要打开的文件(* . pjt)即可.

③关闭工程. 选择"Project→Close(工程→关闭)",即可关闭当前工程.

(2)使用工程观察窗口. 工程窗口图形显示工程的内容. 当打开工程时,工程观察窗口自动打开,如图 4-16 所示. 要展开或压缩工程清单,单击工程文件夹、工程名(* . pjt)和各个文件夹上的"+/-"号即可.

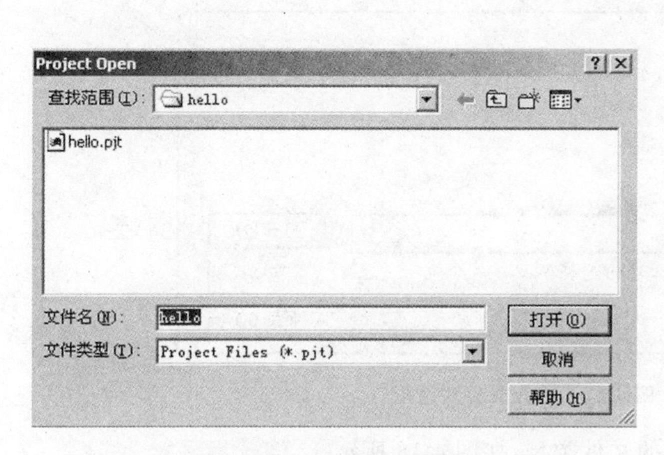

图 4-15　打开工程对话框

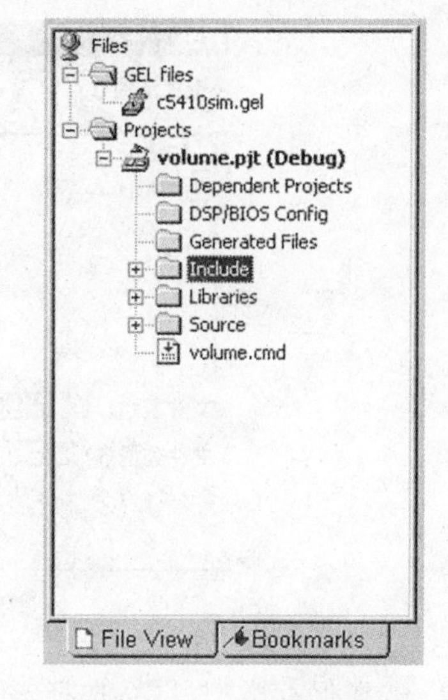

图 4-16　工程观察窗口

(3)加文件到工程. 可按以下步骤将与该工程有关的源代码、目标文件、库文件等加入到工程清单中去.

①加文件到工程. 选择“Project→Add Files to Project(工程→加文件到工程)”,出现 Add Files to Project 对话框. 在 Add Files to Project 对话框,指定要加入的文件. 如果文件不在当前目录中,浏览并找到该文件.

单击“打开”按钮,将指定的文件加到工程中去. 当文件加入时,工程观察窗口将自动的更新.

②从工程中删除文件. 按需要展开工程清单. 右击要删除的文件名.

从上下文菜单,选择“Remove from Project(从工程中删除)”. 在操作过程中,注意文件扩展名,因为文件通过其扩展名来辨识.

4.1.4　CCS 源文件管理

(1)创建新的源文件. 可按照以下步骤创建新的源文件:

①选择“File→New→Source File(文件→新文件→源文件)”,将打开一个新的源文件编辑窗口.

②在新的源代码编辑窗口输入代码.

③选择“File→Save(文件→保存)”或“File→Save As(文件→另存为)”,保存文件.

(2)打开文件. 可以在编辑窗口打开任何 ASCII 文件.

①选择“File→Open(文件→打开)”,将出现如图 4-17 所示打开文件对话框.

②在打开文件对话框中双击需要打开的文件,或者选择需要打开的文件,并单击“打开”按钮.

(3)保存文件.

①单击编辑窗口,激活需要保存的文件.

②选择“File→Save(文件→保存)”,输入要求保存的文件名.

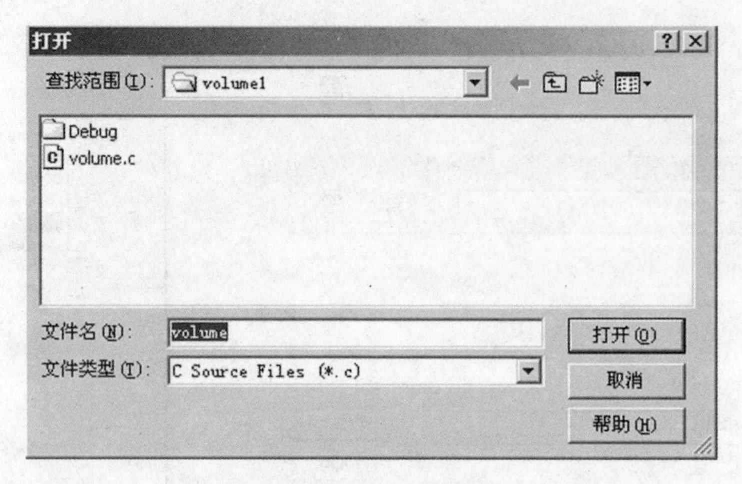

图 4-17　打开文件对话框

③在保存类型栏中,选择需要的文件类型,如图 4-18 所示.

④单击“保存”按钮.

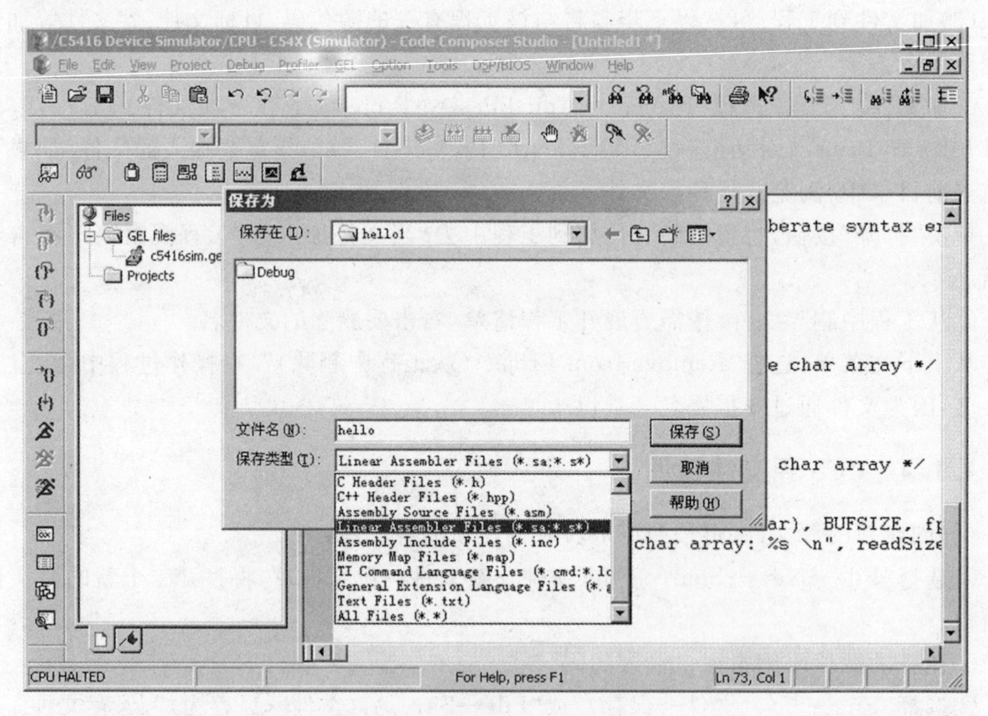

图 4-18　保存文件对话框

4.1.5　通用扩展语言 GEL

通用扩展语言 GEL(General Extension Language)是一种与 C 类似的解释性语言. 利用 GEL 语言,用户可以访问实际/仿真目标板,设置 GEL 菜单选项,它特别适用于自动测试和自定义工作空间. 关于 GEL 详细内容参见 TI 公司的《TMS320C54x Code Composer Studio User's Guide》手册.

4.2　CCS 仿真

4.2.1　用 Simulator 仿真中断

C54x 允许用户仿真外部中断信号 INT0～INT3，并选择中断发生的时钟周期. 为此，可以建立一个数据文件，并将其连接到 4 个中断引脚中的一个，即 INT0～INT3 或 BIO 引脚. 注意时间间隔用 CPU 时钟周期函数来表示，仿真从一个时钟周期开始.

(1)设置输入文件. 为了仿真中断，必须先设置一个输入文件(输入文件使用文本编辑器编辑)，列出中断间隔. 文件中必须有如下格式的时钟周期.

[clock clock,logic value] rpt {n | EOS}

只有使用 BIO 引脚的逻辑时，才使用方括号.

①clock clock(时钟周期)是指希望中断发生时的 CPU 时钟周期. 可以使用两种 CPU 时钟周期.

a. 绝对时钟周期，指其周期值表示所要仿真中断的实际 CPU 时钟周期. 如 14、26、58 分别表示在第 14、26、58 个 CPU 时钟周期处仿真中断，对时钟周期值没有操作，中断在所写的时钟周期处发生.

b. 相对时钟周期，指相对于上次事件的时钟周期. 如 14＋26 和 58. 表示有 3 个时钟周期，即分别在 14、40(14＋26)和 58 个 CPU 时钟周期处仿真中断. 时钟周期前面的加号表示将其值加上前面总的时钟周期. 在输入文件中可以混合使用绝对时钟周期和相对时钟周期.

②logic value(逻辑值)只使用于 BIO 引脚. 必须使用一个值去迫使信号在相应的时钟周期处置高位和置低位. 如[13,1]、[25,0]和[55,1]表示 BIO 在第 13 个时钟周期置高位，在第 25 时钟周期置低位，在第 55 时钟周期又置高位.

③rpt {n | EOS}是一个可选参数，代表一个循环修正. 可以用两种循环形式来仿真中断：

a. 固定次数的仿真. 可以将输入文件格式化为一个特定模式并重复一个固定次数. 如 5(＋10＋20)rpt2. 括号中的内容代表要循环的部分，这样在第 5 个 CPU 时钟周期仿真一个中断，然后在第 15(5＋10)、35(15＋20)、45(35＋10)、65(45＋20)个时钟周期处仿真一个中断. n 是一个正整数，表示重复循环的次数. b. 循环直到仿真结束. 为了将同样模式在整个仿真过程中循环，加上一个 EOS. 如 5(＋10＋20)rpt EOS 表示在第 5 个 CPU 时钟周期仿真一个中断，然后在第 15(5＋10)、35(15＋20)、45(35＋10)、65(45＋20)个时钟周期处仿真一个中断，并将该模式持续到仿真结束.

(2)软件仿真编程. 建立输入文件后，就可以使用 CCS 提供的 Tools→Pin connect 菜单来连接列表及将输入文件与中断脚断开. 使用调试单击 Tools→Command Window，系统出现如图 4-19 所示的窗口.

在输入窗口的 Command 处根据需要选择输入如下命令.

①pinc 将输入文件和引脚相连. 命令格式：pinc 引脚名，文件名.

引脚名：确认引脚必须是 4 个仿真引脚(INT0～INT3)中的一个，或是 BIO 引脚. 文件名：输入文件名.

②pinl 验证输入文件是否连接到了正确的引脚上. 命令格式：pinl. 它首先显示所有没有连接的引脚，然后是已经连接的引脚. 对于已经连接的引脚，在 Command 窗口显示引脚

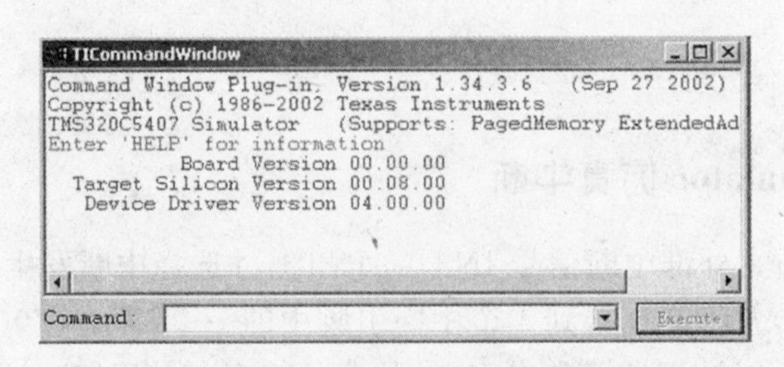

图 4-19 Command Window 窗口

名和文件的绝对路径名.

③pind 结束中断,引脚脱开. 命令格式:pind 引脚名. 该命令将文件从引脚上脱开,则可以在该引脚上连接其他文件.

(3)实例. Simulator 仿真 INT3 中断,当中断信号到来时,中断处理子程序完成将一变量存储到数据存储区中,中断信号产生 10 次.

①编写中断产生文件. 设置输入文件,列出中断发生间隔. 在文件 zhongduan. txt 中写入 100(+100)rpt 10 之后存盘,此文件与中断的 INT3 引脚连接后,系统每隔 100 个时钟周期发生一次中断.

②将输入文件 zhongduan. txt 连接到中断引脚. 在命令行输入 pinc INT3,zhongduan. txt,将 INT3 引脚与 zhongduan. txt 文件连接.

③用汇编语言仿真中断.

a. 编写中断向量表. 对于要使用的中断引脚,应正确地配置中断入口和中断服务子程序. 在源程序的中断向量表中写入:

```
.mmregs
;建立中断向量
.sect"vectors"
.space 93 * 16      ;在中断向量表中预留一定空间,使程序能够正确转移
INT3     ;外部中断 INT3
NOP NOP
GOTO NT3
NOP
.space 28 * 16      ;68h～7Fh 保留区
```

b. 编写主程序. 在主程序中,对中断有关的寄存器进行初始化.

```
    * * * * * * * * * * * zhongduansim * * * * * * * * * * * *
    .data
a0 .word 0,0,0,0,0,0,0,0
    .text
    .global _main
_main:
    PMST = #01a0h       ;初始化 PMST 寄存器
    SP= #27FFh        ;初始化 SP 寄存器 DP= #0
    IMR= #100     ;初始化 IMR 寄存器
```

```
        AR1=#a0 a=#9611h
        INTM=0      ;开中断
    wait:      ;等待中断信号
        NOP
        NOP
        GOTO wait
```

c. 编写中断服务程序.

```
    NT3:NOP
        NOP
        (*AR1+)=a;NOP
        NOP
        return_enable
        .end
```

在命令窗口输入 reset,然后装入编译和连接好的 *.out 程序,开始运行.

4.2.2　用 Simulator 仿真 I/O 端口

用 Simulator 仿真 I/O 端口,可按如下 3 个步骤实现:定义存储器映射方法;连接 I/O 端口;脱开 I/O 端口.实现这些步骤可以使用系统提供的 Tools→Port Connect 菜单来连接、脱开 I/O 端口,也可以选择调试命令来实现.单击 Tools→Command Window,系统将弹出对话框,然后在 Command 处根据需要选择输入的命令.

(1)定义存储器映射方法.定义存储器映射除了前面章节讲的方法外,还可以在命令窗口输入 ma 命令定义实际的目标存储区域,语法如下:

```
ma address,page,length,type
```

①address 定义一个存储区域的起始地址,此参数可以是一个绝对地址、C 表达式、函数名或汇编语言标号.

②page 用来识别存储器类型,0 代表程序存储器,1 代表数据存储器,2 代表 I/O 空间.

③length 定义其长度,可以是任何 C 表达式.

④type 说明该存储器的读写类型.该类型必须是表 4-1 关键字中的一个.

表 4-1　存储器读写类型对应的关键字

存储器类型	type 类型
只读存储器	R 或 ROM
只写存储器	W 或 WOM
读写存储器	R|M 或 RAM
读写外部存储器	RAM|EX 或 R|M|EX
只读外部结构	P|R
读写外部结构	P|R|W

(2)连接 I/O 端口. mc(memory connect)将 P|R,PW,P|R|W 连接到输入/输出文件. 允许将数据区的任何区域(除 00H～1FH)连接到输入/输出文件来读写数据. 语法如下：

mc portaddress,page,length,flename,fileaccess

①portaddress I/O 空间或数据存储器地址. 此参数可以是一个绝对地址、C 表达式、函数名或汇编语言标号. 它必须是先前用 ma 命令定义,并有关键字 P/R(input port)或 P/R/W(input/output port). 为 I/O 端口定义的地址范围长度可以是 0x1000～0x1FFF 字节,不必是 16 的倍数.

②page 用来识别此存储器区域的内容. page＝1,表示该页属于数据存储器. page＝2,表示该页属于 I/O 空间.

③length 定义此空间的范围,此参数可以是任何 C 表达式.

④filename 可以为任何文件名. 从连接口或存储器空间读文件时,文件必须存在,否则 mc 命令会失败.

⑤fileaccess 识别 I/O 和数据存储器的访问特性,必须为表 4-2 所列关键字的一种.

表 4-2 存储器的访问特性对应的关键字

访问文件的类型	访问特性
输入口(I/O 空间)	P|R
输入 EOF,停止软仿真(I/O 端口)	R|P|NR
输出口(I/O 空间)	P|W
内部只读存储器	R
外部只读存储器	EXIR
内部存储器输入 EOF,停止软仿真	R|NR
外部存储器输入 EOF,停止软仿真	EX|R|NR
只写内部存储器空间	W
只写外部存储器空间	EX|W

对于 I/O 存储器空间,当相关的端口地址处有读写指令时,说明有文件访问. 任何 I/O 端口都可以同文件相连,一个文件可以同多个端口相连,但一个端口至多与一个输入文件和一个输出文件相连.

如果使用了参数 NR,软仿真读到 EOF 时会停止执行并在命令窗口显示相应信息：

<addr>EOF reached － connected at port (I/O_PAGE)

或

<addr>EOF reached － connected at location(DATA_PAGE)

此时可以用 mi 命令脱开连接,mc 命令添加新文件. 如果未进行任何操作,输入文件会自动从头开始自动执行,直到读出 EOF. 如果未定义 NR,则 EOF 被忽略,执行不会停 止. 输入文件自动重复操作,软件仿真器继续读文件.

例如:设有两个数据存储器块：

```
ma 0x100,1,0x10,EX|RAM|      ;block1 ma
0x200,1,0x10,RAM      ;block2
```

可以使用 mc 命令将输入文件连接到 block1：

```
mc 0x100,1,0x1,my_input.dat,EX|R
```

可以使用 mc 命令将输出文件连接到 block2：

```
mc 0x205,1,0x1,my_output.dat,W
```

可以使用 mc 命令，使遇到输入文件的 EOF 时暂停仿真器：

```
mc 0x100,1,0x1,my_input.dat,EX|RNR
```

或

```
mc 0x100,1,0x1,my_input.dat,ERNR
```

【例 5.1】将输入口连接到输入文件.

假定 in.dat 文件中包含的数据是十六进制格式，且一个字写一行，则：

```
0A00
1000
2000
```

使用 ma 和 mc 命令来设置和连接输入口：

```
ma 0x50,2,0x1,R|P      ;将口地址 50H 设置为输入口
mc 0x50,2,0x1,in.dat,R      ;打开文件 in.dat,并将其连接到口 50H
```

假定下列指令是程序中的一部分，则可完成从文件 in.dat 中读取数据：

```
PORTR 0x50,data_mem      ;读取文件 in.dat,并将读取的值放入 data_mem 区域
```

(3)脱开 I/O 端口. 使用 md 命令从存储器映射中消去一个端口之前，必须使用 mi 命令脱开该端口. mi(memory disconnect)将一个文件从一个 I/O 端口脱开. 其语法如下：

```
mi portaddress,page,{R|W|EX}
```

命令中的端口地址和页是指要关闭的端口，read、write 特性必须与端口连接时的参数一致.

(4)实例.

①编写汇编语言源程序从文件中读数据.

a. 定义 I/O 端口. 使用 ma 命令指定 I/O 端口，在命令窗口输入：

```
ma   0x100,2,0x1,P|R      ;定义地址 0x100 为输入端口
ma   0x102,2,0x1,P|W      ;定义地址 0x102 为输出端口
ma   0x103,2,0x1,P|R|W    ;定义地址 0x103 为输入/输出端口
```

b. 连接 I/O 端口. 用 mc 命令将 I/O 端口连接到输入/输出文件. 允许将数据区的任何区域(除 00H～1FH)连接到输入、输出文件来读写数据. 当连接读文件时应确保文件存在.

```
mc 0x100,2,0x1,ioread.txt,R
mc 0x102,2,0x1,iowrite.txt,W
```

为了验证 I/O 端口是否被正确定义，文件是否被正确连接，在命令窗口使用 ml 命令，Simulator 将列出 memory 以及 I/O 端口的配置和所连接的文件名.

c. 编写汇编语言源程序从文件中读数据：

```
(*ar1+)=port(0x100);将端口 0x100 所连接文件内容读到 ar1 寄存器指定的地址单元中.
port(0x102)=*ar1    ;将 ar1 寄存器所指地址的内容写到端口 0x102 连接的文件中.
```

②脱开 I/O 端口.

```
mi 0x100,2,R        ;将 0x100 端口所连接的文件 ioread.txt 从 I/O 端口脱开
mi 0x102,2,W        ;将 0x102 端口所连接的文件 iowrite.txt 从 I/O 端口脱开
```

注意：必须将 I/O 端口脱开，数据才能避免丢失.

4.3 DSP/BIOS 的功能

4.3.1 DSP/BIOS 简介

DSP/BIOS 是一个实时操作系统内核. 主要应用在需要实时调度和同步的场合. 此外，通过使用虚拟仪表，它还可以实现主机与目标机的信息交换. DSP/BIOS 提供了可抢占线程，具备硬件抽象和实时分析等功能.

DSP/BIOS 由一组可拆卸的组件构成. 应用时只需将必需的组件加到工程中即可. DSP/BIOS 配置工具允许通过屏蔽去掉不需要的 DSP/BIOS 特性来优化代码体积和执行速度.

在软件开发阶段，DSP/BIOS 为实时应用提供底层软件，从而简化实时应用的系统软件设计，节约开发时间. 更为重要的是，DSP/BIOS 的数据获取(Data Capture)、统计(Statistics)和事件记录功能(Event Logging)在软件调试阶段与主机 CCS 内的分析工具 BIOScope 配合，可以完成对应用程序的实时探测(Probe)、跟踪(Trace)和监控(Monitor)，与 RTDX 技术和 CCS 可视化工具相配合，可以直接实时显示原始数据(二维波信号或三维图像)，还可以对原始数据进行处理，进行数据的实时 FFT 频谱分析、星座图和眼图处理等.

DSP/BIOS 包括如下工具和功能：

(1)DSP/BIOS 配置工具. 程序开发者可以利用该工具建立和配置 DSP/BIOS 目标. 该工具还可以用来配置存储器、线程优先级和中断处理函数等.

(2)DSP/BIOS 实时分析工具. 该工具用来测试程序的实时性.

(3)DSP/BIOS API 函数. 应用程序可以调用超过 150 个 DSP/BIOS API 函数.

4.3.2 一个简单的 DSP/BIOS 实例

本节通过一个简单的例子来介绍如何使用 DSP/BIOS 创建、生成、调试和测试程序. 该实例就是常用的显示"hello world"程序. 在这里没有使用标准 C 输出函数而是使用 DSP/BIOS 功能. 利用 CCS2 的剖析特性可以比较标准输入函数和利用 DSP/BIOS 函数执行的性能. 值得注意的是，开发 DSP/BIOS 应用程序不仅要有 Simulator(软件调试仿真)，还需要使

用 Emulator(硬件仿真)和 DSP/BIOS 插件(安装时装入).

(1)创建一个配置文件.为使用 DSP/BIOS 的 API 函数,一个程序必须有一个配置文件用来定义程序所需的 DSP/BIOS 对象.

①在 C:\ti\myprojects 目录下新建一个新文件夹 HelloBios.

②将文件夹 C:\ti\tutorial\sim54xx\hello1 下的全部文件复制到新建立的文件夹 HelloBios 中.

③运行 CCS,并打开 C:\ti\myprojects\HelloBios 下的 hello.pjt.

④CCS 会弹出如图 4-20 所示的对话框,提示没有找到库文件,这是因为工程被移动了.单击 Browse 按钮,在 C:\ti\c5400\cgtools\lib 找到 rts.lib 库文件.

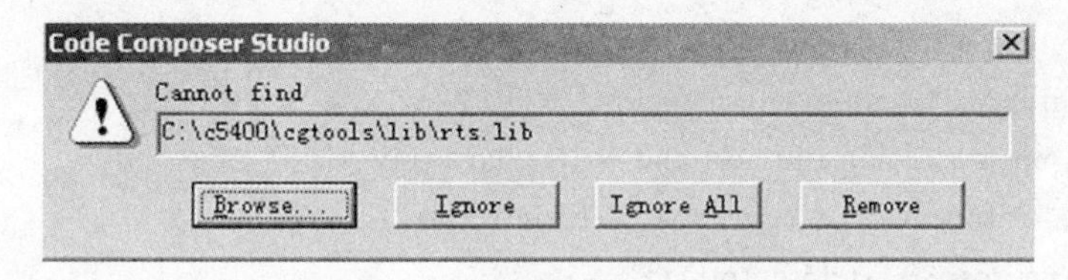

图 4-20　未找到库文件提示框

⑤单击 hello.pjt、Libraries 和 Source 旁边的"+"号,展开工程视图.

⑥双击 hello.c 程序,可以看出本程序通过 puts("hello world! \n")函数输出 hello world!.

⑦编译、下载和运行程序,输出"hello world!".下面修改程序,使用 DSP/BIOS 输出"hello world!".

```
#include <stdio.h>
#include " hello.h "
#define BUFSIZE 30 struct PARMS str =
{
    2934,
    9432,
    213,
    9432,
    &str
};
/*
* ========= main =========
*/
void main()
{
#ifdef FILEIO
    int     i;
    char scanStr[BUFSIZE];char
    fileStr[BUFSIZE];size_t   readSize;
    FILE    *fptr;
```

```
#endif
    /* write a string to stdout */
    puts(" hello world! \n ");
#ifdef FILEIO
    /* clear char arrays */
    for (i = 0;i < BUFSIZE;i++)
    {
    scanStr[i] = 0        /* deliberate syntax error */
            fileStr[i] = 0;
    }
    /* read a string from stdin */
    scanf("%s ",scanStr);
    /* open a file on the host and write char array */
    fptr = fopen(" file. txt "," w ");fprintf(fptr,
    "%s ",scanStr);fclose(fptr);
    /* open a file on the host and read char array */
    fptr = fopen(" file. txt "," r ");
    fseek(fptr,0L,SEEK_SET);
    readSize = fread(fileStr,sizeof(char),BUFSIZE,fptr);printf(" Read a %d byte char ar-
    ray:%s \n ",readSize,fileStr);fclose(fptr);
#endif
}
```

⑧执行菜单命令 File→New→DSP/BIOS Configuration.

⑨选择与您的 DSP 仿真器相对应的模板并单击 OK 按钮确认. 此时将弹出一个新窗口. 窗口左半部分为 DSP/BIOS 模块及对象名,右半部分为模块和对象的属性.

⑩右键单击 LOG-Event Log Manager,在弹出菜单中选择 Insert Log,此时创建一个被称为 LOG0 的 LOG 对象.

⑪右键单击 LOG0 对象,在弹出菜单中选择 Rename,对象更名为 trace.

⑫将配置文件存为 hello. cdb,存盘到 C:\ti\myprojects\HelloBios 中,此时将产生以下文件:

hello. cdb:配置文件,保存配置设置.

hellocfg. cmd:链接命令文件.

hellocfg. s54:汇编语言源文件.

hellocfg. h54:myhellocfg. s54 包含的头文件

hellocfg. h:DSP/BIOS 模块头文件.

hellocfg_c. c:CSL 结构体和设置代码.

(2)将 DSP/BIOS 添加到工程中. 下面将刚才存盘时生成的文件添加到工程文件中.

①执行菜单命令 Project→Add Files to Project,将 hello. cdb 加入,此时工程视图中将添加一个名为 DSP/BIOS Config 的目录,hello. cdb 被列在该目录下.

②链接输出的文件名必须与. cdb 文件名一样,在 Project→ Build Options 的 Linker 栏

中将输出文件名修改为 hello. out.

③执行菜单命令 Project→Add Files to Project，将 hellocfg. cmd 加入 CCS 中. 由于工程中只能有一个链接命令文件，因此产生如图 4-21 所示的警告信息.

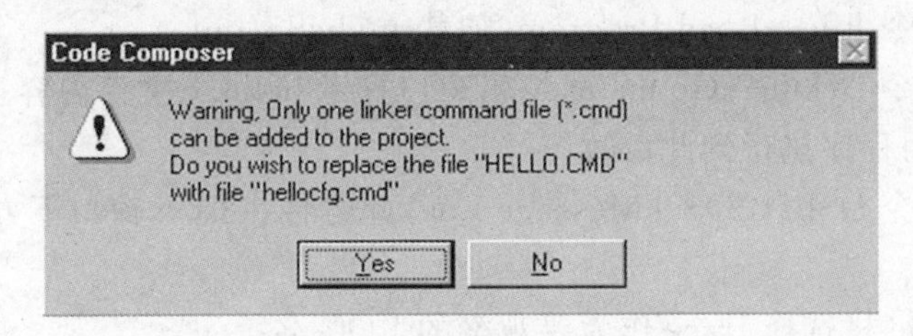

图 4-21　链接命令文件警示

④单击 Yes 按钮，用 hellocfg. cmd 替换原来的 hello. cmd 命令文件.

⑤在 Project 视图中移去 Vector. asm，这是因为硬件中断矢量已在 DSP/BIOS 配置中自动定义.

⑥移去 rts. lib 文件，因为此运行支持库也已在 hellocfg. cmd 中指定，链接时将自动加入.

⑦将 hello. c 文件内容修改为以下代码. LOG_printf 和 put 函数占用相同的资源.

```
#include <std.h>
#include <log.h>
#include " hellocfg.h "
/*
* ======== main ========
*/
Void main()
{
    LOG_printf(&trace," hello world!  ");
    /* fall into DSP/BIOS idle loop */
    return;
}
```

在以上程序代码中：

a. 程序首先包含了 std. h 和 log. h 两个头文件. 所有使用 DSP/BIOSAPI 的程序必须包含 std. h 头文件. 此外还应包括该模块使用的头文件，本例中的 LOG 模块头文件为 log. h. 在 log. h 中定义了 LOG_Obj 结构，并在 LOG 模块中声明 API 操作. 在头文件中，std. h 必须放在其他文件前面，其余模块的先后次序则并不重要.

b. 程序中使用关键字 extern，声明在配置文件中创建的 LOG 对象.

c. 主函数调用 LOG_pritf 函数并将 LOG 对象 &trace 和 hello world 信息作为参数传给主函数.

d. 主函数返回，程序将进入 DSP/BIOS 等待循环状态，等待软件和硬件中断发生.

⑧保存 hello. c.

⑨执行菜单命令 Project→Build Option，直接将 Compiler 栏的命令行参数-d FILEIO

删除.

⑩重新编译程序.

(3)用 CCS 测试. 由于程序只有一行,因此没有必要分析程序. 下面对程序进行测试.

①执行菜单命令 File→Load Program,加载 myhello. out.

②执行菜单命令 Debug→Go main,编辑窗口显示 hello. c 文件内容且 main 函数的第一行被高亮显示,表明程序执行到此后暂停.

③执行菜单命令 DSP/BIOS→Message Log,此时将在 CCS 窗口下方出现 Message Log 区域.

④在 Log Name 栏选择 trace 作为要观察的 LOG 名.

⑤运行程序将在 Message Log 区域出现“hello world!”信息.

⑥在 Message Log 区域右击并选择 Close,为下面使用剖切(Profiler)作准备.

(4)分析 DSP/BIOS 代码执行时间. 下面使用剖切(Profiler)获得 LOG_printf 的执行时间.

①执行菜单命令 File→Reload Program,重新加载程序.

②执行菜单命令 Profiler→Enable Clock,使能时钟.

③双击 hello. c,查看源代码.

④执行菜单命令 ViewMax Source/ASM,同时显示 C 及相应汇编代码.

⑤将光标放在 LOG_printf(&trace," hello world! ");行.

⑥在 Project 工具栏上的 Toggle Profile Point 图标,设置剖切点.

⑦将光标移至程序最后一行花括号处,设置第二个剖切点. 虽然 return 是程序的最后一条语句,但不能将剖切点放在此行,因为此行不包含等效汇编代码. 如果将剖切点放在此行,则 CCS 运行时自动纠正此错误.

⑧执行菜单命令 Profiler→Start New Session,弹出 Profile Session Name 窗口,取默认名字,单击 OK 按钮,出现 Profile Statistics 窗口.

⑨运行程序.

⑩可以看到第二个剖切点的指令周期约为 58,即为执行 LOG_printf 的时间. 调用 LOG_printf 比调用 C 中的 puts 函数更为有效,这是因为字符串格式是在主机上而不是像 puts 函数那样在目标 DSP 上处理. 使用 LOG_printf 函数监视系统状态对程序的实时运行影响比使用 puts 函数小得多.

⑪停止程序运行.

⑫执行以下操作以释放被 Profile 任务占用的资源.

a. 执行菜单命令 Profiler→Enable Clock,禁止时钟.

b. 关闭 Profile Statistics 窗口.

c. 执行菜单命令 Profiler→profile points 删除所有剖切点.

d. 执行菜单命令 View→Mixed Source/ASM,取消 C 与汇编的混合显示.

e. 关闭所有源文件和配置窗口.

f. 执行菜单命令 Project→Close,关闭工程.

4.4　习题与思考题

1. 简述 CCS 软件配置步骤.
2. CCS 提供了哪些菜单和工具条?
3. 编写一个能显示“This is my program!”的 DSP 程序.
4. 编写程序用 CCS 仿真 INT2 中断.
5. 用 DSP/BIOS 的 LOG 对象方法实现“This is my program!”的输出.

第 5 章 DSP 基本实验(验证性实验)

5.1 实验系统介绍

5.1.1 系统概述

SEED-DTK(DSPTeachingKit)是一套可以满足大学本科、研究生和教师科研工作的综合实验设备.该设备的主要结构如图 5-1 所示:

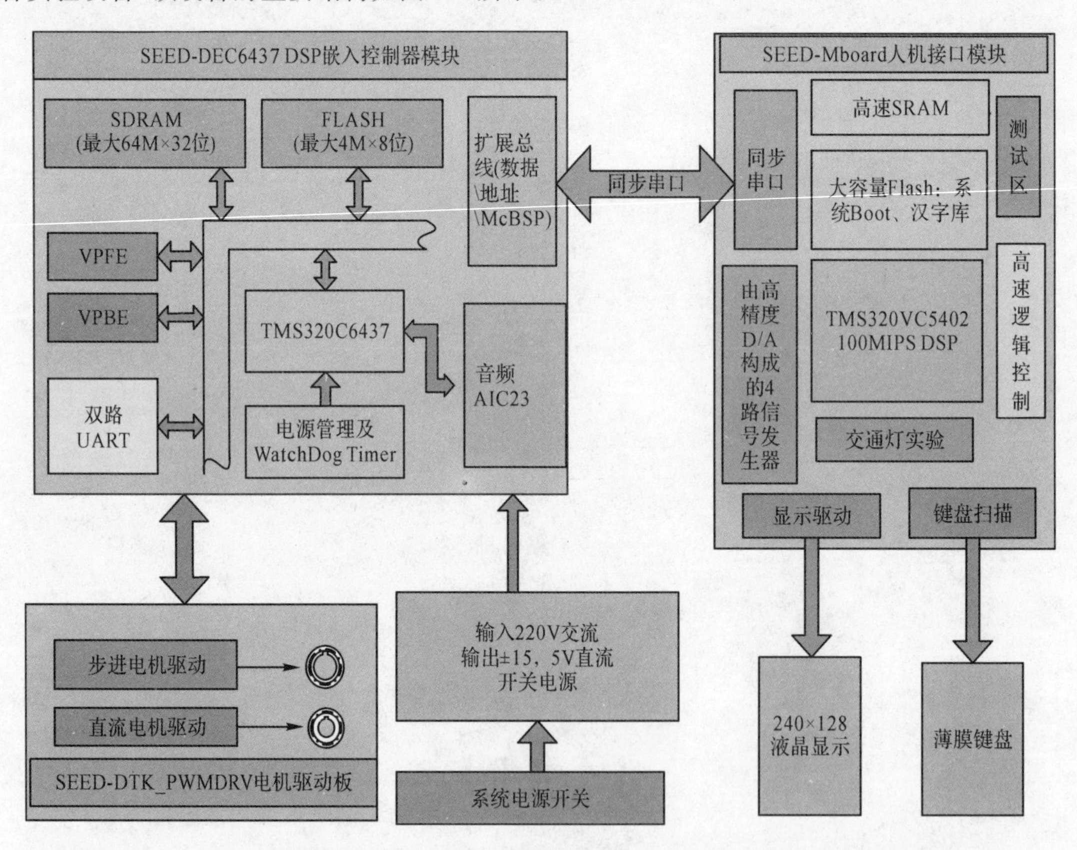

图 5-1 实验箱结构图

(1)SEED-DTK6437 实验箱由以下几部分构成:

①采用 TMS320DM6437,专用于数字媒体应用的高性能定点 32 位处理器,工作主频最高达 700 MHz,处理性能可达 5600 MIPS.

②外扩 DDR,容量为 32M×32 位,最大可配为 64M×32 位.

③外扩 NorFlash,容量为 4M×8 位.

④2 路 UART 接口,接口标准分别为 RS232 和 RS485.

⑤1 路立体声 LineIn 音频输入,1 路立体声 Microphone 音频输入,1 路立体声音频输出.

⑥1路PAL制式模拟视频输入,1路PAL制式模拟视频输出,1路VGA视频输出.

⑦10M/100Mbase-TX标准以太网接口.

⑧1路CAN2.0总线接口.

(2)SEED-DTK_MBoard实验箱人机接口模块:

①处理器为TMS320C5402DSP.

②SRAM:64K×16位(可扩展至256K×16位).

③Flash:256K×16位(用于存放二级标准汉字库及驻留实验程序).

④提供手动复位.

⑤1路RS232接口.

⑥4路12位10μS建立时间±10V输出D/A.

⑦17键薄膜键盘.

⑧240×128大屏幕液晶显示.

⑨交通灯演示模块.

以上只介绍实验箱所用到资源,其他资源请详细参考各个模块的用户手册.

5.1.2　实验箱功能特点

实验箱中SEED-DEC6437工作状态:Boot模式:采用CE8位宽度的外部FLASH;串口通讯采用的是A/B通道异步串行接口,RS232全双工方式;音频输出:立体声输出左、右声道耳机驱动输出;边沿模式为小端模式(little-endian).

(1)实验箱中本模块工作状态如下.

①工作方式的选择:SEED-DTK_MBoard的工作模式为MC工作方式.

②Boot模式:当SEED-DTK_MBoard处于MC工作方式时,只能用FLASH引导方式,既程序存放在FLASH中,上电或复位后,DSP将FLASH中的程序BOOTLOAD到SRAM中,程序在SRAM中运行.

③工作频率:使用10 MHz外部频率输入;当复位后,PLL硬件初始化设置为5倍频.其芯片管脚CLKMD3～CLKMD1设置为010;便于DSP读取FLASH的程序.系统工作正常后,可通过设置CPU的寄存器CLKMD,将PLL设为需要的倍频数.

④串口通讯:MCBSP0用于UART通讯,因MCBSP是一种同步串口,而UART是一种异步串口,所以VC5402没有直接和UART通讯的片内外设,只有通过软件方式,用MCBSP和DMA来完成UART通讯功能,在硬件电路上,BDX0作为数据发送端,BDR0和BFSR0作为数据接收端.MCBSP1用于与SEED-DEC6437的MCBSP串口通讯.

⑤增强型HPI口:SEED-DTK_MBoard使用HPI口作为GPIO口,用作键盘扫描,HPI口的HD0-HD3,XF作输出,工作时置为0,而HD4-HD7,BIO作输入,工作时接上拉电阻,实现键盘操作.

5.2　实验环境的建立

本实验箱中主要使用SEED-DEC6437板卡,其处理器为TI的TMS320DM6437,采用的编译环境为CCS3.3.

5.2.1 CCS3.3 安装

安装 TI DSP 开发环境 CCS3.3，步骤如下：

第一步：双击安装光盘中的 setup.exe 图标，进入安装界面如图 5-2 所示：

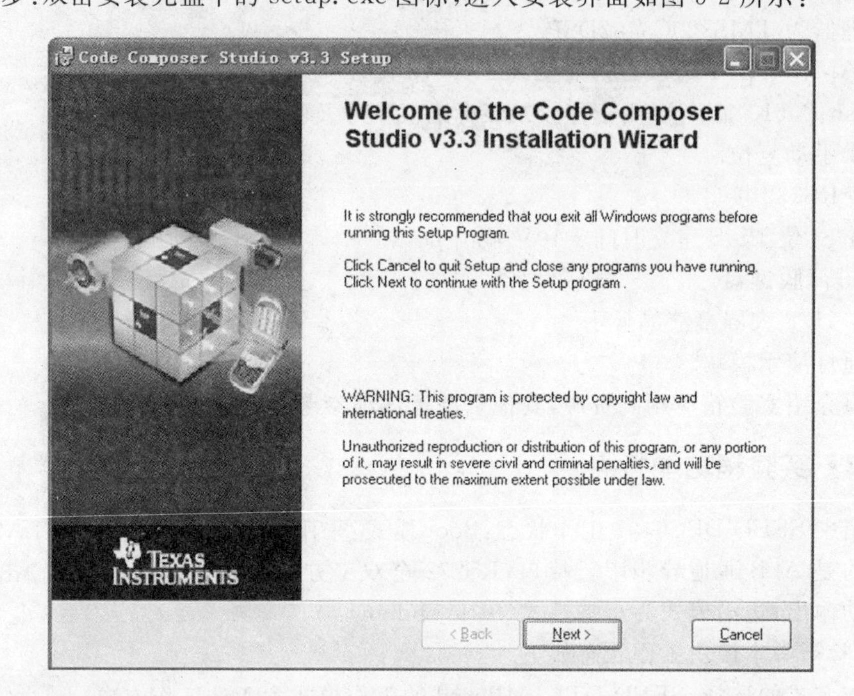

图 5-2 安装界面 1

第二步：点击 Next，进入下一步操作，见图 5-3 所示：

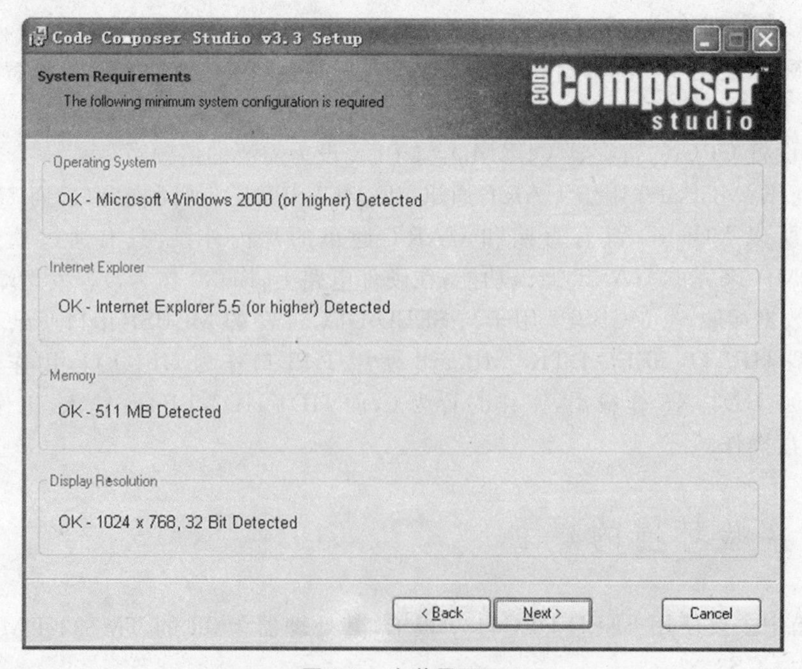

图 5-3 安装界面 2

第三步:确保系统满足 CCS3.3 最小需求,然后点击 Next,见图 5-4 所示:

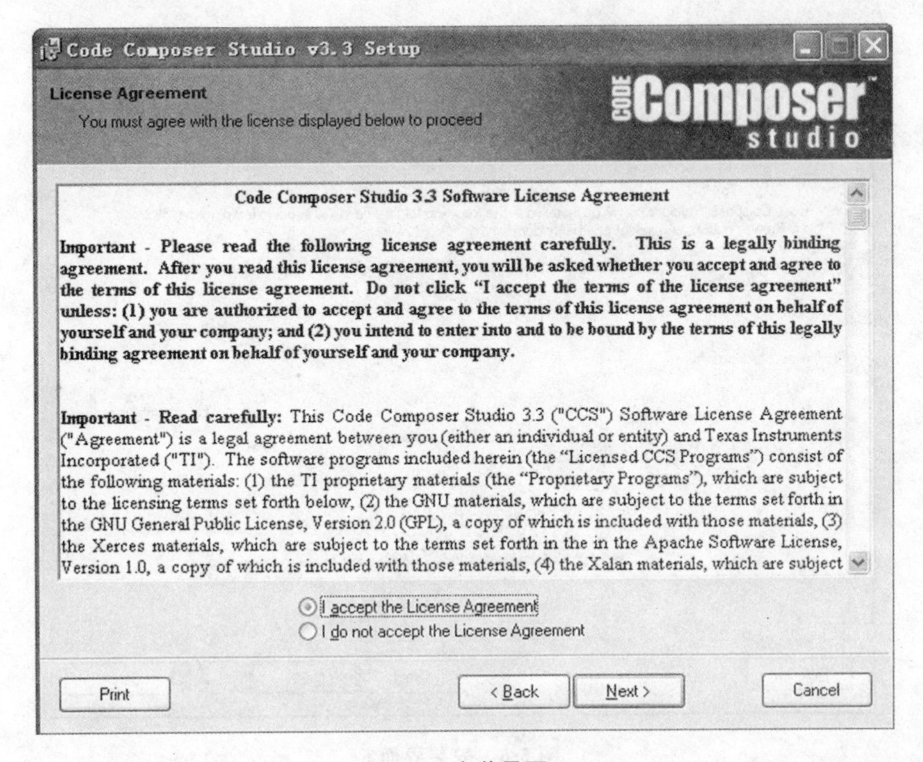

图 5-4　安装界面 3

第四步:选择同意协议,然后点击 Next 进入下一步安装,见图 5-5 所示:

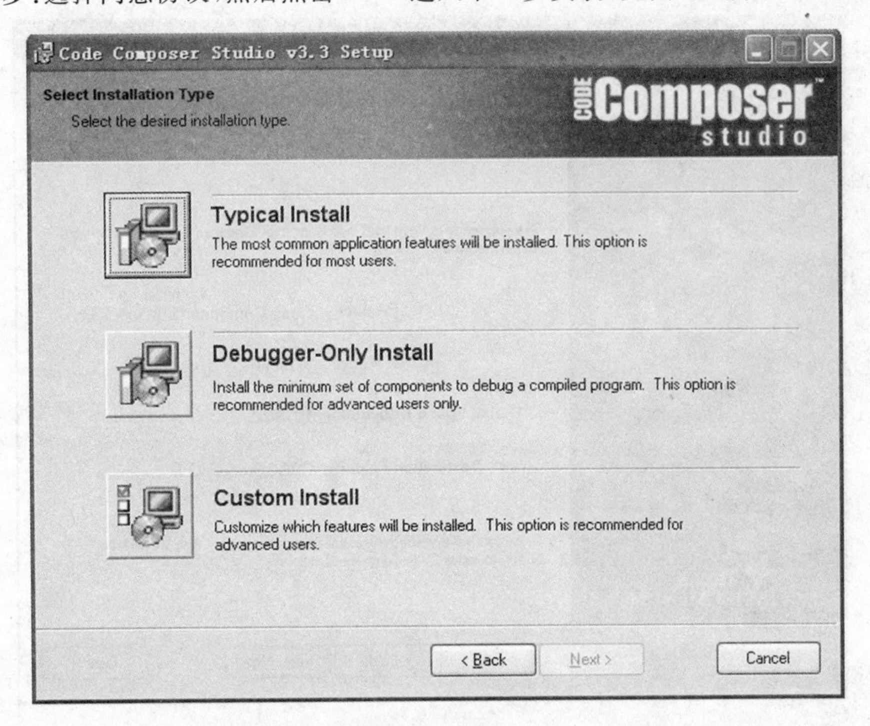

图 5-5　安装界面 4

第五步：选择 Typical Install，点击 Next，见图 5-6 所示：

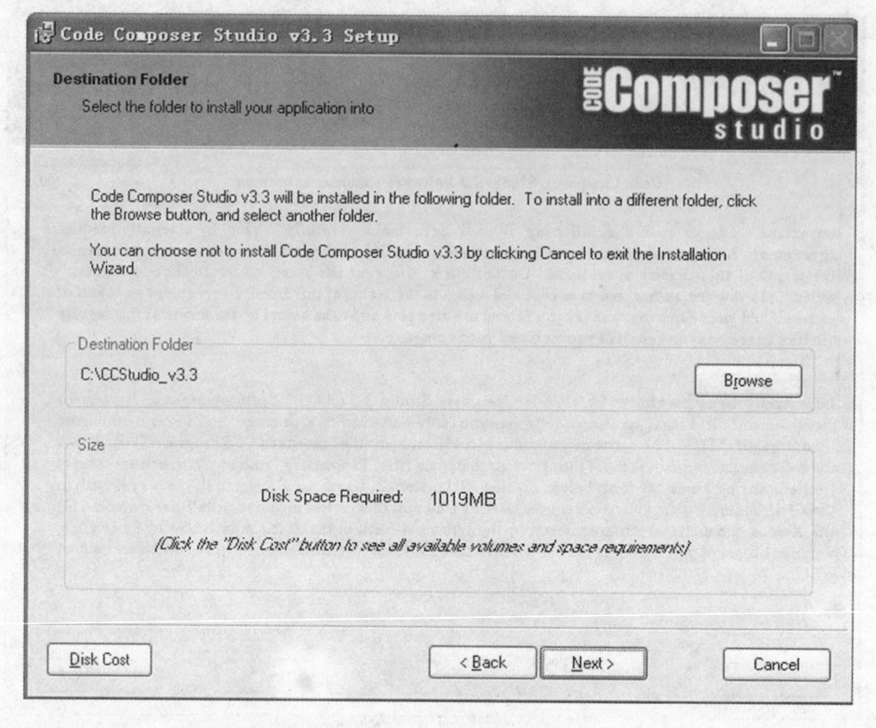

图 5-6　安装界面 5

第六步：选择安装路径，默认为 C:\CCStudio_V3.3，见图 5-7 所示：

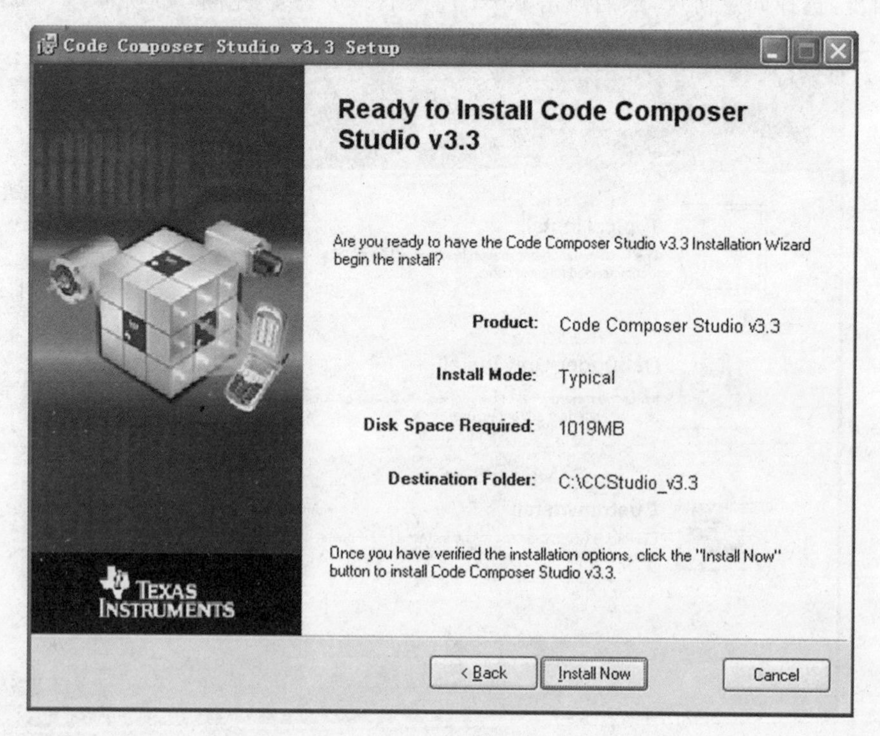

图 5-7　安装界面 6

第七步:确认安装信息,点击 Install Now,等待程序安装,见图 5-8 所示:

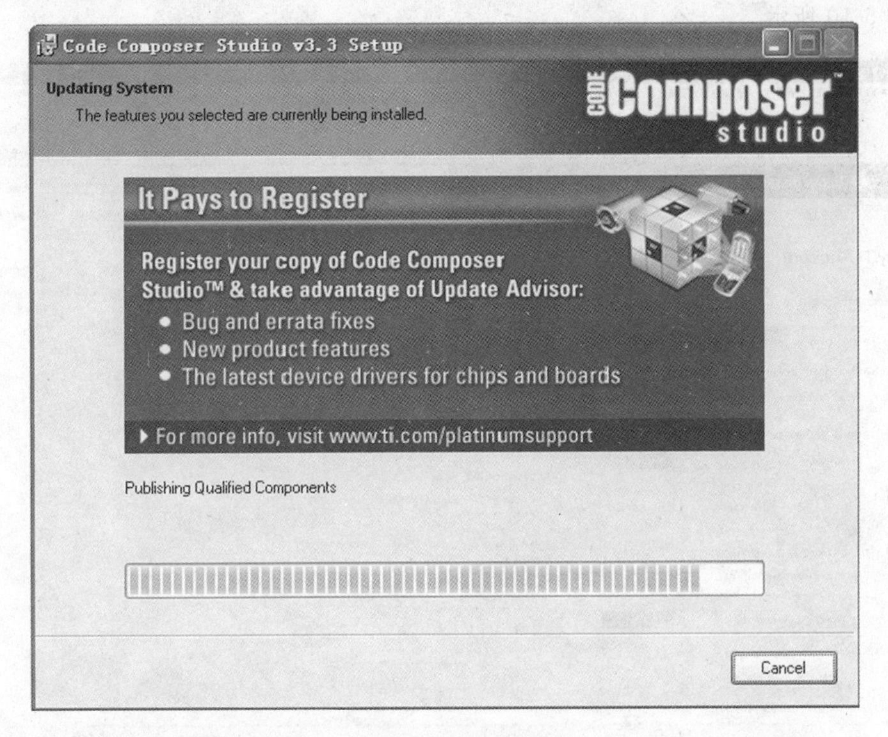

图 5-8　安装界面 7

第八步:程序安装完毕,进入结束界面,见图 5-9 所示:

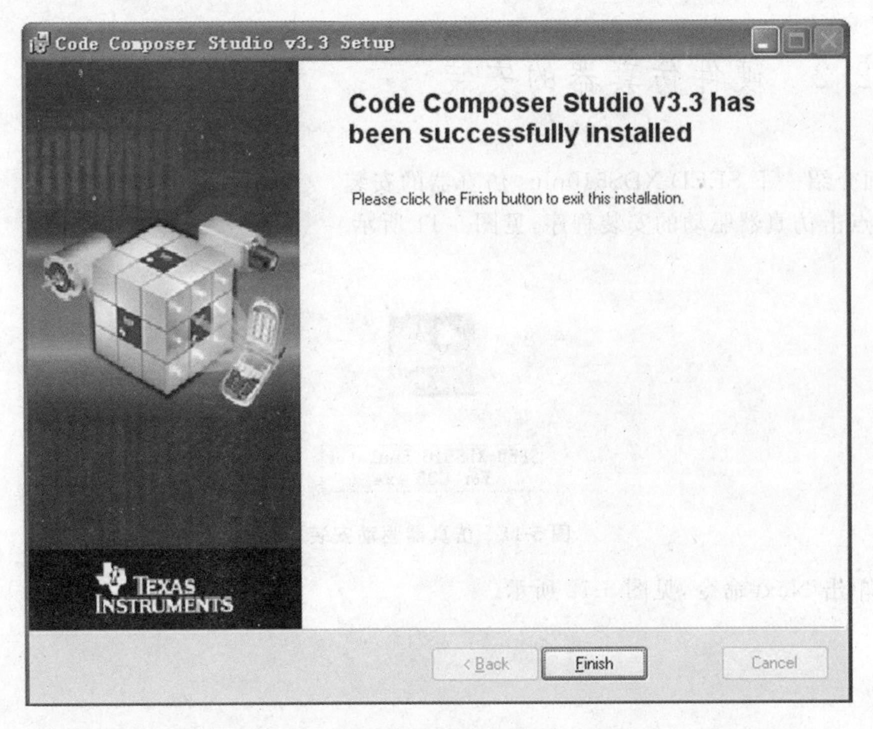

图 5-9　安装界面 8

第九步:点击 Finish,结束安装.同时将弹出 TI 注册界面,建议用户注册为 TI 网站会员,见图 5-10 所示.

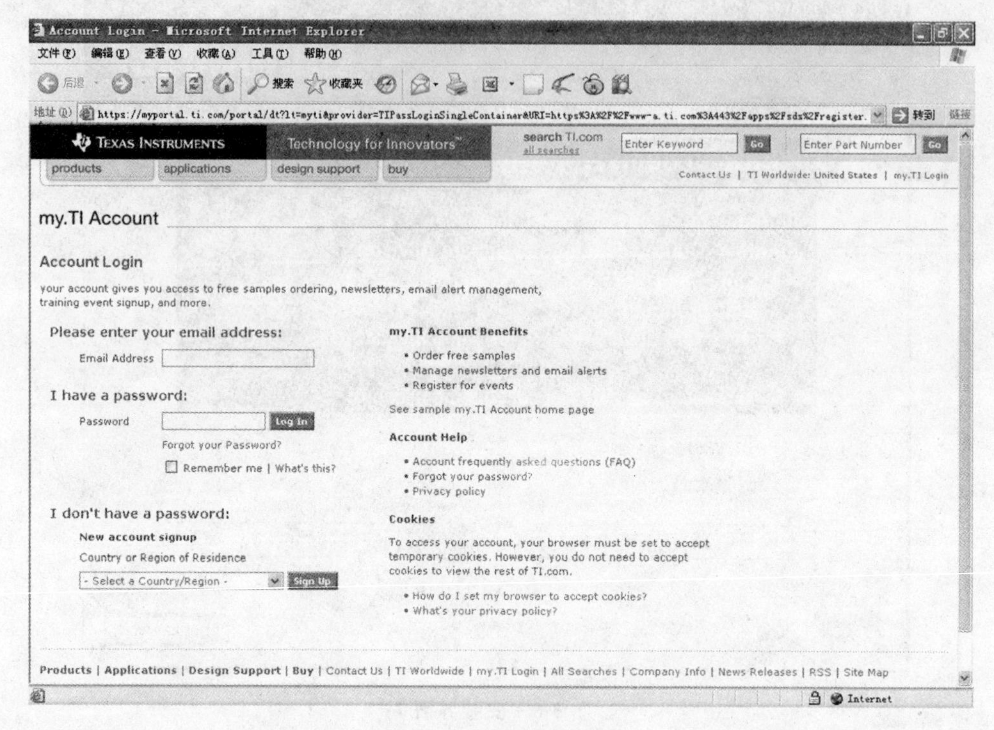

图 5-10 安装界面 9

5.2.2 硬件仿真器的安装

下面介绍一下 SEED-XDS510plus 仿真器的安装

(1)点击仿真器驱动的安装程序,见图 5-11 所示.

图 5-11 仿真器驱动安装 1

(2)单击 Next 命令,见图 5-12 所示.

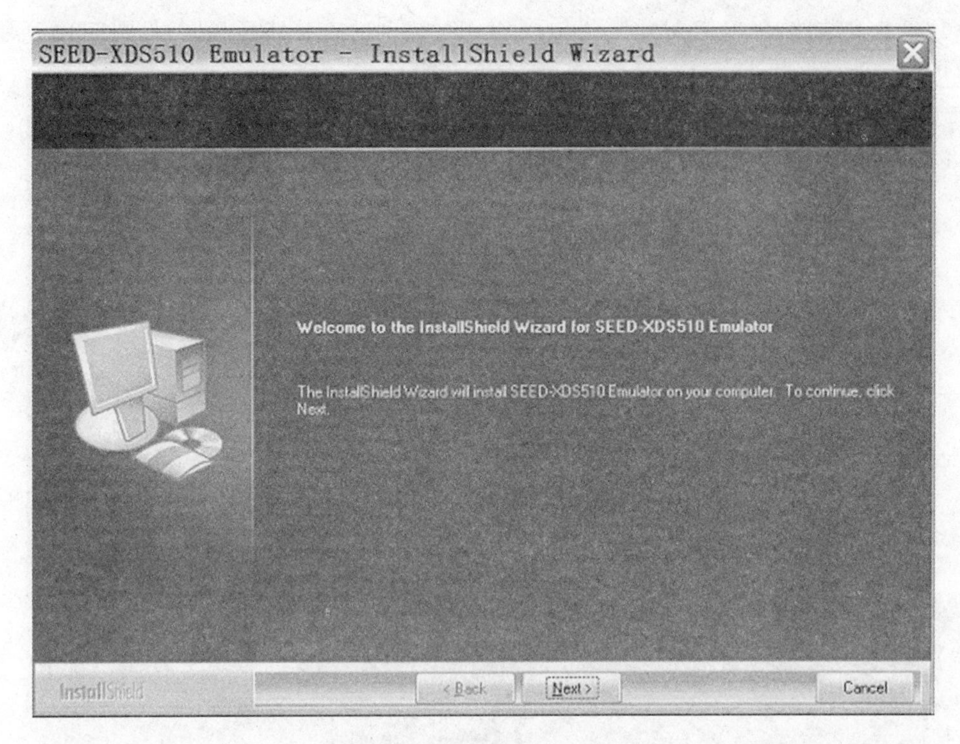

图 5-12　仿真器驱动安装 2

(3)单击 Next 命令,见图 5-13 所示.

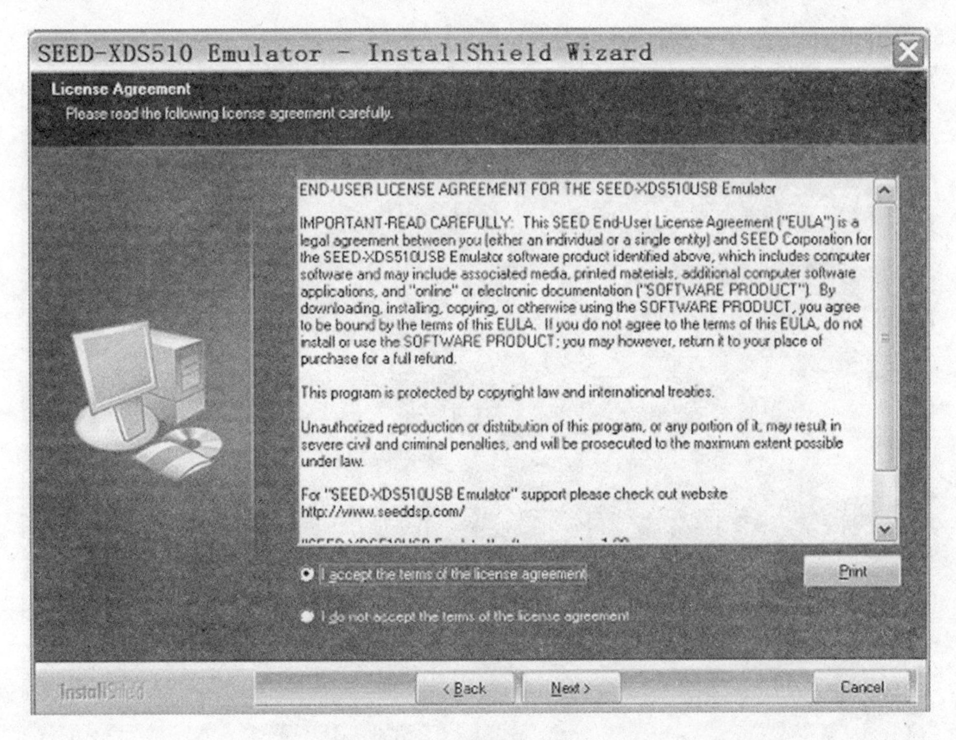

图 5-13　仿真器驱动安装 3

(4)更改安装路径,与 Code Composer Studio 软件的安装路径相同,见图 5-14 所示.

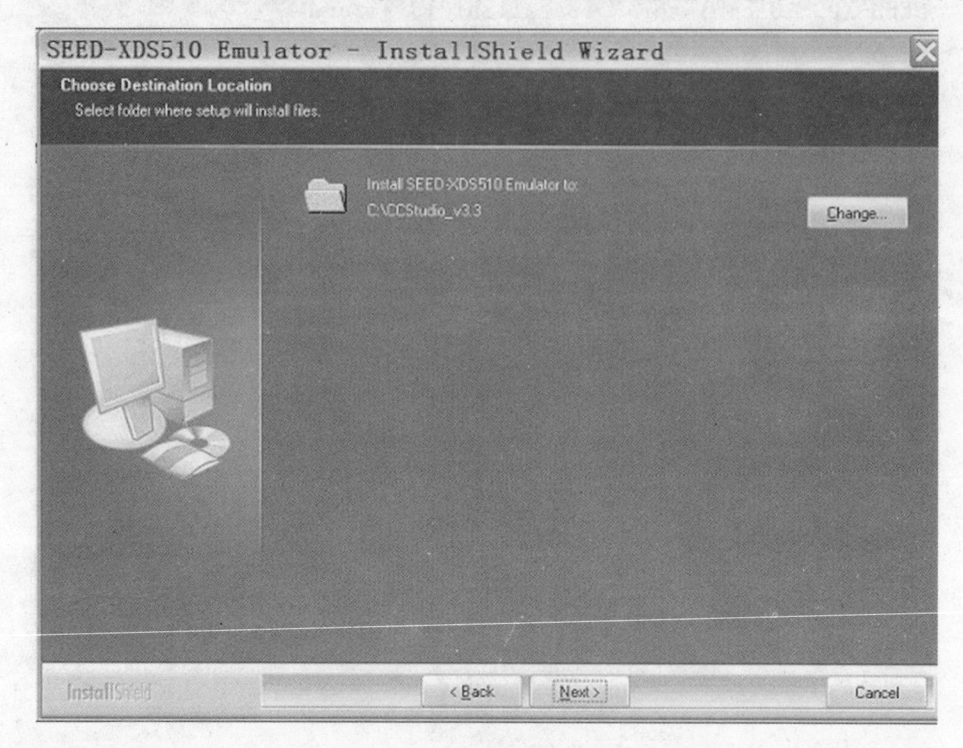

图 5-14　仿真器驱动安装 4

(5)单击 Install 命令,见图 5-15 所示.

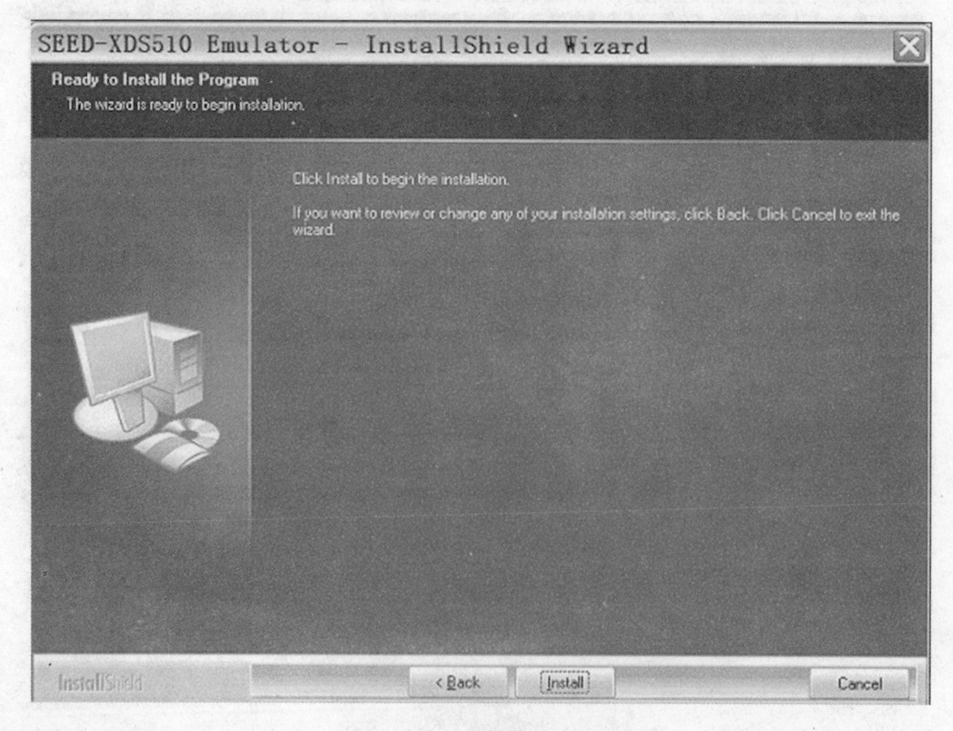

图 5-15　仿真器驱动安装 5

(6)单击 Finish 命令,见图 5-16 所示.

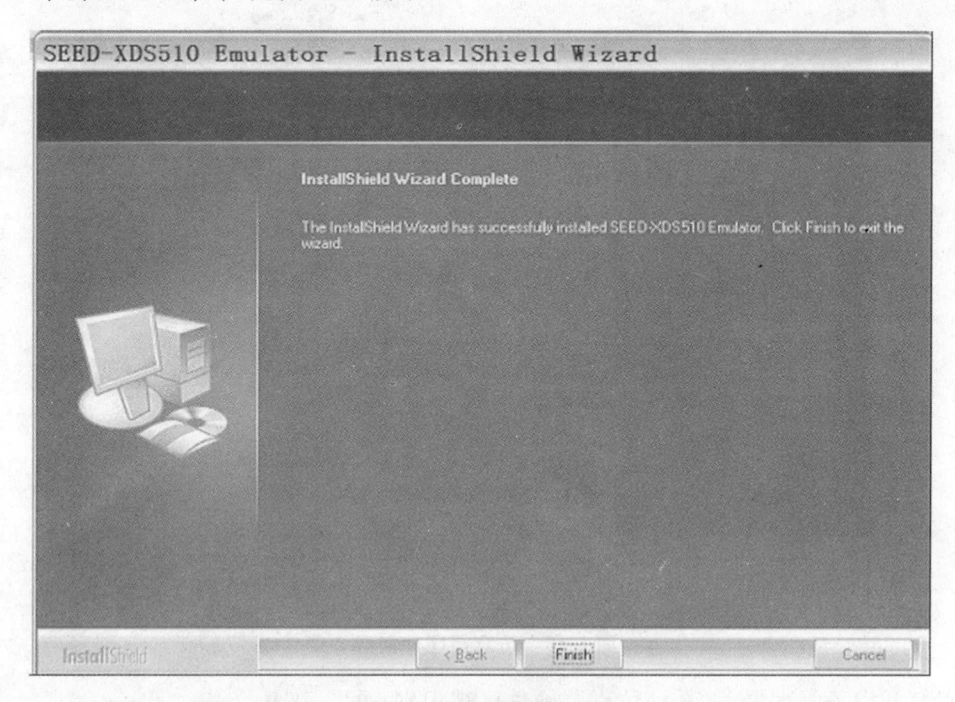

图 5-16 仿真器驱动安装 6

5.2.3 SEED-XDS510PLUS 仿真器硬件设备安装

(1)硬件驱动的安装.

①安装准备,用所提供的 USB 连接线将 XDS510PLUS 仿真器与电脑主机相连.

②安装过程,将仿真器的 USB 口插入 PC 机端口后系统会自动提示安装“找到新的硬件向导”,单击“下一步”,按照提示进行仿真器硬件的安装,见图 5-17.

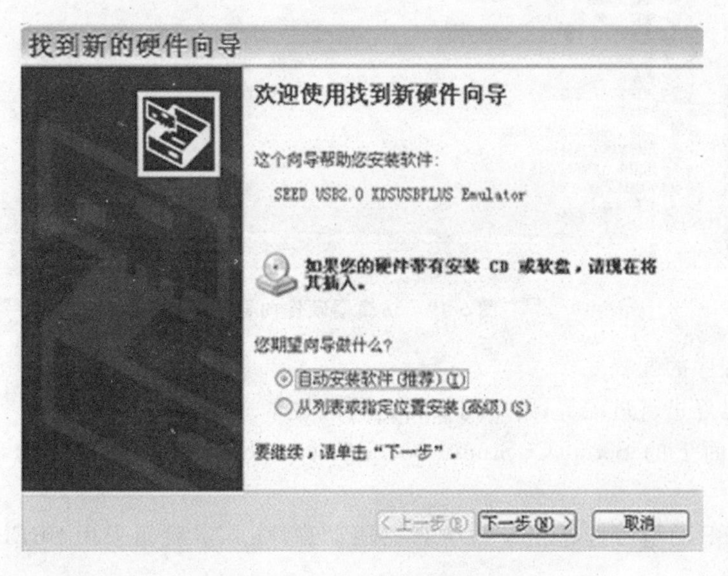

图 5-17 仿真器硬件向导 1

③安装结束,系统提示 SEED-XDS510PLUS JTAG 仿真器已成功识别,见图 5-18.

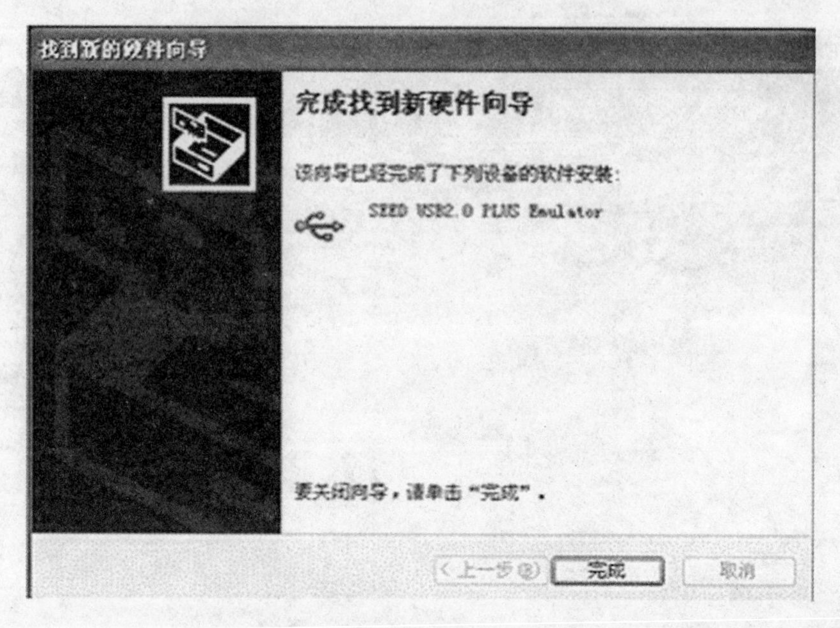

图 5-18 仿真器硬件向导 2

④打开设备管理器,可看到仿真器硬件已被识别,见图 5-19.

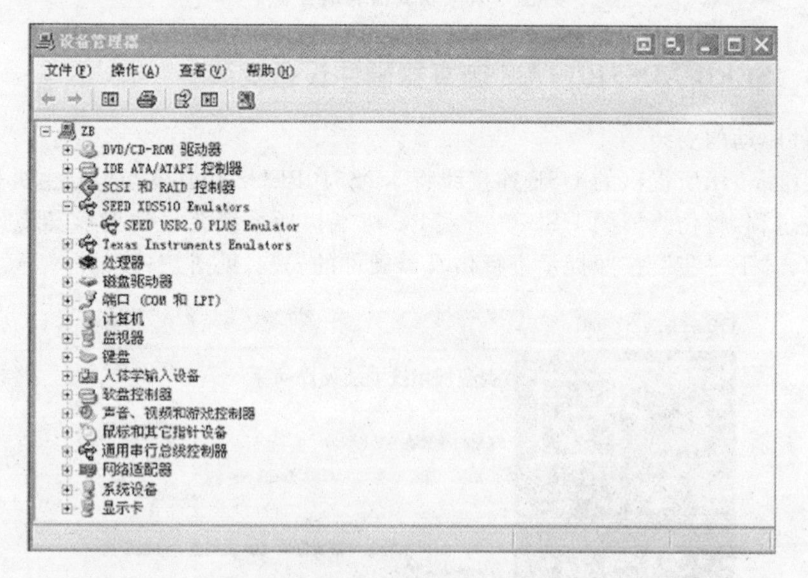

图 5-19 仿真器硬件向导 3

(2)驱动程序的配置.

注:如果已经进行过配置,则不需要再进行配置了.

①双击桌面上的 Setup CCStudio v3.3."Remove"原有的设备驱动程序配置,见图 5-20.

②根据 DSP 的型号选择相应的仿真器驱动程序,本实验箱采用 SEED-XDS510PLUS 仿真器.

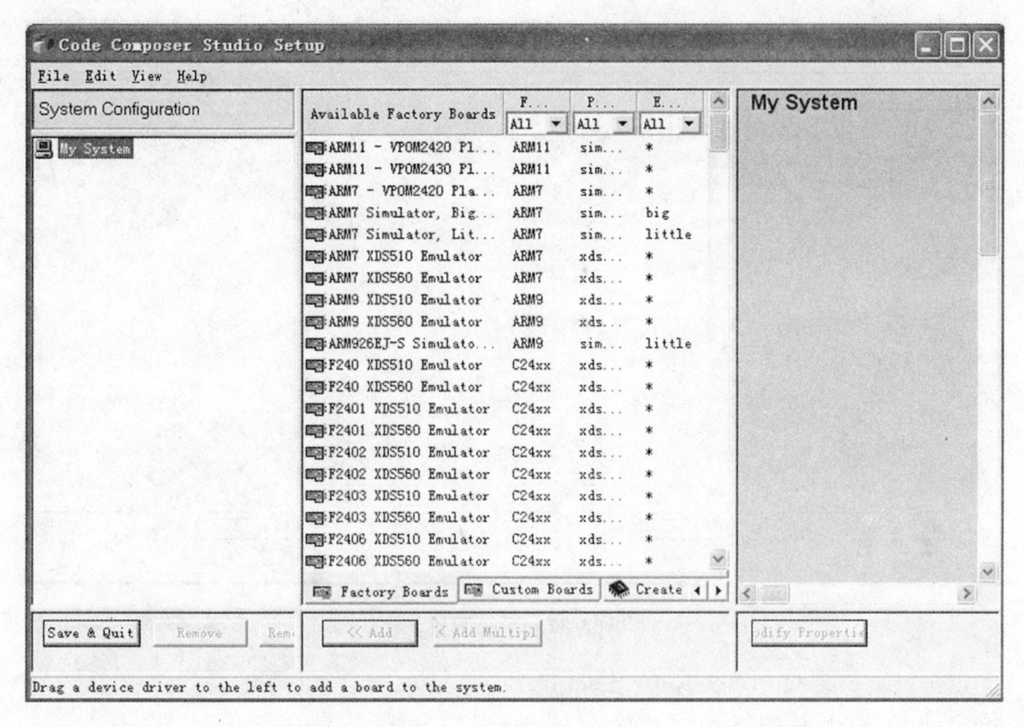

图 5-20　系统配置 1

在 Factory Boards 栏中根据 Family：C64x＋Platform：SEEDxds510PLUS 选出目标仿真器如下，见图 5-21：

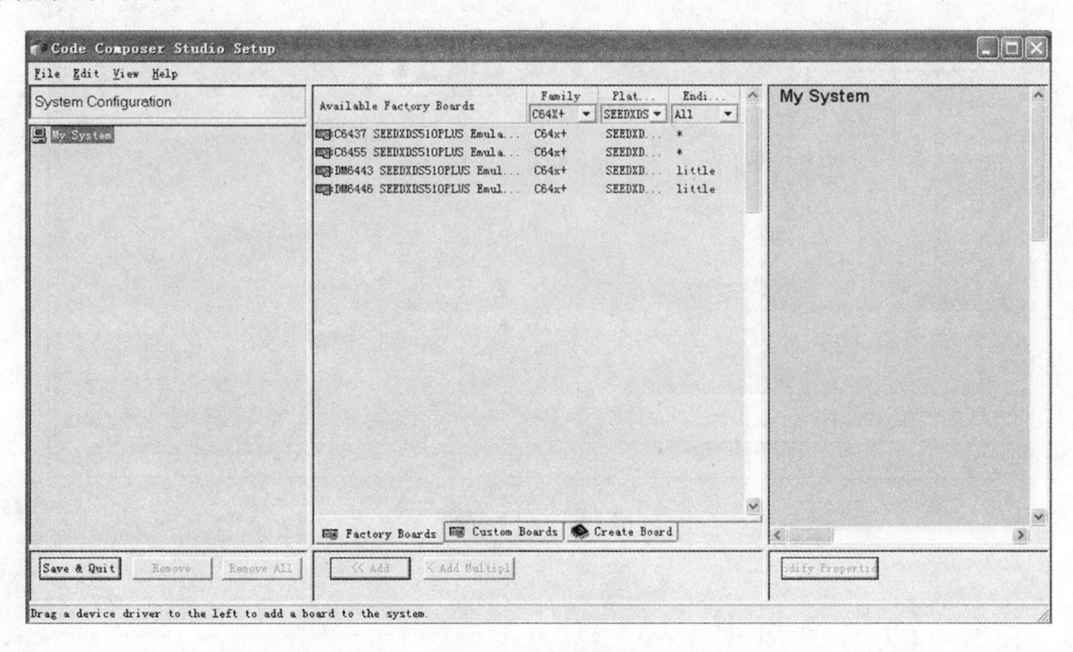

图 5-21　系统配置 2

③选中“c6437...”，点击 Add 按钮，将 C6437 SEEDXDS510PLUS 的配置文件添加到 My System，见图 5-22：

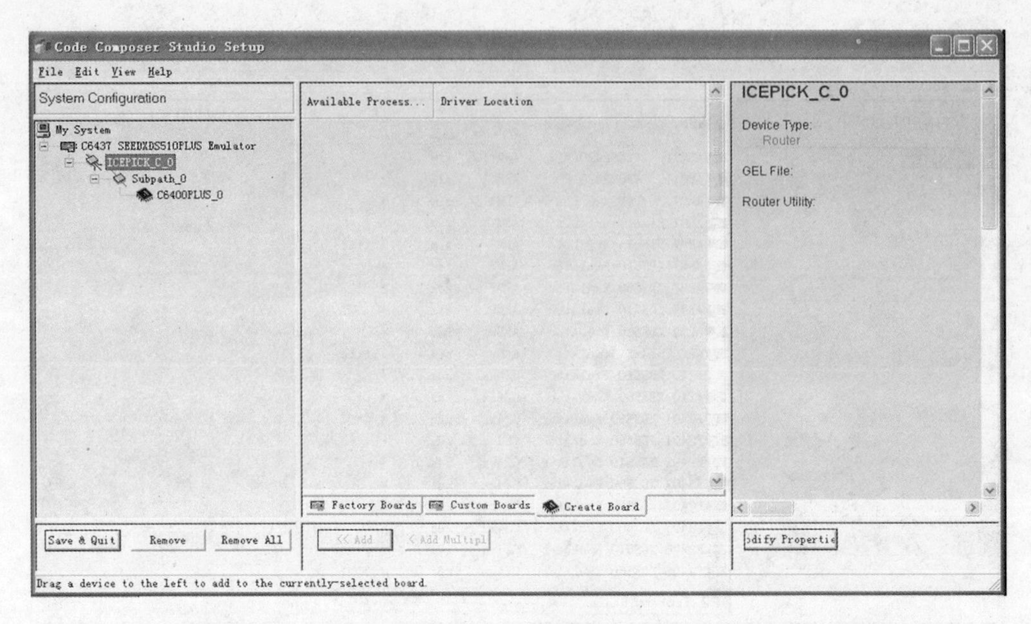

图 5-22　系统配置 3

④点击“Save & Quit”，关掉 CCS setup.

⑤启动 CCS；出现 CCS 调试界面，见图 5-23：

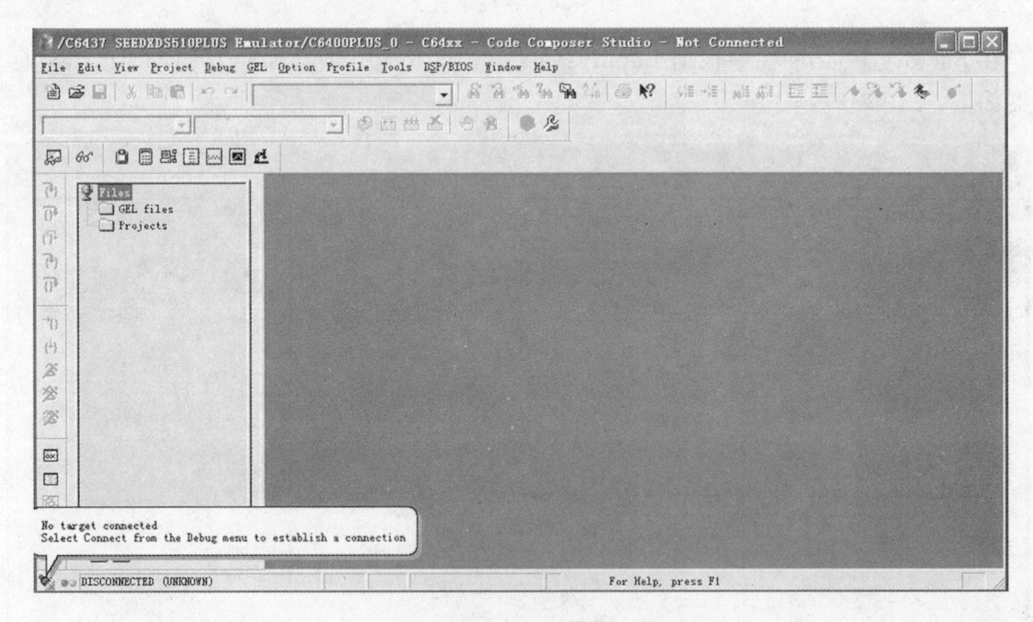

图 5-23　CCS 界面

5.3　CCS 使用实验

实验箱使用时，需注意以下几个方面：

上电后正常情况:SEED-DEC6437 板卡的 D4 常亮,SEED-DTK_Mboard 板的电源指示灯都亮.

各个实验程序的编译环境:CCS 版本为 3.3.82,CCS 安装路径按照默认设置;BIOS 版本为 bios_5_31_07.

将光盘 03. Examples of Program 文件夹下 04. SEED-DTK6437 文件夹拷贝至 D 盘根目录下,所有实验例程源码都存放在该目录下.

5.3.1　CCS 入门实验 1(CCS 使用)

(1)实验目的.

①熟悉 CCS 集成开发环境,掌握工程的生成方法.

②熟悉 SEED-DEC6437 实验环境.

③掌握 CCS 集成开发环境的调试方法.

(2) 实验内容.

①DSP 源文件的建立.

②DSP 程序工程文件的建立.

③学习使用 CCS 集成开发工具的调试工具.

(3)实验背景知识.

①CCS 简介. CCS 提供了配置、建立、调试、跟踪和分析程序的工具,它便于实时、嵌入式信号处理程序的编制和测试,它能够加速开发进程,提高工作效率,见图 5-24. CCS 提供了基本的代码生成工具,它们具有一系列的调试、分析能力. CCS 构成及接口见图 5-25. CCS 窗口介绍见图 5-26:

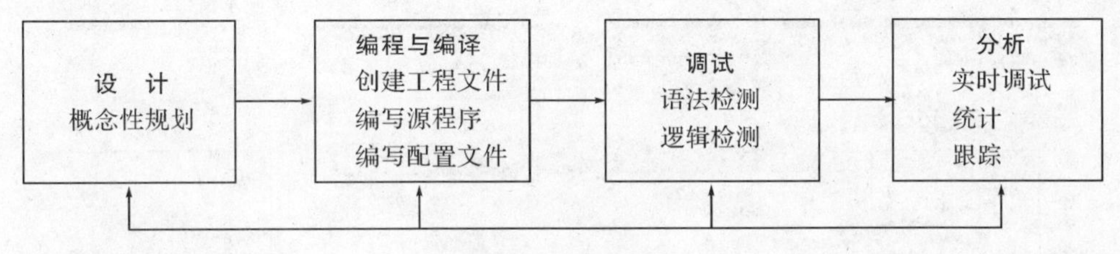

图 5-24　CCS 功能

②与 CCS 相关的文件.

program.c	C 程序源文件
program.asm	汇编程序源文件
filename.h	C 程序的头文件,包含 DSP/BIOS API 模块的头文件
filename.lib	库文件
project.cmd	连接命令文件
program.obj	由源文件编译或汇编而得的目标文件
program.out	经完整的编译、汇编以及连接后生成可执行文件
program.map	经完整的编译、汇编以及连接后生成空间分配文件
project.wks	存储环境设置信息的工作区文件

保存配置文件时将产生下列文件:

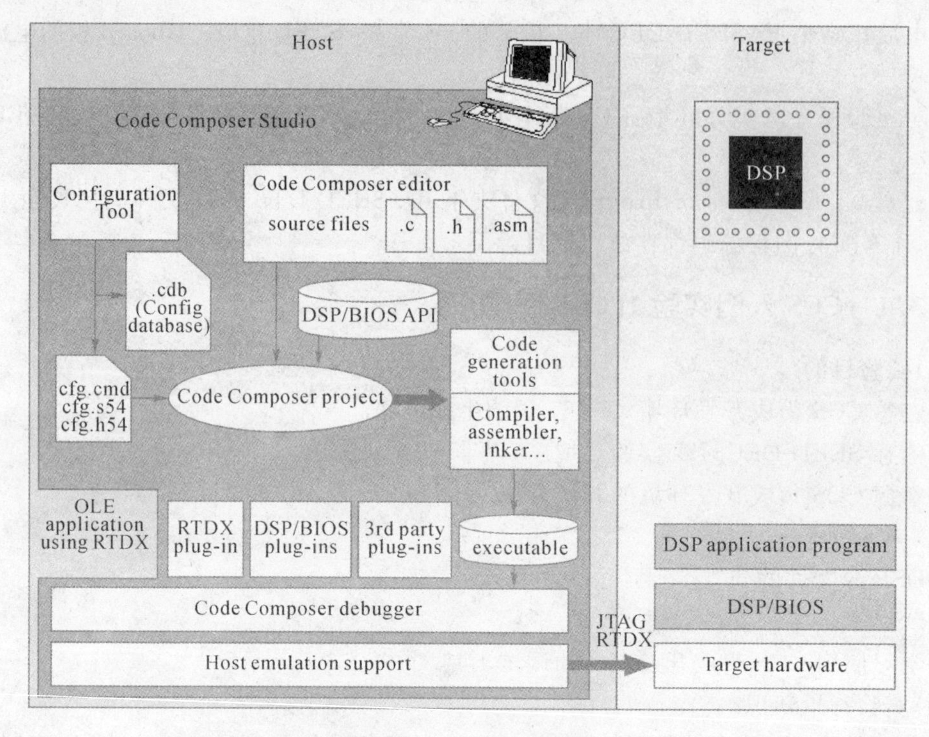

图 5-25　CCS 构成及接口

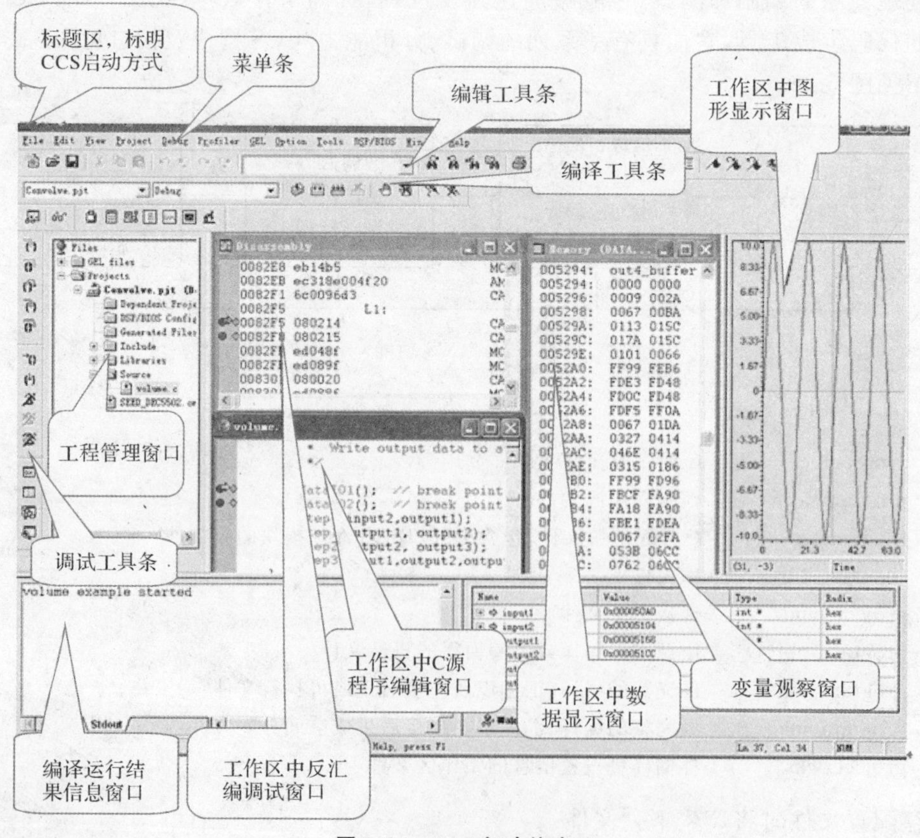

图 5-26　CCS 各功能窗口

programcfg.cmd

programcfg.s64

programcfg_c.c

a.cmd 文件用于 DSP 代码的定位.由 3 部分组成:

输入、输出定义:

.obj 文件	链接器要链接的目标文件.
.lib 文件	链接器要链接的库文件.
.map 文件	链接器生成的交叉索引文件.
.out 文件	链接器生成的可执行代码.
MEMORY 命令	描述系统实际的硬件资源.
SECTIONS 命令	描述"段"如何定位.

下面例子则可说明其基本格式.

```
l rts64plus.lib
-l .\lib\SEED_DEC6437Bsl.lib
-stack          0x00000800        /* Stack Size */
-heap           0x00000800        /* Heap Size */

MEMORY
{
    L2RAM:      o=0x10810000  l=0x00020000
    DDR2:       o=0x80000000  l=0x1000000
}

SECTIONS
{
    .bss        >  DDR2
    .cinit      >  DDR2
    .cio        >  DDR2
    .const      >  DDR2
    .data       >  DDR2
    .far        >  DDR2
    .stack      >  DDR2
    .switch     >  DDR2
    .sysmem     >  DDR2
    .text       >  DDR2
    .ddr2       >  DDR2
}
```

CMD 文件中常用的程序段名与含义:

.cinit	存放 C 程序中的变量初值和常量;
.const	存放 C 程序中的字符常量、浮点常量和用 const 声明的常量;

.text	存放 C 程序的代码；
.bss	为 C 程序中的全局和静态变量保留存储空间；
.far	为 C 程序中用 far 声明的全局和静态变量保留空间；
.stack	为 C 程序系统堆栈保留存储空间，用于保存返回地址、函数间的参数传递、存储局部变量和保存中间结果；
.sysmem	用于 C 程序中 malloc、calloc 和 realloc 函数动态分配存储空间.

b. vecs. asm 是 DSP 的中断向量表文件. 中断服务程序的地址(中断向量)要装载到存储器的合适区域. 一般中断向量表文件是采用汇编语言编写；在文件中一般汇编指令. sect 来生成一个表. 这个表包含中断向量的地址和跳转指令. 因为中断的标志符在汇编语言模块外部使用，所以标志符用. ref 或. global.

c. GEL 文件的功能同 cmd 文件基本相同，用于初始化 DSP. 但它的功能比 cmd 文件的功能有所增强，GEL 在 CCS 下有一个菜单，可以根据 DSP 的对象不同，设置不同的初始化程序.

③CCS 常用指令.

a. 设置断点：将光标放置在需要设置断点的程序行前，选择 Debug→Breakpoints，即可完成一个断点的设置.

b. CCS 提供 3 种方法复位目标板.

Reset DSP：Debug →Reset DSP，初始化所有的寄存器内容并暂停运行中的程序. 使用此命令后，要重新装载. out 文件后，再执行程序.

Restart：Debug → Restart，将 PC 值恢复到当前载入程序的入口地址.

Go main：Debug →Go main，将程序运行到主程序的入口处暂停.

c. CCS 提供 4 种执行操作.

执行执行：Debug →Run，程序运行直到遇到断点为止.

暂停执行：Debug →Halt，程序停止运行.

动画执行：Debug →Animate，用户反复运行程序，直到遇到断点为止.

自由执行：Debug →Run Free，禁止所有断点运行程序.

d. CCS 提供 4 种单步执行操作.

单步进入：快捷键 F8，Debug →step into，当调试语句不是基本的汇编指令时，此操作进入语句内部.

单步执行：Debug → step Over，此命令将函数或子函数当作一条语句执行，不进入内部调试.

单步跳出：Debug →step Out，此命令作用为从子程序中跳出.

执行到光标处：快捷键 Crtl+F10，Debug → Run to Cursor，此命令作用为将程序运行到光标处.

e. 内存、寄存器与变量的操作.

查看变量：使用 view →Watch Window 命令.

查看寄存器：使用 view →Registers →CPU Registers 命令.

查看内存：使用 view →memory 命令.

f. Graph 的设置即图形显示.

选择 View →Graph →Time/Frequency，如图 5-27.

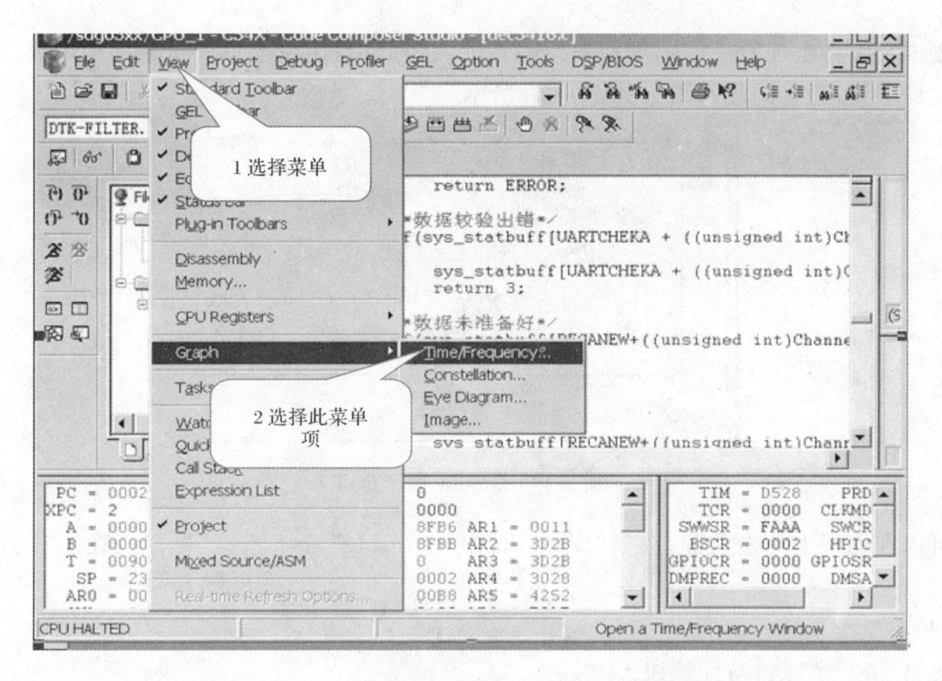

图 5-27　**Graphy 图示**

在弹出的 Graph Property Dialog 对话框中,将 Graph Title,Start Address,Acquisition Buffer Size,Display Data Size,DSPData Type 等的属性改变为如图 5-28 所示(也可根据具体需要设置属性).向下滚动右侧的滚动条或调整 dialog 框的大小可看到所有的属性.

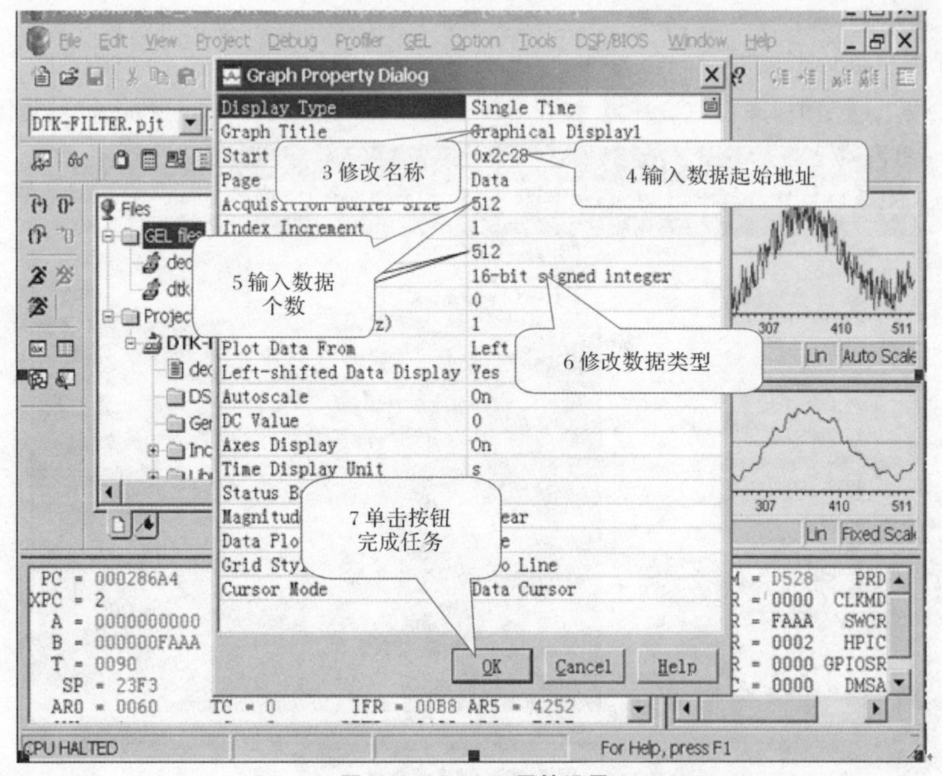

图 5-28　**Graphy 属性设置**

点击 OK 将出现所设的图形窗口. 如:在滤波实验中,用以上方法设定的图形窗口,在运行滤波程序后,最终的显示结果如图 5-29 所示.

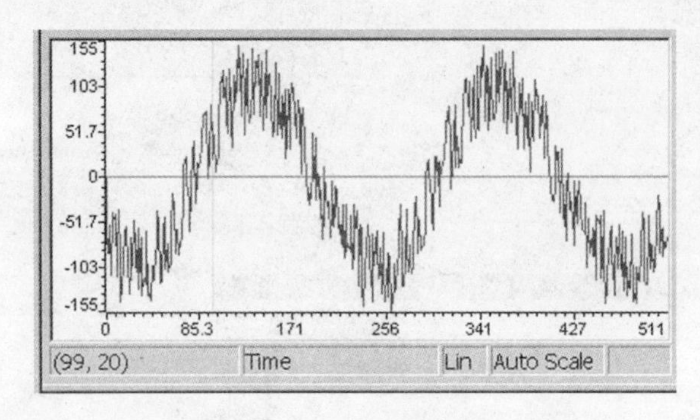

图 5-29　Graphy 图形窗口

可以在图形上单击右键,选择“Float In Main Table”,这时图形将浮现在主窗口中,以便观察.

(4)实验准备.

①将 DSP 仿真器与计算机连接好.

②将 DSP 仿真器的 JTAG 插头与 SEED-DEC6437 单元的 J9 相连接.

③打开 SEED-DTK6437 的电源. 观察 SEED-DTK_Mboard 单元的+5V、+3.3V、+15V、-15V 的电源指示灯以及 SEED-DEC6437 单元电源指示灯 D4 是否均亮;若有不亮的,请立即断开电源,检查故障.

(5)实验步骤.

①创建源文件.

双击 图标进入 CCS 环境. 打开 CCS 选择 File →New →Source File 命令,见图5-30.

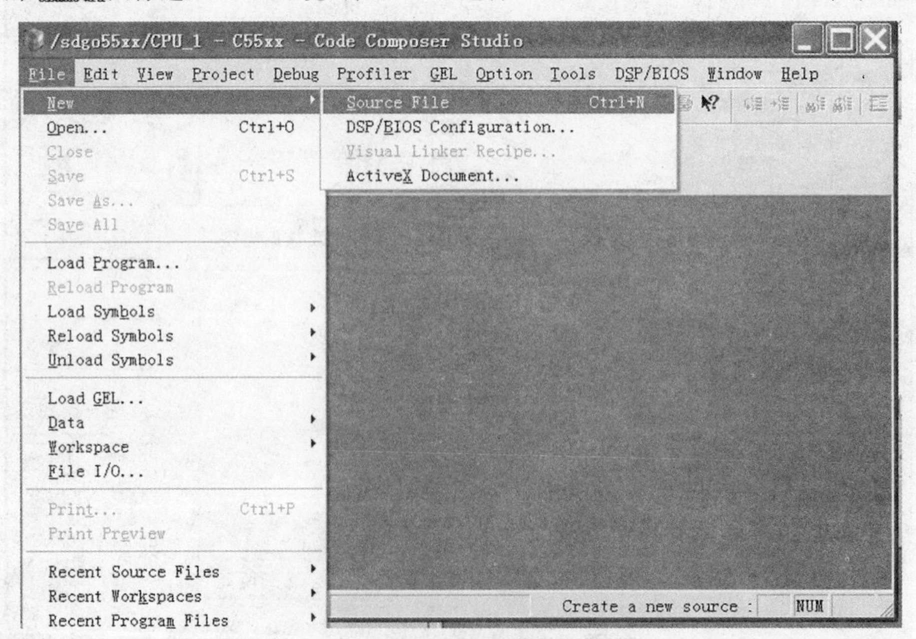

图 5-30　创建源文件

编写源代码并保存,见图 5-31.

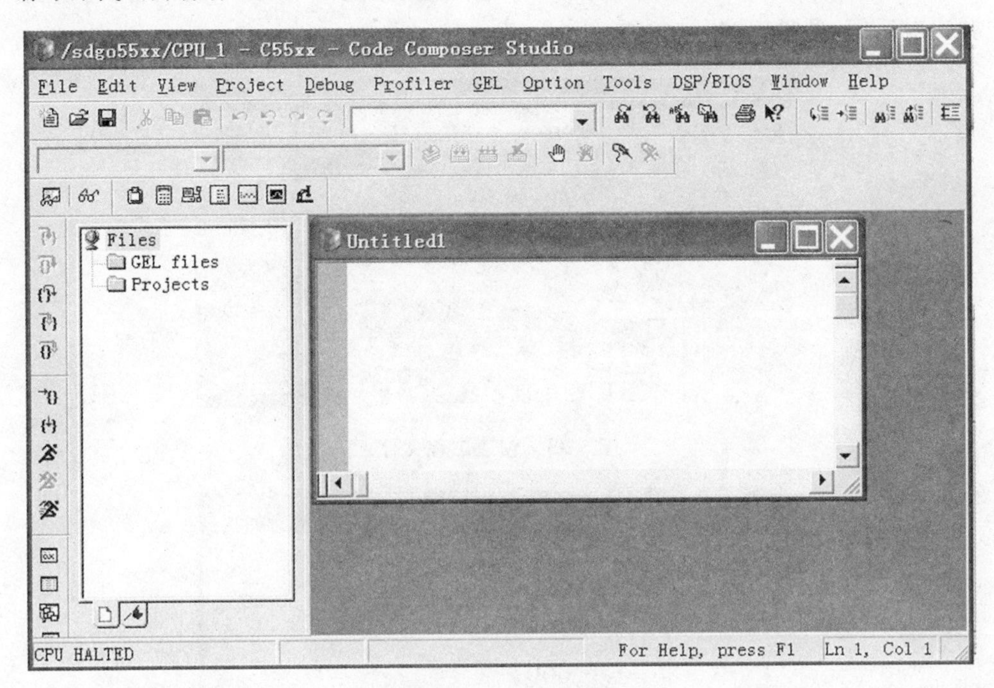

图 5-31　代码编写

保存源程序名为 math. c,选择 File →Save,见图 5-32.

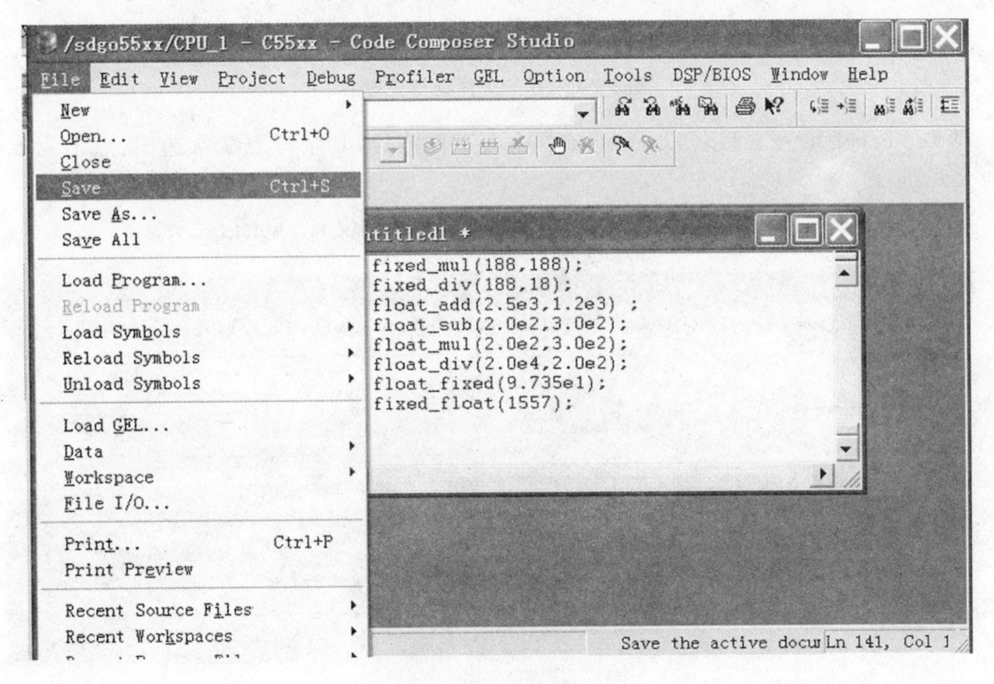

图 5-32　文件保存

创建其他源程序(如. cmd)可重复上述步骤.

②创建工程文件.

打开 CCS,点击 Project→New,创建一个新工程,见图 5-33,其中工程名及路径可任意指定弹出对话框,见图 5-34:

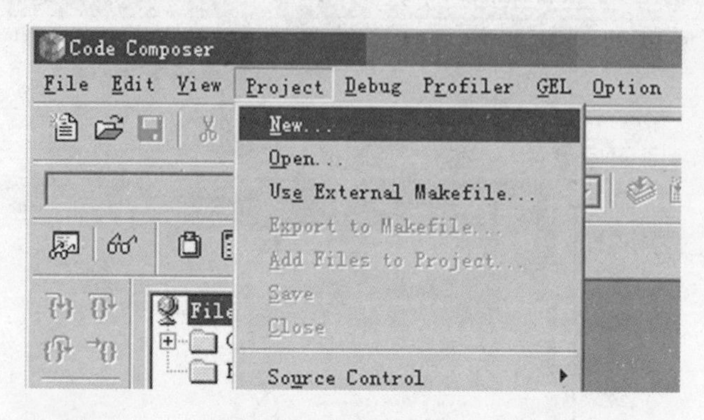

图 5-33　创建工程文件

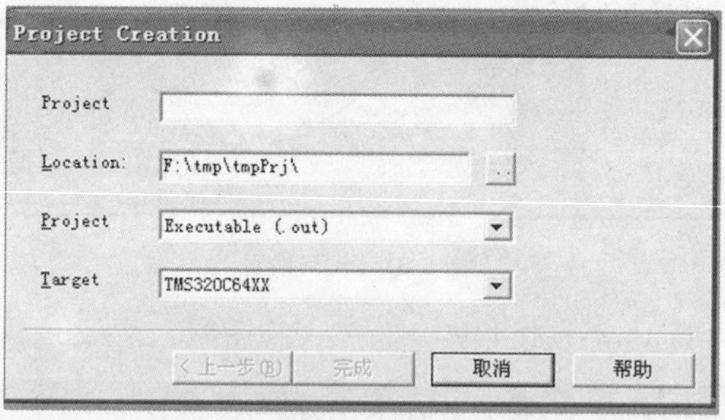

Project Creation

Project

Location: F:\tmp\tmpPrj\

Project Executable (.out)

Target TMS320C64XX

<上一步(B)　完成　取消　帮助

图 5-34　另存文件到指定路径

在 Project 中填入工程名,Location 中输入工程路径;其余按照默认选项,点击完成即可完成工程创建.

点击 Project 选择 add files to project,添加工程所需文件,见图 5-35.

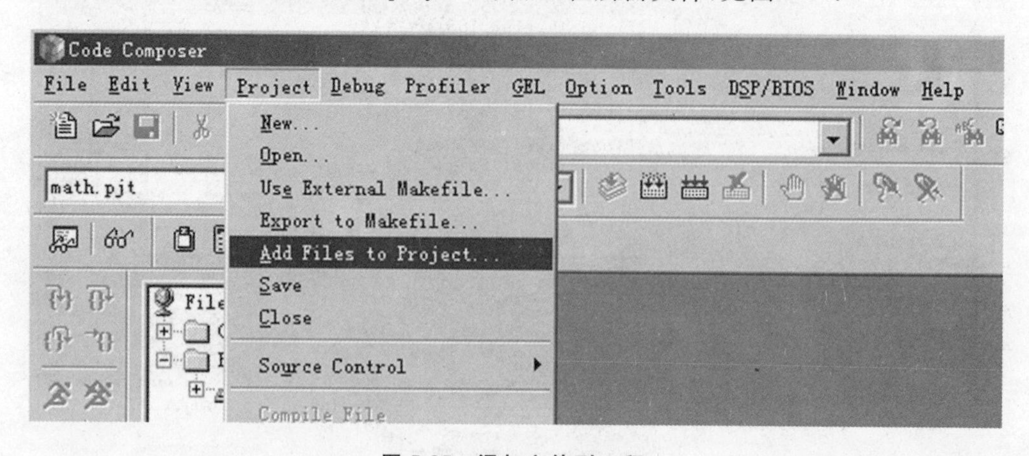

图 5-35　添加文件到工程

在弹出的对话框中的下拉菜单中分别选择.c 点击打开,即可添加源程序 math.c 添加到工程中,见图 5-36:

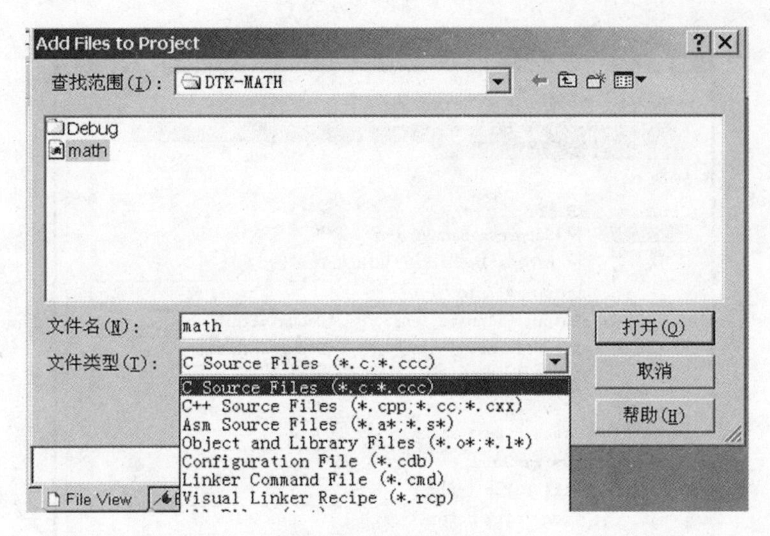

图 5-36　文件类型选择

同样的方法可以添加文件 math. cmd、rts. lib 到工程中;在下面窗口中可以看到 math. c、math. cmd、rts. lib 文件已经加到工程文件中.

③设置编译与链接选项.

点击 Project 选择 Build Opitions;在弹出的对话框中设置相应的编译参数,一般情况下,按默认值就可以,见图 5-37. 在弹出的对话框中选择链接的参数设置,设置输出文件名(可执行文件与空间分配文件),堆栈的大小以及初始化的方式,见图 5-38.

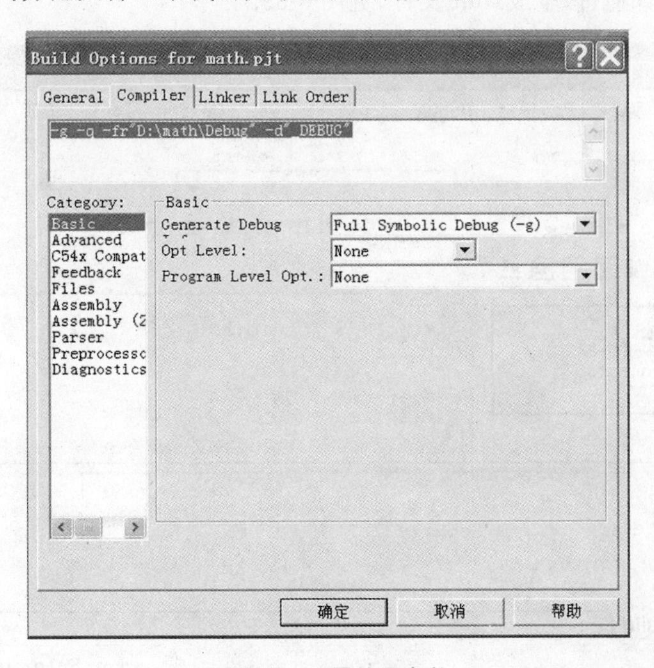

图 5-37　设置编译参数

④工程编译与调试.

a. 点击 Project →Build all,对工程进行编译,如正确则生成 out 文件;若是修改程序,可

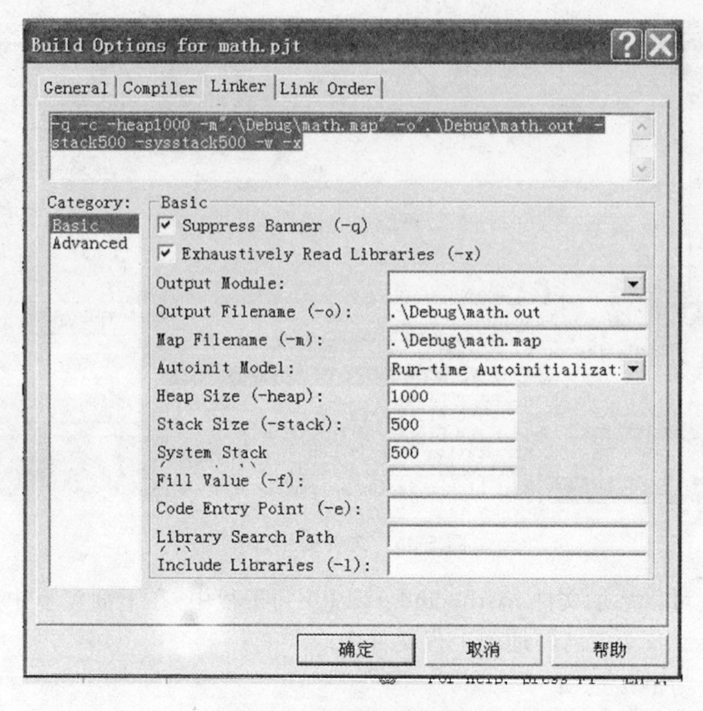

图 5-38　设置链接参数

以使用 Project →Build 命令，进行编译链接，它只对修改部分做编译链接工作. 可节省编译与链接的时间. 编译通过，生成. out 文件，见图 5-39.

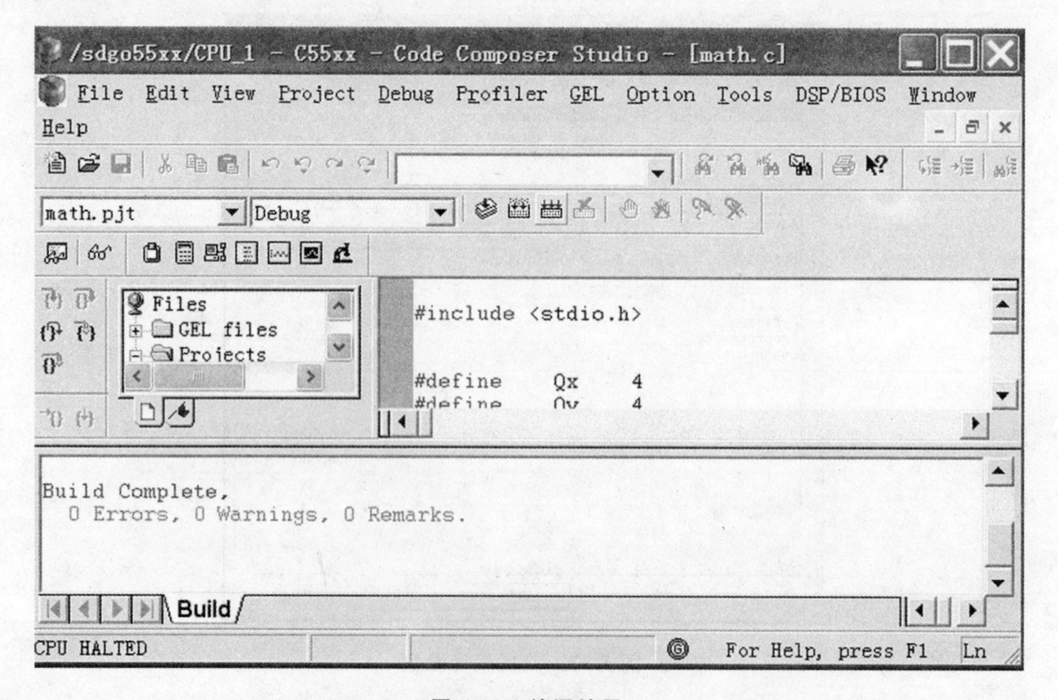

图 5-39　编译结果

点击 File →load program,在弹出的对话框中载入 debug 文件夹下的.out 可执行文件,见图 5-40.

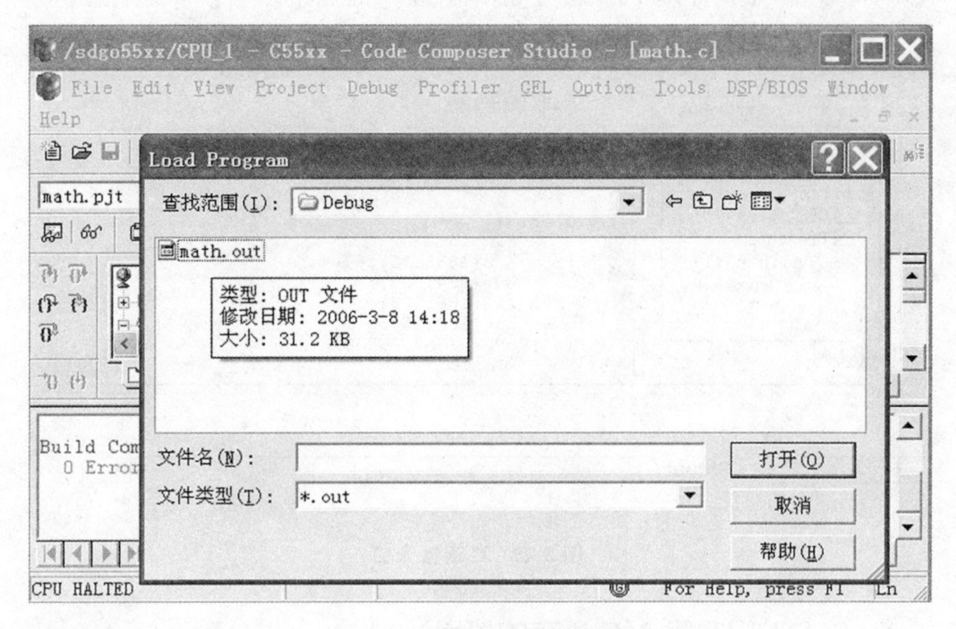

图 5-40　编译输出文件类型

装载完毕,见图 5-41.

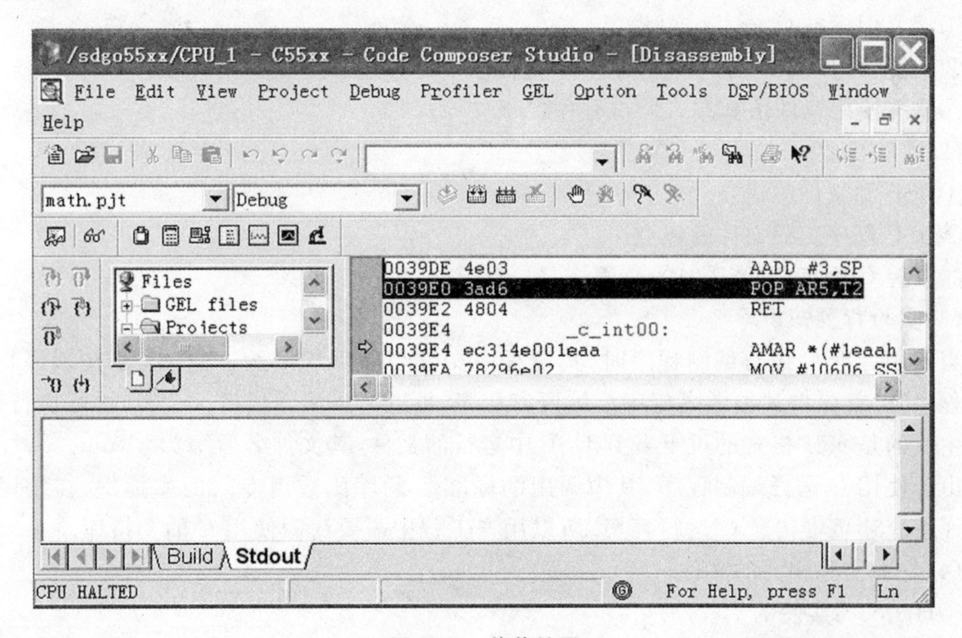

图 5-41　装载结果

点击 debug→Go Main 回到 C 程序的入口,见图 5-42.

打开 File →Workspace →Save Workspace 保存调试环境,以便下次调试时不需要重新进行设置.只要 File →Workspace →Load Workspace 即可恢复当前设置.

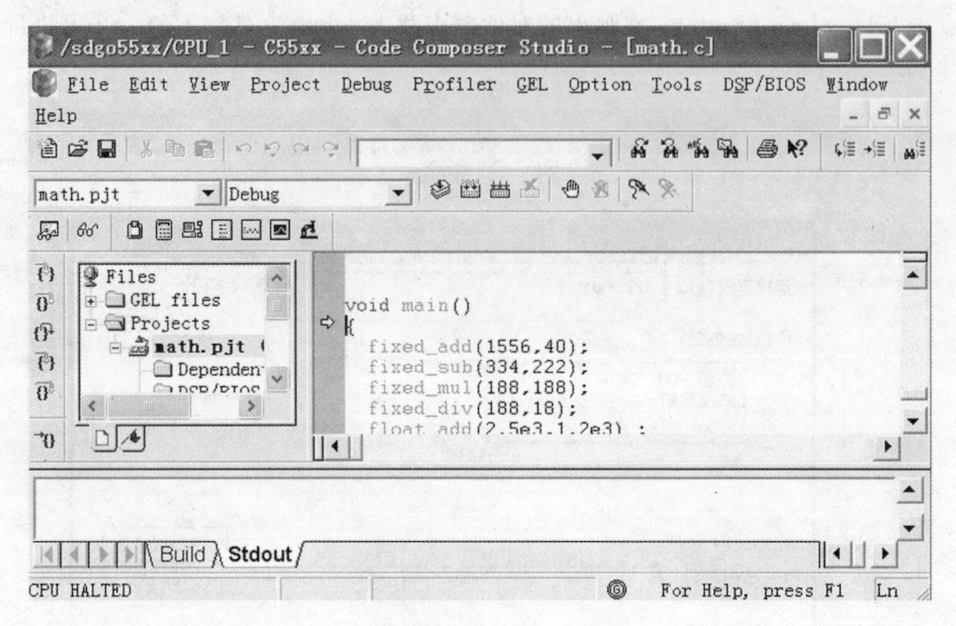

图 5-42　C 语言入口

5.3.2　CCS 入门实验 2(C 语言的使用)

(1)实验目的.

①学习用标准 C 语言编写程序.

②了解 TI CCS 开发平台下的 C 语言程序设计方法和步骤.

③熟悉使用软件仿真方式调试程序.

(2)实验内容.

①DSP 源文件的建立.

②DSP 程序工程文件的建立.

③掌握 C 语言在 DSP 中的应用.

(3)实验背景知识.

当使用标准 C 语言编制程序时,其源程序文件名的后缀应为 *.c. CCS 在编译标准 C 语言程序时,首先将其编译成相应汇编语言程序,再进一步编译成目标 DSP 的可执行代码.最后生成的是 coff 格式的可下载到 DSP 中运行的文件,其文件名后缀为 *.out.

由于使用 C 语言编制程序,其中调用的标准 C 的库函数由专门的库提供,在编译连接时编译系统还负责构建 C 运行环境.所以用户工程中需要注明使用 C 的支持库.

(4)与本实验相关的文件.

①Hello.c:实验的主程序.

②linker.cmd:声明了系统的存储器配置与程序各段的连接关系.

③DEC6437.gel:系统初始化.

(5)实验准备.

①将 DSP 仿真器与计算机连接好.

②将 DSP 仿真器的 JTAG 插头与 SEED-DEC6437 单元的 J9 相连接.

③打开 SEED-DTK6437 的电源.观察 SEED-DTK_Mboard 单元的+5V、+3.3V、+15V、-15V 的电源指示灯以及 SEED-DEC6437 单元电源指示灯 D4 是否均亮;若有不亮的,请立即断开电源.

(6)实验步骤.

①双击 CCStudio v3.3 图标进入 CCS 环境.

②按照图 5-43 所示添加 hello 文件夹中的.pjt 文件,点击 Project →open 命令.

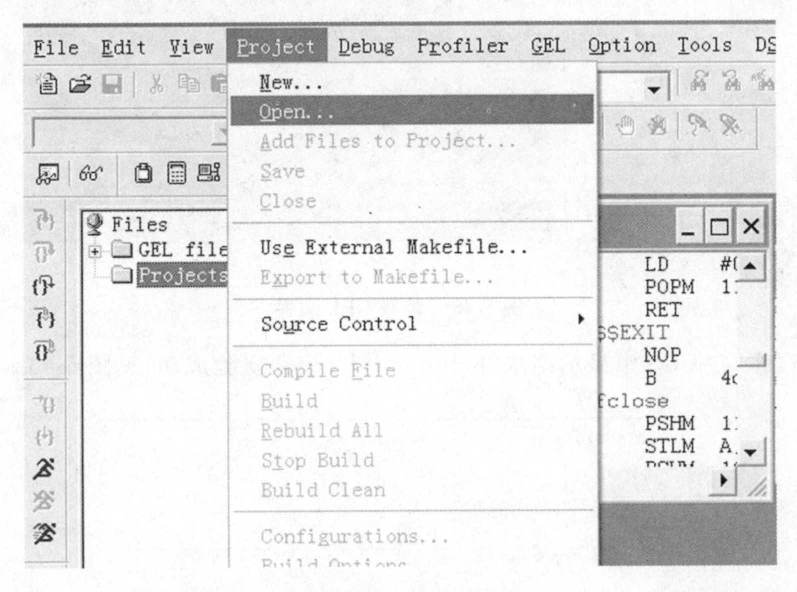

图 5-43 打开工程文件

③在弹出的对话框中选中 hello.pjt 文件添加该工程文件,见图 5-44.

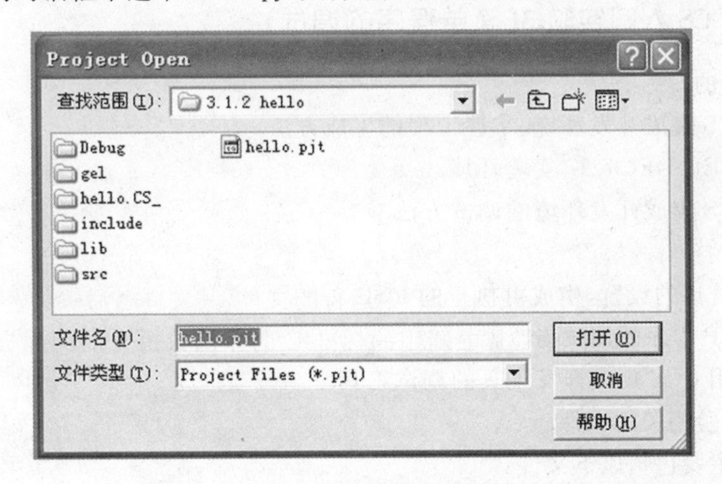

图 5-44 打开工程文件

④按照下图所示的方法添加 GEL 文件,即右键点击工程视窗中的 GEL files,在弹出的菜单中选择 load GEL 命令.在弹出的对话框中添加 DEC6437.gel 文件,见图 5-45.

⑤添加.out 文件,即使用 File→Load Program 菜单命令.装载 hello.out 文件,进行调试(.out 文件一般存放在程序文件夹的 debug 文件夹中).

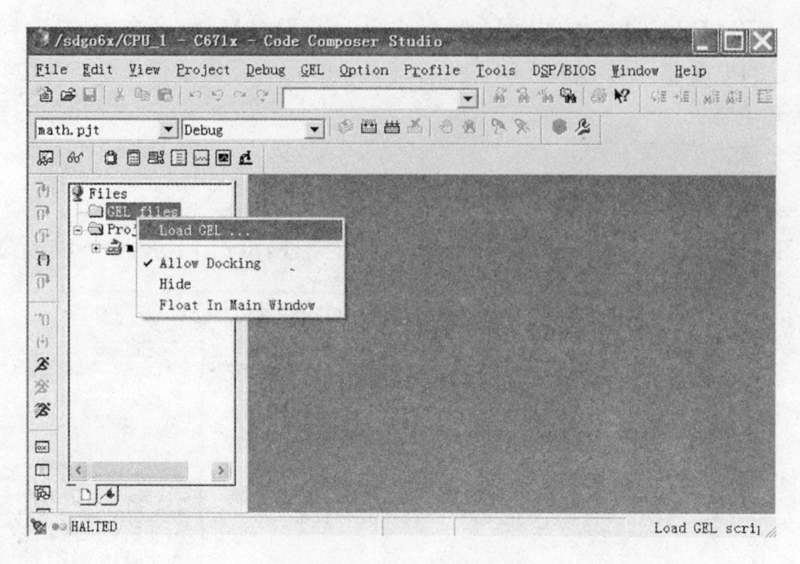

图 5-45　装载 GEL 文件

⑥运行程序,在 CCS 中显示结果“hello world”. 表明实验成功,见图 5-46.

图 5-46　运行结果

5.3.3　CCS 入门实验 3(简单程序的调试)

(1)实验目的.

①熟悉 CCS 集成开发环境,掌握工程的生成方法.

②熟悉 SEED-DEC6437 实验环境.

③掌握 CCS 集成开发环境的调试方法.

(2)实验内容.

①编译与链接的设置,生成可执行的 DSP 文件.

②进行 DSP 程序的调试与改错.

③学习使用 CCS 集成开发工具的调试工具.

(3)与本实验相关的文件.

本实验中主要包括以下文件:

①math. c. 这个文件中包含了实验中关于 DSP 运算的主要函数.

```
fixed_add(int x,int y):        定点加法运算;
fixed_sub(int x,int y):        定点减法运算;
fixed_mul(int x,int y):        定点乘法运算;
fixed_div(int x,int y):        定点除法运算;
```

float_add(double x,double y)：　　浮点加法运算；
float_sub(double x,double y)：　　浮点减法运算；
float_mul(double x,double y)：　　浮点乘法运算；
float_div(double x,double y)：　　浮点除法运算；
float_fixed(double x)：　　浮点转定点运算；
fixed_float(int x)：　　定点转浮点运算；

②link. cmd. 这是 DSP 的链接文件. 它的主要功能是将 DSP 的每段的程序链接到相应的 DSP 的存贮区中.

③rts6400. lib. 这是一个库文件,主要包含了有关 C 的运行环境与相应的函数的代码.

(4)实验准备.

①将 DSP 仿真器与计算机连接好.

②将 DSP 仿真器的 JTAG 插头与 SEED-DEC6437 单元的 J9 相连接.

③打开 SEED-DTK6437 的电源. 观察 SEED-DTK_Mboard 单元的＋5V、＋3. 3V、＋15V、－15V 的电源指示灯以及 SEED-DEC6437 单元电源指示灯 D4 是否均亮;若有不亮的,请立即断开电源.

(5)实验步骤.

①双击 CCStudio v3.3 图标进入 CCS 环境.

②点击 Project →open 命令,在弹出的对话框中添加 Math 文件夹下的 math. pjt 文件,见图 5-47.

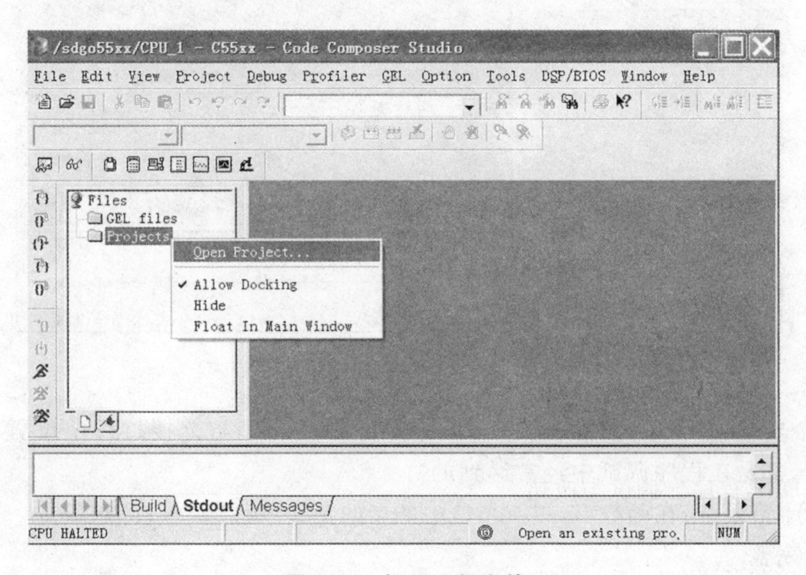

图 5-47　打开工程文件

③按照下图所示的方法添加 GEL 文件,即右键点击工程视窗中的 GEL files,在弹出的菜单中选择 load gel 命令. 在弹出的对话框中添加 DEC6437. gel 文件,见图 5-48.

④按照图 5-49 所示添加. out 文件,即使用 File→Load Program 菜单命令. . out 文件一般存放在 math 文件下的 debug 文件夹中.

⑤使用 project→Build 命令编译当前程序. 使用 project→Build all 命令编译整个工程

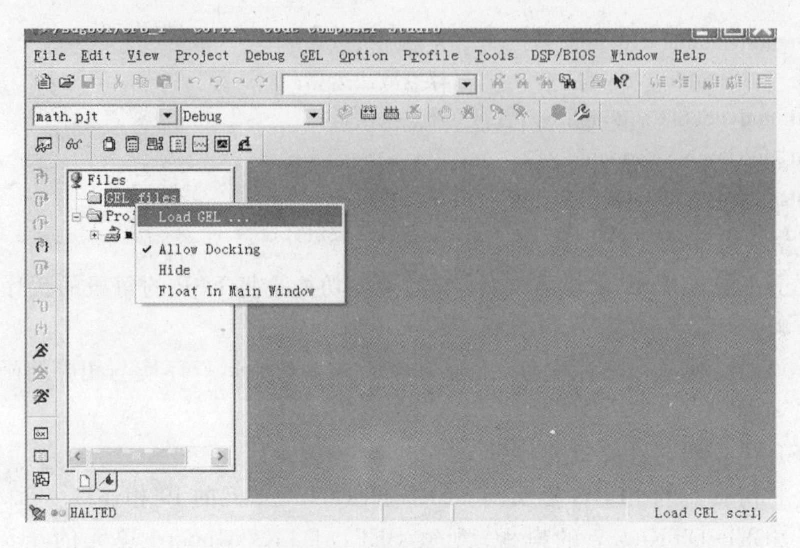

图 5-48　添加 GEL 文件

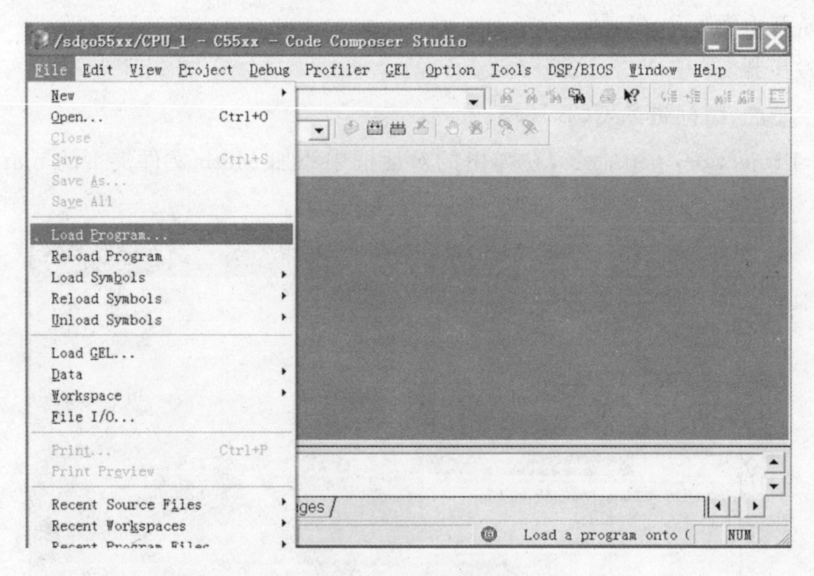

图 5-49　装载代码

程序. 在这个实验中,为了加深对 CCS 的了解,分别在编译与链接过程中设置了的错误行(这些错误行都是在程序调试中经常遇到的).

a. 源程序错误有:在函数 fixed_add()中的 z 的定义未加“;”号;函数 float_add()的{}号缺右边而未完整.

b. 链接错误有:未给系统分配. stack 堆栈段.

在进行此实验时,只有将上述的程序错误改正后才能正确的编译与链接. 产生 MATH. out.

链接错误存在于 CMD 文件中:

```
//   .switch    >   L2RAM
```

修改为:

.switch　　>　L2RAM

即去掉前面的//.

⑥点击 debug →Go Main 回到 C 程序的入口 main( )函数处,见图 5-50.

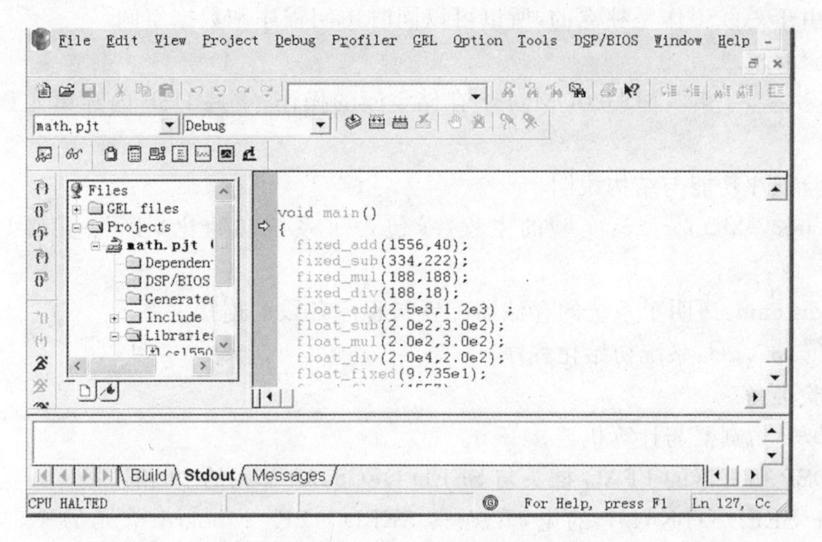

图 5-50　main 主界面入口

⑦使用 F5 快捷键,运行程序,在 Stdout 观察窗中查看程序运行结果,见图 5-51.

```
the result of fixed_add was 1596 !
the result of fixed_sub was 112 !
the result of fixed_sub was 2209 !
the result of fixed_div was 167 !
the result of float_add was   3700.000 !
the result of float_sub was   -100.000 !
the result of float_mul was 6.000000e+04 !
the result of float_div was 1.000000e+02 !
the result of float_fixed was 1557 !
the result of fixed_float was 9.731250e+01 !
Messages  Build  Stdout
```

图 5-51　运行结果

5.4　片上资源应用实验

5.4.1　DSP 数据存取实验

(1)实验目的.

①了解 TMS320DM6437 的内部存储器空间的分配.

③学习用 Code Composer Studio 修改、填充 DSP 内存单元的方法.

③学习操作 TMS320DM6437 内存空间的指令.

(2)实验内容.

①读写 DSP 内存单元数据.

②复制内存单元的数据.

(3)实验背景知识.

TMS320DM64xx 系列 DSP 基于增强的哈佛结构,可以通过三组并行总线访问多个存储空间. 它们分别是:程序地址总线(PAB)、数据读地址总线(DRAB)和数据写地址总线(DWAB). 由于总线工作是独立的,所以可以同时访问程序和数据空间.

(4)实验要求.

通过本试验,了解 TMS320DM6437 存储空间的操作,掌握 DSP 内存单元数据的存取、复制操作.

(5)实验程序功能与结构说明.

①DEC6437-Memory. c:实验的主程序. 包含了系统初始化,读写、复制 DSP 内存单元等.

②linker. cmd:声明了系统的存储器配置与程序各段的连接关系.

③DEC6437. gel:系统初始化程序.

(6)实验准备.

①将 DSP 仿真器与计算机连接好.

②将 DSP 仿真器的 JTAG 插头与 SEED-DEC6437 单元的 J9 相连接.

③打开 SEED-DTK6437 的电源. 观察 SEED-DTK_Mboard 单元的+5V、+3.3V、+15V、-15V 的电源指示灯以及 SEED-DEC6437 单元电源指示灯 D4 是否均亮;若有不亮的,请立即断开电源.

(7)实验步骤.

①打开 CCS,进入 CCS 的操作环境.

②打开 memory 文件夹,装入 Memory. pjt 工程文件,添加 DEC6437. gel 文件.

③装载程序 Memory. out,进行调试.

④程序区的观察和修改.

运行到 main 函数入口:选择菜单 Debug→Go Main,当程序运行并停止在 main 函数入口时,展开"Disassembly"反汇编窗口,发现 main 函数入口地址为 0x10801100,也就是说从此地址开始存放主函数的程序代码.

修改程序区的存储单元:程序区单元的内容由 CCS 的下载功能填充,但也能用手动方式修改;选择 Edit→Memory→edit,即打开"Edit Memory"窗口,在"Address"中输入 0x10801100,在"Data"中输入 0x00000000,单击"Close"按钮,观察"Code"窗口中相应地址的数据被修改,同时在反汇编窗口中的反汇编语句也发生了变化,当前语句被改成了"NOP". 将地址 0x10801100 上的数据改回 0x01BCD4F6,程序又恢复成原样.

⑤观察修改数据区.

选择 View→memory,打开内存观察窗口,输入地址即可显示该地址中的数据. 双击数据即可修改,修改后的数据颜色变为红色.

⑥运行程序观察结果.

在 DEC6437-MEMORY. c 程序的第 30 行"for(i=0,pz=py;i<16;i++,pz++)",第 35 行"for(i=0;i<16;i++,px++,py++)",第 40 行" for(;;);"处设置断点.

运行程序,程序会停在第一个断点处,此时可观察到 memory 窗口中从 0x80000080 开始的 16 个单元的值被写入 0x00000000 到 0x0000000F.

继续运行程序，程序会停在第二个断点处，此时可观察到 memory 窗口中从 0x80000100 开始分 16 个单元中的值被均被写入 0x00001234.

继续运行程序，程序结束，此时从 0x80000080 开始的 16 个单元的值复制到以 0x80000100 开始的 16 个单元.

5.4.2　同步动态存储器的访问与控制

(1)实验目的.

熟悉 DDR2 的读取操作.

(2)实验内容.

①系统初始化.

②DDR2 的读写操作.

(3)实验背景知识：DDR2 内存简介.

TMS320DM6437 集成了 DDR2 存储器控制. DDR2 存储器控制器是一个独立的连接 DDR2 SDRAM 接口，它支持 JESD79D-2A 标准兼容的 16 位或 32 位 DDR2 SDRAM 内容. TMS320DM6437 为 DDR2 分配了 256M 存贮空间，起始地址为：0x80000000.

SEED-DEC6437 系统扩展了 128MB 的 DDR2 存储器空间用于程序、数据和视频等的存储. DDR2 存储器起始地址为：0x80000000，长度为：0x8000000.

DDR2 高速的外部存储器可以完成以下功能：

①存放从传感器和视频源输入的图像数据.

②处理和恢复 VPEE 中图像数据的过程存储.

③大量的 OSD 显示缓存.

④缓冲视频编解码功能需要的中间数据.

⑤存储 DSP 的可执行代码.

⑥DDR2 控制寄存器说明.

SDBCR(BANK 配置寄存器)：

页大小配置为 1024；bank 数为 4 banks；CAS latency(CL)配置为 4；数据总线位宽配置为 32(two parts).

SDRCR(refresh 寄存器)：刷新频率为：135(DDR2 时钟频率) * 7.8/1(DDR2 刷新间隔).

SDTIMR(DDR2 时序寄存器)：

```
T_RFC=11;tRP  =1;   tRCD=1
tWR=1;tRAS   =4 ;   tRC=5
tRRD=1;tWTR=0
```

SDTIMR2(DDR2 时序寄存器)：

```
T_XSNR=12; T_XSRD=199;
T_RTP=0;      T_CKE=2
```

其余控制寄存器可按照默认配置，用户可自行参考《TMS320DM643x DMP DDR2 Memory Controller User's Guide (Rev. B)》与 DDR2 芯片资料.

(4)实验要求.

通过本实验，掌握对 DDR2 存储器的读写.

(5)实验程序功能与说明.

①main.c:实验主程序,及对 DDR2 的读写程序.

②DEC6437.gel:系统初始化程序.

③linker.cmd:声明了系统的存储器配置与程序各段的连接关系.

(6)实验准备.

①将 DSP 仿真器与计算机连接好.

②将 DSP 仿真器的 JTAG 插头与 SEED-DEC6437 单元的 J9 相连接.

③打开 SEED-DTK6437 的电源. 观察 SEED-DTK_Mboard 单元的 +5V、+3.3V、+15V、-15V 的电源指示灯以及 SEED-DEC6437 单元电源指示灯 D4 是否均亮;若有不亮的,请立即断开电源,检查故障.

(7)实验步骤

①打开 CCS,进入 CCS 的操作环境.

②打开 DDR2 文件夹,装载 ddr2.pjt 工程文件,添加 DEC6437.gel 文件.

③装载 SDRAM_test.out 文件,进行调试.

④运行程序,观察 SDRAM 的值,见图 5-52;

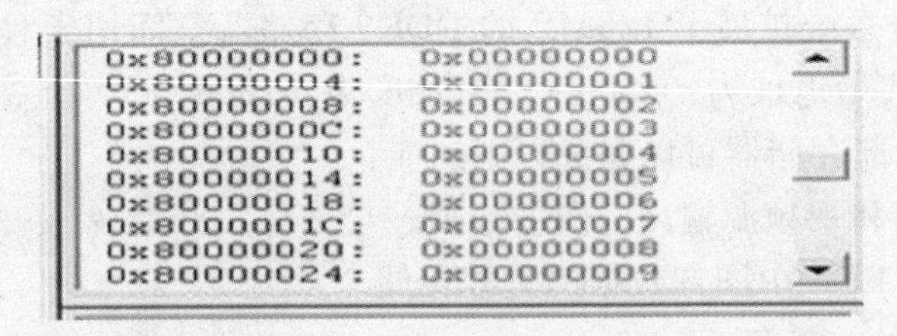

图 5-52 SDRAM 运行结果

⑤继续运行程序,观察结果,见图 5-53.

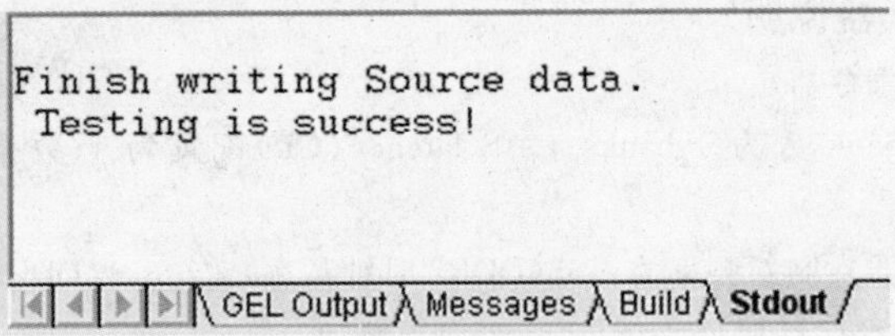

Finish writing Source data.
Testing is success!

GEL Output | Messages | Build | **Stdout**

图 5-53 观察结果

5.4.3 片上外设实验——EDMA 读写实验

(1)实验目的.

①了解 EDMA 原理.

②熟悉 EDMA 的接口的配置.

③掌握 EDMA 的操作.

(2)实验内容.

①DSP 初始化.

②EDMA 配置.

(3)实验背景知识.

EDMA控制器可以在没有CPU参与的情况下完成存储器映射空间中的数据传输.这些数据的传输可以是在片内存储器、片内外设或是外部器件之间,而且是在CPU操作后台进行的.

EDMA控制器的主要特点:

①后台操作:EDMA控制器可以独立于CPU工作.

②高吞吐率:可以以CPU时钟的速度进行数据吞吐.

③6个通道:EDMA控制器可以控制6个独立通道的传输.

④辅助通道:该通道允许主机口向CPU的存储器空间进行请求.辅助通道与其他通道间的优先级可以设置.

⑤单通道分割(即Split-channel)操作:利用单个通道就可以与一个外设同时进行数据的读取和写入,与存在两个DMA通道的效果一样.

⑥多帧(Multiframe)传输:传送的每个数据块可以含有多个数据帧.

⑦优先级可编程:每一个通道对于CPU的优先级是可编程确定的.

⑧可编程的地址产生方式:每个通道的源地址寄存器和目标地址寄存器对于每次读和写传输都是可配置的.地址可以是常量、递增、递减,或是设定地址索引值.

⑨自动初始化:每传送完一块数据,DMA通道会自动重新为下一个数据块的传送做好准备.

⑩事件同步:读、写和帧操作都可以由指定的事件触发.

⑪中断反馈:当一帧或一块数据传送完毕,或是出现错误情况时,每一个通道都可以向CPU发送中断.

(4)实验要求.

通过本实验,了解EDMA接口的配置及应用.

(5)实验程序功能与说明.

①EDMA.c:实验的主程序,包含了系统初始化,EDMA通道设置,运行DMA转移函数等.

②linker.cmd:声明了系统的存储器配置与程序各段的连接关系.

③DEC6437.gel:系统初始化程序.

(6)实验准备.

①将DSP仿真器与计算机连接好;

②将DSP仿真器的JTAG插头与SEED-DEC6437单元的J9相连接.

③打开SEED-DTK6437的电源.观察SEED-DTK_Mboard单元的+5V、+3.3V、+15V、-15V的电源指示灯以及SEED-DEC6437单元电源指示灯D4是否均亮;若有不亮的,立即断开电源,检查故障.

(7)实验步骤.

①打开CCS,进入CCS的操作环境.

②打开EDMA文件夹,装入EDMA.pjt工程文件,添加DEC6437.gel文件.

③装载EDMA.out文件,进行调试.

④运行程序,查看数组srcBuff和dstBuff的值,见图5-54.

srcBuff		
0x10808820	srcBuff	
0x10808820	0x03020100	0x07060504
0x10808828	0x0B0A0908	0x0F0E0D0C
0x10808830	0x13121110	0x17161514
0x10808838	0x1B1A1918	0x1F1E1D1C
0x10808840	0x23222120	0x27262524
0x10808848	0x2B2A2928	0x2F2E2D2C
0x10808850	0x33323130	0x37363534

dstBuff		
0x10808A20	dstBuff	
0x10808A20	0x03020100	0x07060504
0x10808A28	0x0B0A0908	0x0F0E0D0C
0x10808A30	0x13121110	0x17161514
0x10808A38	0x1B1A1918	0x1F1E1D1C
0x10808A40	0x23222120	0x27262524
0x10808A48	0x2B2A2928	0x2F2E2D2C
0x10808A50	0x33323130	0x37363534
0x10808A58	0x3B3A3938	0x3F3E3D3C
0x10808A60	0x43424140	0x47464544

图 5-54 srcBuff 和 dstBuff 结果

⑤运行程序,可观察到实验结果,见图 5-55.

```
EDMA test is completed
```

图 5-55 程序运行结果

5.5 DEC 板卡应用实验

5.5.1 数字 I/O 实验 1——交通灯实验

(1)实验目的.

①熟悉使用 SEED-DEC6437 板控制 SEED-DTK_MBoard 上交通灯的方法.

②掌握 DSP 扩展数字 I/O 口的方法.

(2)实验内容.

①DSP 的初始化.

②TMS320C6437 的扩展数字 I/O 口使用.

③交通灯控制程序.

(3)实验背景知识.

①DSP 系统中数字 I/O 的实现. DSP 系统中一般只有少量的数字 I/O 资源,而一些控制中经常需要大量的数字量的输入与输出. 因而,在外部扩展 I/O 资源是非常有必要的. 在扩展 I/O 资源时一般占用 DSP 的 I/O 空间. 其实现方法一般有两种:其一为采用锁存器像 74LS273、74LS373 之类的集成电路;另一种是采用 CPLD 在其内部做锁存逻辑,我们采用的是后者.

实验箱 I/O 板映射到 SEED-DEC6437 模板的 EDSP_CE4 空间,接口方式为 16 位. 所以将 DSPC6437 EMIF CE4 空间配置为 16 位异步接口模式. 由于管脚功能限制,扩展总线上的高四位数据线(D8-D11)由 GPIO(8-11)管脚实现.

GPIO 控制寄存器包括:GPIO 管脚功能控制(PINMUX0 与 PINMUX1)、GPIO 管脚方向控制(DIR23 与 DIR45)和 GPIO 管脚输出控制(OUT_DATA23 与 OUT_DATA45).

扩展总线 CE3 空间选通地址为:　　0x44000002;

实验箱 TRAFFIC LED 的地址为：　　　0x421C0001；

实验箱 Mboard 板控制寄存器地址为：　0x421C0005；

②SEED-DTK6437 系统中数字 IO 所占的资源.

交通灯控制口地址为:0x421C0001(I/O 空间);其说明如下:

D11	D10	D09	D08	D07	D06	D05	D04	D03	D02	D01	D00
SR	SY	SG	WR	EG	EY	WY	ER	WG	NR	NY	NG

NG：　方向北的绿灯控制位；　NY：　方向北的黄灯控制位；

NR：　方向北的红灯控制位；　WG：　方向西的绿灯控制位；

ER：　方向东的红灯控制位；　WY：　方向西的黄灯控制位；

EY：　方向东的黄灯控制位；　EG：　方向东的绿灯控制位；

WR：　方向西的红灯控制位；　SG：　方向南的绿灯控制位；

SY：　方向南的黄灯控制位；　SR：　方向南的红灯控制位；

当以上各位置"1"时,点亮各控制位所代表的交通灯状态的 LED 灯.

(4)实验要求.

通过本实验,了解 DSP 对 I/O 口的操作,完成交通灯的控制.

(5)实验程序功能与说明.

①相关的文件.

a. main. c:实验的主程序,包含了系统初始化,并完成控制交通灯按照所选择的不同模式输出显示,以及 LED 灯按照可输入的 8 位二进制数显示结果.

b. linker. cmd:声明了系统的存储器配置与程序各段的连接关系.

c. DEC6437. gel:系统初始化程序.

②程序流程图,见图 5-56.

(6)实验准备.

①将 DSP 仿真器与计算机连接好.

②将 DSP 仿真器的 JTAG 插头与 SEED-DEC6437 单元的 J9 相连接.

③打开 SEED-DTK6437 的电源. 观察 SEED-DTK_Mboard 单元的＋5V、＋3.3V、＋15V、－15V 的电源指示灯以及 SEED-DEC6437 单元电源指示灯 D4 是否均亮;若有不亮的,请立即断开电源,检查故障.

(7)实验步骤.

①打开 CCS,进入 CCS 的操作环境.

②打开 IO 文件夹,装入 IO. pjt,添加 DEC6437. gel 文件开始进行调试.

③打开 main. c 文件,到第 17 行,修改 TESTCOMMAND 的宏定义.

TEST COMMAND 是交通灯操作控制选项. 可以为 1、2、3、4、5 这 5 个数. 1 为自动运行;2 为夜间模式;3 为交通灯东西通;4 为交通灯南北通;5 为禁行. SEED-DTK_MBoard 单元的 Traffic LED 处将显示结果,见图 5-57.

④装载程序 IO. out.

⑤运行,观察. 在程序运行过程中,可直接在 Watch Window 里修改 TestCommand 的

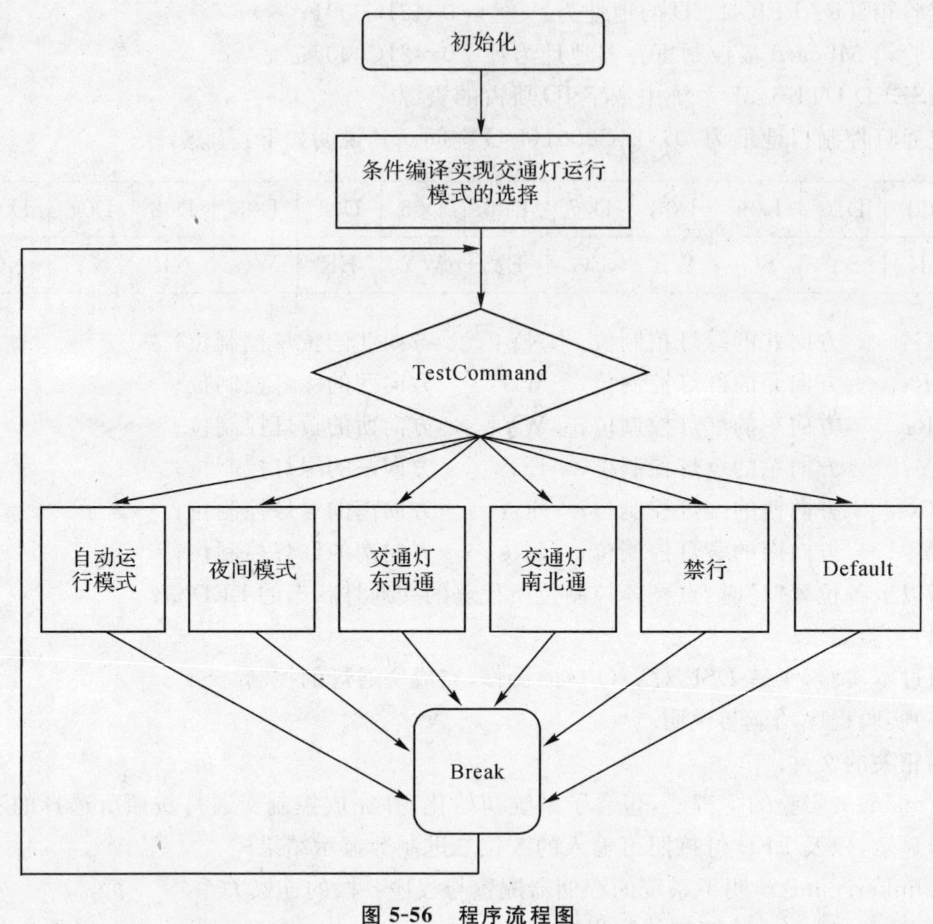

图 5-56　程序流程图

```
#define TESTCOMMAND    1          //交通灯操作命令选择
```

图 5-57　交通灯操作命令选择

值,即将每一种运行方式所对应宏定义的值直接赋值给 TestCommand,即可改变运行方式.例如在程序运行过程中,若想将运行方式改为夜间模式,就请将 TestCommand 赋值为 0xAA16(关于各种方式的宏定义已在第 26 行到第 35 行给出)即可.如图 5-58 所示：

Name	Value	Type	Radix
TestCommand	0x0000AA16	unsign...	hex

Watch Locals　Watch 1

图 5-58　改度 TestCommand 的值

⑥重新到第 3 步开始尝试其他情况或者退出实验.

5.5.2　数字 I/O 实验 2——直流电机控制实验

(1)实验目的.

①了解直流电机驱动的原理.

②了解直流电机驱动的实现过程.

(2)实验内容.

①DSP 的初始化.

②直流电机控制程序.

(3)实验背景知识.

①直流电机控制地址.实验箱直流电机控制地址映射到 SEED-DEC6437 模板的 EDSP_CE4 空间,接口方式为 16 位.所以将 DSPC6437 EMIF CE4 空间配置为 16 位异步接口模式.地址映射关系如下:

扩展总线 CE3 空间选通地址为：　0x44000002；

扩展总线控制寄存器地址为：　0x44000001；

实验箱直流电机的地址为：　0x421C0004；

实验箱 Mboard 板控制寄存器地址为：0x421C0005；

②直流电机控制原理.

a. 直流电机的驱动:

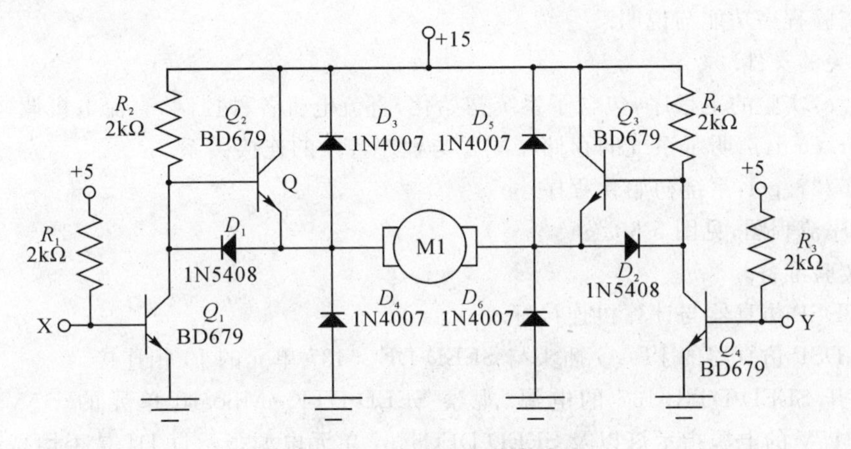

图 5-59　直流电机驱动电路图

图 5-59 是直流电机典型驱动电路的一个变种,采用这种电路不但能够完成直流电机驱动的动作,而且可以避免典型 H 桥电路潜在的短路危险.针对 SEED-DEC 中直流电机系统动作要求和电机的特点,电机驱动电路设计思路如下:

电机采用 15V 直流电源供电,串接 50Ω@3W 电阻限流并分压;

两路控制信号 X、Y 由 SEED-DTK_MBoard 提供,信号为 CMOS 标准电平;

使用达灵顿管 TIP31C 代替 BD679 作为电机驱动开关,基级串接 100Ω 电阻;

使用二极管 1N4007 完成保护功能,以免电机换向时烧毁驱动电路;

电机电源、地之间跨接电容,电机地与数字地之间采用磁珠连接共地.

b. 直流电机的驱动接口.

该控制寄存器实现电机运行状态控制.直流电机的驱动控制寄存器映射的 I/O 端口为 0x421C0004,其说明如下:

D7	D6	D5	D4	D3	D2	D1	D0
X	X	X	X	X	X	LN2	LN1

当 LN[2:1]=11 时:直流电机刹车;当 LN[2:1]=01 时:直流电机正转;

c. PWM 驱动.

该控制寄存器实现电机驱动电路的控制.其映射地址为:0x44000001,功能说明如下:

D7	D6	D5	D4	D3	D2	D1	D0
X	X	X	X	X	X	CNTL1	CNTL0

直流电机的 PWM 驱动控制管脚为 CNTL0.通过控制 CNTL0 的输出,实现 PWM 驱动电路的导通与关断.

向 0x44000001 地址赋值 1 时,控制 CNTL0 输出高电平

注意:当使直流电机停止转动时要使 LN[2:1]=11,同时使 CNTL0 的输出为低电平.

(4)实验要求.

通过电机实验,了解对直流电机的驱动的基本原理.

(5)实验程序功能与说明.

①相关的文件.

main.c:实验的主程序,包含了系统初始化,直流电机各种控制,直流电机调速等.

linker.cmd:声明了系统的存储器配置与程序各段的连接关系.

DEC6437.gel:系统初始化程序.

②程序流程图,见图 5-60.

(6)实验准备.

①将 DSP 仿真器与计算机连接好.

②将 DSP 仿真器的 JTAG 插头与 SEED-DEC6437 单元的 J9 相连接.

③打开 SEED-DTK6437 的电源.观察 SEED-DTK_Mboard 单元的+5V、+3.3V、+15V、-15V 的电源指示灯以及 SEED-DEC6437 单元电源指示灯 D4 是否均亮;若有不亮的,请立即断开电源.

(7)实验步骤.

①打开 CCS,进入 CCS 的操作环境.

②打开 DCMotor 文件夹,装入 DCMOTOR.pjt 工程文件,添加 DEC6437.gel 文件.

③打开 MOTOR.c 文件,到第 33 行,修改 TESTCOMMAND 的宏定义.

TestCommand 是操作控制选项,可以为 1~2 这 2 个数,见图 5-61.

1 为直流电机运行;

2 为直流电机停止;

④编译,链接,生成 DCMOTOR.out 文件.装载 DCMOTOR.out;

⑤运行程序,观察实验箱上电机的运行是否与设置相符.

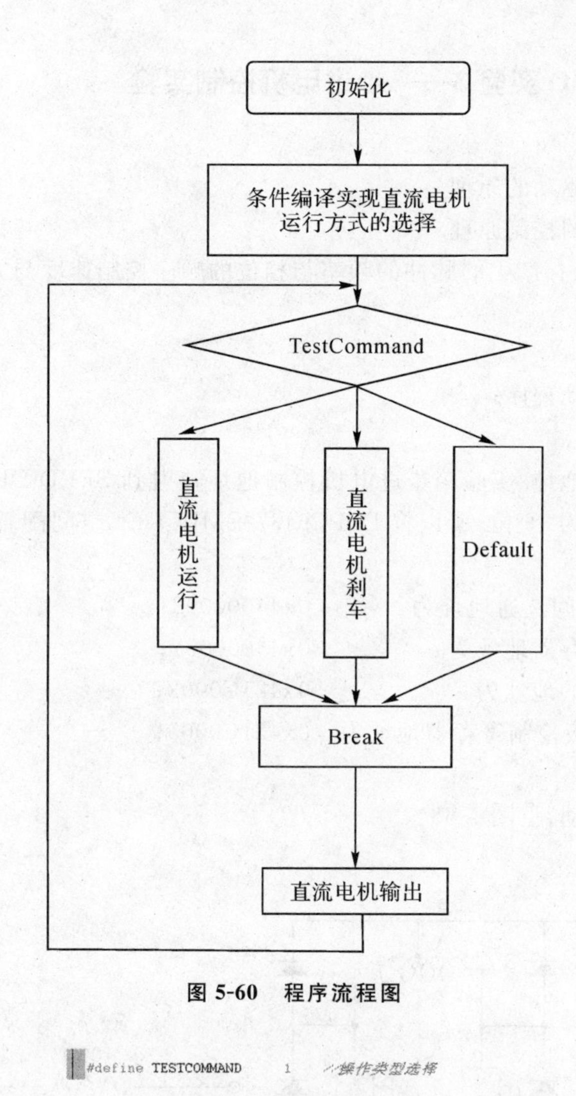

图 5-60　程序流程图

```
#define TESTCOMMAND      1    //操作类型选择
```

图 5-61　操作类型选择

⑥此时若想改变电机的运行状态，无需停止程序后通过修改 TestCommand 的宏定义来实现. 而只需在程序运行过程中打开 Watch Window 窗口，在其中修改 TestCommand 变量，输入 1～2 宏定义所对应的具体数值.

例如：若想使直流电机停止，请输入 0xAA39(DCMTRRVS 所对应的宏定义，可在 MOTOR. c 程序找到)，此时若直流电机正在运行，其将立刻停止运行，见图 5-62.

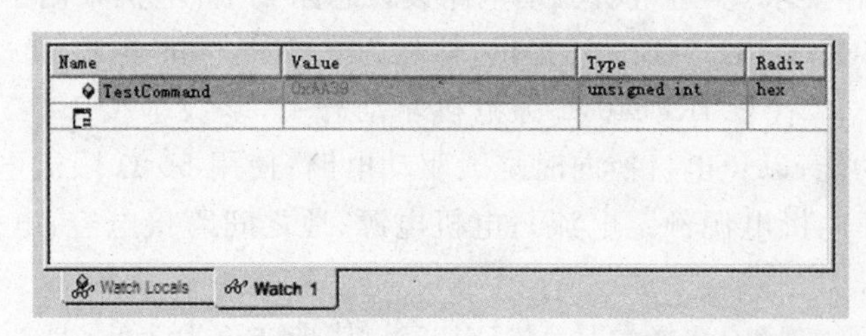

图 5-62　改变 FestCommand 的值

5.5.3 数字 I/O 实验 3——步进电机控制实验

(1)实验目的.

①了解步进电机驱动的原理.

②了解步进电机的控制原理.

③通过 IO 总线锁存产生的脉冲的频率与相位的顺序控制速度与方向.

(2)实验内容.

①DSP 的初始化.

②步进电机的驱动程序.

(3)实验背景知识.

①步进电机控制地址.实验箱步进电机控制地址映射到 SEED-DEC6437 模板的 EDSP_CE4 空间,接口方式为 16 位.所以将 DSPC6437 EMIF CE4 空间配置为 16 位异步接口模式.地址映射关系如下:

扩展总线 CE3 空间选通地址为: 0x44000002;

扩展总线控制寄存器地址为: 0x44000001;

实验箱步进电机的地址为: 0x421C0002;

实验箱 Mboard 板控制寄存器地址为: 0x421C0005;

②步进电机控制.

a.步进电机的驱动,见图 5-63:

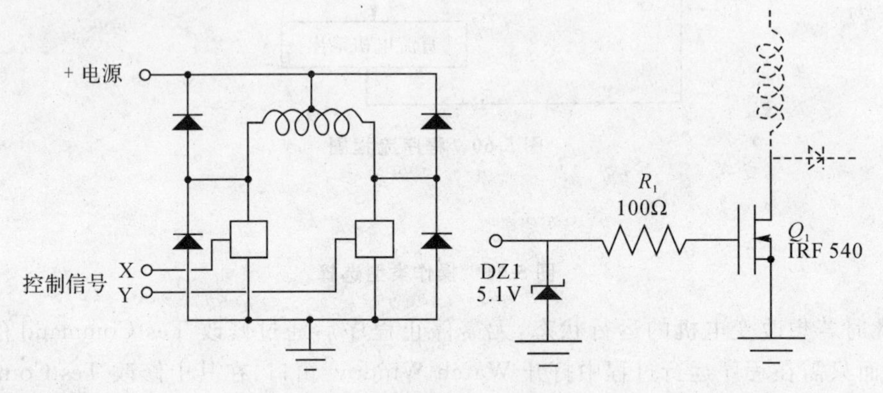

图 5-63 驱动电路原理图

上图是单极性步进电机的典型驱动电路,图中的方块为驱动开关.针对 SEED-DEC 中直流电机系统的动作要求,步进电机驱动电路设计思路如下:电机采用 15V 直流电源供电;4 路控制信号由 SEED-DTK_MBoard 提供,信号为 CMOS 标准电平,通过排线接入并下拉;使用达灵顿管 TIP31C 代替 IRF540 作为电机驱动开关,基级串接 100Ω 电阻;使用二极管 1N4007 完成保护功能,以免电机换向时烧毁驱动电路;使用 50 Ω 限流电阻(半步运行时电流约为 0.2 A,小于电机电源额定电流);电机电源/地之间跨接电容,电机地与数字地之间采用磁珠连接共地.

步进电机在这个实验中选择的是 M35SP-7N,其步进角为 7.5°,是一种单极性的步进电机.它的结构如图 5-64 所示.

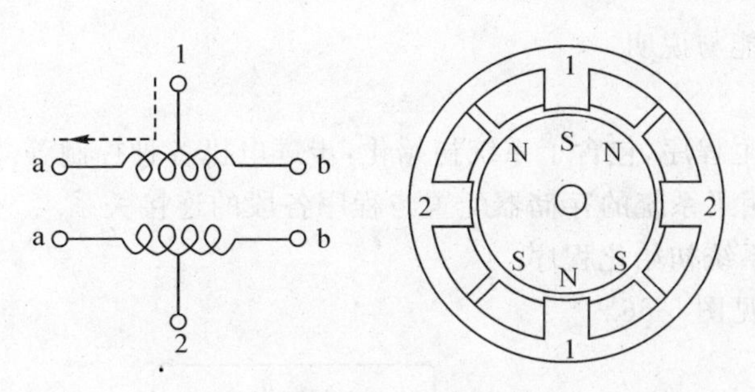

图5-64 单进式步进电机原理

实际使用时,公共端1与2是短接在一起作为电源输入,一共5个抽头.控制每个绕组的两个抽头来实现对步进电机的控制.步进电机的控制一般分为四相四拍与四相八拍两种方式,其中前者称为全步,后者称为半步.

b.步进电机的驱动接口.

步进电机的控制接口为IO空间的0x421C0002;其说明如下:

D7	D6	D5	D4	D3	D2	D1	D0
X	X	X	X	CTRL3	CTRL2	CTRL1	CTRL0

CTRL[3:0]分别为步进电机四相的控制端.按一定的频率使CTRL[3:0]每位循环置高电平即可使可使步进电机转动.控制位CTRL[3:0]与步进电机的线圈对应关系如图5-65所示.

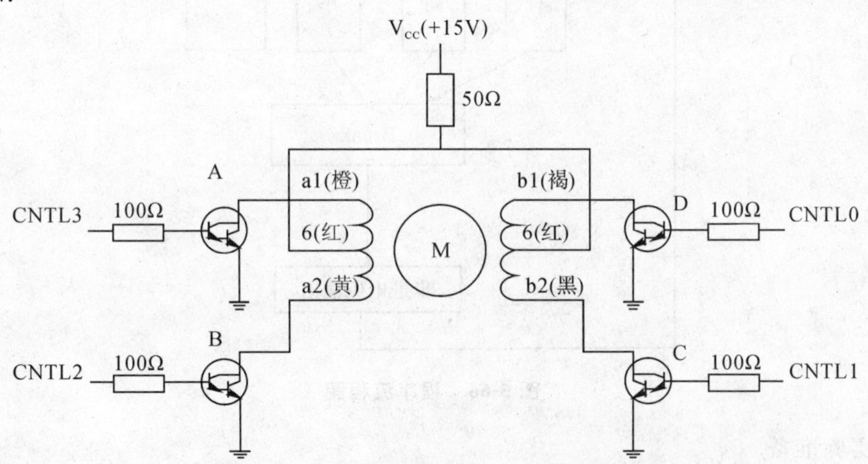

图5-65 控制信号与步进电机线圈的对应关系

在步进电机为四相四拍时,其正转顺序为A→B→C→D→A,在控制器中CNTL[3:0]的输出依次为:

0x8→ 0x4→ 0x2→ 0x1.

其反转的顺序为A→D→C→B→A,在控制器中CNTL[3:0]的输出依次为:

0x8→ 0x1→ 0x2→ 0x4.

(4)实验要求.

通过电机实验,了解对步进电机的驱动的基本原理.

(5)实验程序功能与说明.

①相关的文件.

main. c:实验的主程序,包含了系统初始化,步进电机各种控制等.

linker. cmd:声明了系统的存储器配置与程序各段的连接关系.

DEC6437. gel:系统初始化程序.

②程序流程图,见图 5-66.

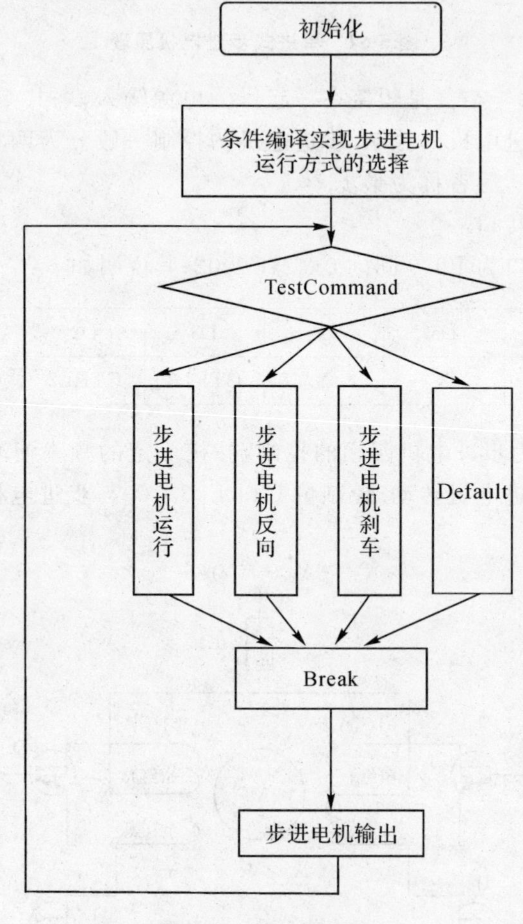

图 5-66 程序流程图

(6)实验准备.

①将 DSP 仿真器与计算机连接好.

②将 DSP 仿真器的 JTAG 插头与 SEED-DEC6437 单元的 J9 相连接.

③打开 SEED-DTK6437 的电源. 观察 SEED-DTK_Mboard 单元的+5V、+3.3V、+15V、-15V 的电源指示灯以及 SEED-DEC6437 单元电源指示灯 D4 是否均亮;若有不亮的,请立即断开电源.

(7)实验步骤.

①打开 CCS,进入 CCS 的操作环境.

②打开 STEPMOTOR 文件夹,装入 STEPMOTOR. pjt 工程文件,添加 DEC6437. gel

文件.

③打开 main.c 文件,到第36行,修改 TestCommand 的宏定义.

TestCommand 是操作控制选项,可以为1—3这3个数,见图5-67.

1为步进电机运行;2为步进电机反向运行;3为步进电机停止.

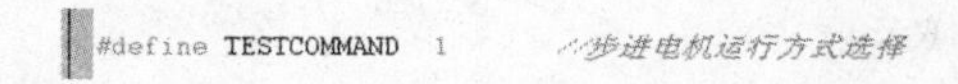

图 5-67 步进电机运行方式选择

④编译,链接,生成 STEPMOTOR.out 文件.装载 STEPMOTOR.out.

⑤运行程序,观察实验箱上电机的运行是否与设置相符.

此时若想改变电机的运行状态,无需停止程序后通过修改 TESTCOMMAND 的宏定义来实现.而只需在程序运行过程中打开 Watch Window 窗口,在其中修改 TestCommand 变量,输入1~3宏定义所对应的具体数值.

如:若想使步进电机反向,请输入0xAA26(STPMTRRVS 所对应的宏定义,可在 MOTOR.c 文件第113行中找到),此时若步进电机正在运行,其将立刻反向运行,见图5-68.

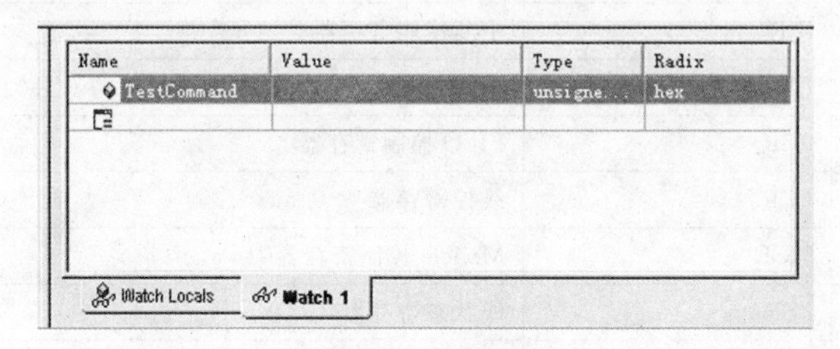

图 5-68 改变模式

修改 motorset[4]初始值,可以改变电机的设置. motorset[ ]各位的具体含义见 main.c 第37~40行的注释.可根据此修改电机步长、初始方向等参数.

5.6 异步串口通讯实验

(1)实验目的.

①了解定时器中断及外部中断.

②掌握通过 UART 发送及接收数据.

(2)实验内容.

①外部接口的配置及初始化.

②本实验是基于 UART 的 RS232 方式进行,默认波特率为9.6 kbps.

(3)实验背景知识.

①UART 简介.

TMS320DM6437 集成了 UART 控制器,支持2个 UART 外设连接. UART 支持基于工业标准的 TL16C550 异步通信模块，支持 FIFO 模式数据传输，最大支持 16 字节数据的缓存，从而减轻接收和发送数据时 CPU 程序的时间消耗.

TMS320DM6437 集成的 UART 控制器可以扩展 2 个 UART，其对应的信号线分为两组：

UART_TX0，UART_RX0

UART_TX1，UART_RX1

其中只有 UART0 支持 modem 模式控制.

SEED-DEC6437 配置 UART0 为 RS485 模式，UART1 为 RS232 模式.

②UART 的寄存器说明.

TMS320DM6437 的 UART 的寄存器如表 5-1：

表 5-1　UART 的寄存器功能说明

偏移地址	缩写	寄存器描述
0h	PBR	接收寄存器(只读)
0h	THR	发送寄存器(只写)
4h	IER	中断使能寄存器
8h	IIR	中断判别寄存器(只读)
8h	FCR	FIFO 控制寄存器
Ch	LCR	线控寄存器
10h	MCR	Modem 控制寄存器
14h	LSR	线状态寄存器
20h	DLL	波特率因数低位
24h	DLH	波特率因数高位
28h	PID1	边界判别寄存器 1
2Ch	PID2	边界判别寄存器 2
30h	PWREMU_MGMT	电源与仿真管理寄存器

③波特率的设置.

UART 的位时钟是从固定的 27 MHz 的时钟获取的，支持最高 128 kbps 的波特率. UART 的时钟产生原理如图 5-69.

UART 包含一个可编程的波特率发生器，将输入时钟经过分频产生需要的位时钟，分频值可以在 1—65535. 位时钟的频率是波特率的 16 倍频，每一个接收发送的数据位占用 16 个位时钟，接收时，位采样也在第 8 个位时钟时采样. 分频器值的计算公式如下：

分频数＝当前时钟输入(27 MHz)/(16 ×期望的波特率)

当输入时钟为 27 MHz 时，支持的波特率如表 5-2 所示：

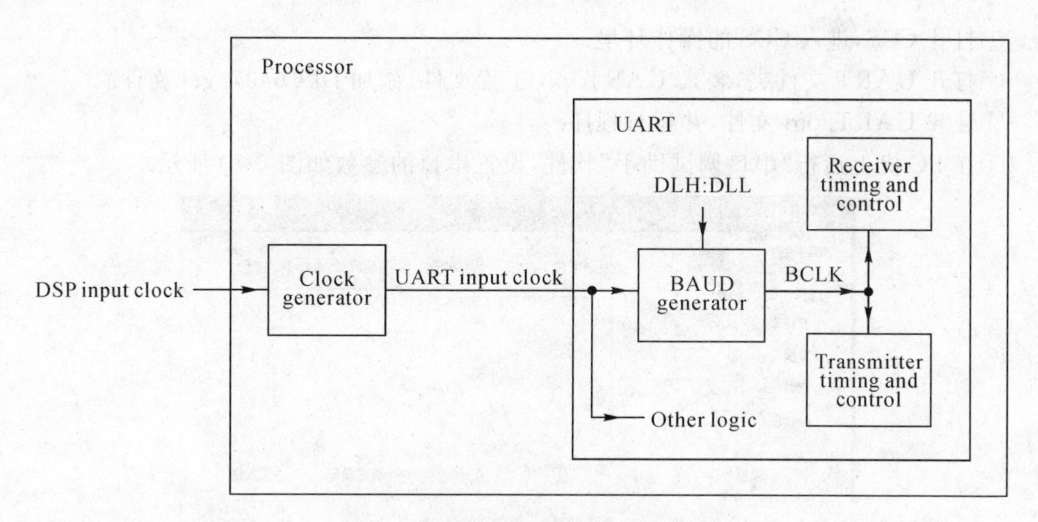

图 5-69 UART 波特率产生原理图

表 5-2 波特率

Baud Rate	Divisor Value	Actual Baud Rate	Error(%)
2400	703	2400.427	0.0001778
4800	352	4794.034	−0.001243
9600	176	9588.068	−0.001243
19200	88	19176.14	−0.001243
38400	44	38352.27	−0.001243
56000	30	56250	0.0044643
128000	13	129807.7	0.0141226

(4)实验要求.

通过本实验,了解异步串口的概念;掌握利用异步串口收发数据;熟悉定时器中断及外部接口的配置.

(5)实验程序功能与说明.

①Main.c:实验主程序,包含了系统初始化,外扩接口初始化及配置.

②linker.cmd:声明了系统的存储器配置与程序各段的连接关系.

③DEC6437.gel:系统初始化程序.

(6)实验准备.

①将DSP仿真器与计算机连接好.

②将DSP仿真器的JTAG插头与SEED-DEC6437单元的J9相连接.

③打开SEED-DTK6437的电源.观察SEED-DTK_Mboard单元的+5V、+3.3V、+15V、−15V的电源指示灯以及SEED-DEC6437单元电源指示灯D4是否均亮;若有不亮的,请立即断开电源.

④用串口线将SEED-DEC6437的J13与PC机相连.

(7)实验步骤.

①打开 CCS,进入 CCS 的操作环境.

②打开 UART 文件夹,装入 UART. pjt 工程文件,添加 DEC6437. gel 文件.

③装载 UART. out 文件,并运行程序.

④在 PC 机上运行“串口调试助手”软件,设置串口的参数如图 5-70 所示.

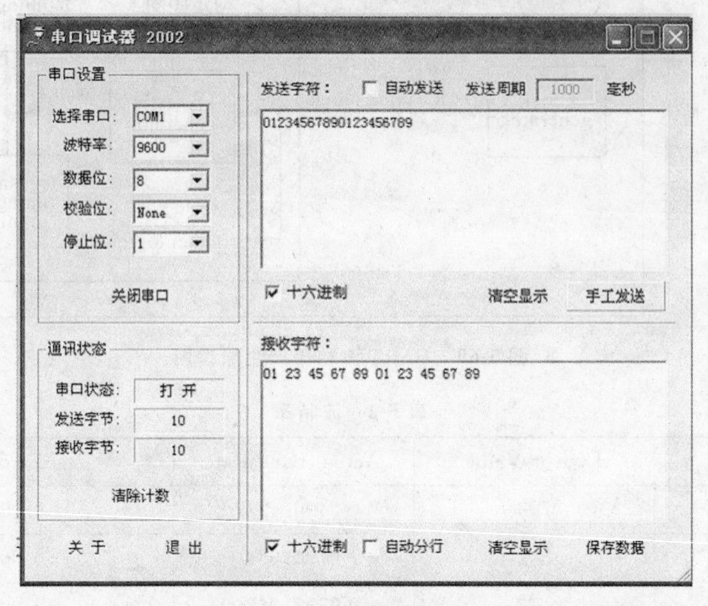

图 5-70 出口程序运行结果

⑤点击“手动发送”按钮,在接收窗口中若显示出发送的数据,则表示测试通过,否则,测试失败.

5.7 音频实验、A/D 采样实验

5.7.1 音频实验

(1)实验目的.

①了解 TLV320AIC23B 工作的基本原理,了解编码与解码的过程.

②理解 DSP 的 McBSP 的工作原理.

③熟悉 DSP 与 TLV320AIC23B 的控制与数据传输的过程.

(2)实验内容.

①DSP 的初始设置.

②AIC23 的配置.

(3)实验背景知识.

SEED-DEC6437 采用 TLV320AIC23B 实现单路立体声音频的输入、输出,TLV320AIC23B 是一种音频 Codec 器件,它的基本功能为:48 kHz 带宽、96 kHz 采样率,双声道立体声 A/D、D/A,音频输入包括:麦克风输入(提供麦克风偏置输出和前置放大器)和立体声输入(提供可编程增益放大器),音频输出为:立体声输出(提供耳机功率放大器,能提供 30 mW 输出功率,驱动 32 Ω 负载).

TLC320AIC23B 与微处理器的接口有 2 个，一个是控制口，用于设置 TLV320AIC23B 的工作参数，另一个是数据口，用于传输 TLV320AIC23B 的 A/D、D/A 数据. SEED-DEC6437 系统使用 DSP 的 IIC 总线进行 TLC320AIC23B 的配置，利用 DSP 的 McBSP1 与 TLC320AIC23B 进行数据的交换.

①McBSP(多通道音频串口)简介. McBSP 是 Multichannel Buffered Serial Port 的缩写，即多通道缓冲串行接口. 它是一种功能很强的同步串行接口，具有很强的可编程能力，可以直接配置成多种同步串口标准，直接与各种器件无缝接口.

McBSP 主要包括以下几组功能引脚：

位时钟：CLKX，CLKR

帧同步：FSX，FSR

数据：DR，DX

McBSP 为同步串行通信接口，其协议包含：

串行数据起始时刻：称为帧同步事件，帧同步事件由位时钟采样帧同步信号给出.

串行数据位长度：串行传输的数据流达到设定的长度后，便结束本次传输，并等待下一个帧同步信号的到来，再发动另一次传输.

串行数据传输速度：每一个串行位的传输时间，由位时钟决定.

FSR(FSX)、CLKR(CLKX)和 DR(DX)三者之间的关系，即它们如何取得帧同步事件、何时采样串行数据位流或何时输出串行数据位流是可以控制的. 通过配置 McBSP 的寄存器就可以实现上述目的.

McBSP 的功能框图如图 5-71 所示：

②TLV320AIC23B 的介绍. TLV320AIC23B(以下简称 AIC23)是 TI 推出的一款高性能的立体声音频 Codec 芯片，内置耳机输出放大器，支持 MIC 和 LINE IN 两种输入方式(二选一)，且对输入和输出都具有可编程增益调节. AIC23 的管脚和内部结构框图请参考光盘中的数据手册，下面介绍一下 AIC23 的使用情况.

a. AIC23 数据接口.

TLV320AIC23B 的数据口有四种工作方式，分别为：

Right justified

Left justified

IIS Mode

DSPMode

其中后两种可以很方便地与 DSP 的 McASP 串口相连接. 下面我们以 DSPMode 模式说明数据口的连接. 其硬件上的管脚说明如下：

BCLK：数据口位时钟信号，当 AIC23B 为从模式时(通常情况)，该时钟由 DSP 产生；AIC23B 为主模式时，该时钟由 AIC23B 产生.

LRCIN：数据口 DAC 输出的帧同步信号(IIS 模式下左、右声道时钟).

LRCOUT：数据口 ADC 输入的帧同步信号.

DIN：数据口 DAC 输出的串行数据输入.

DOUT：数据口 ADC 输入的串行数据输出.

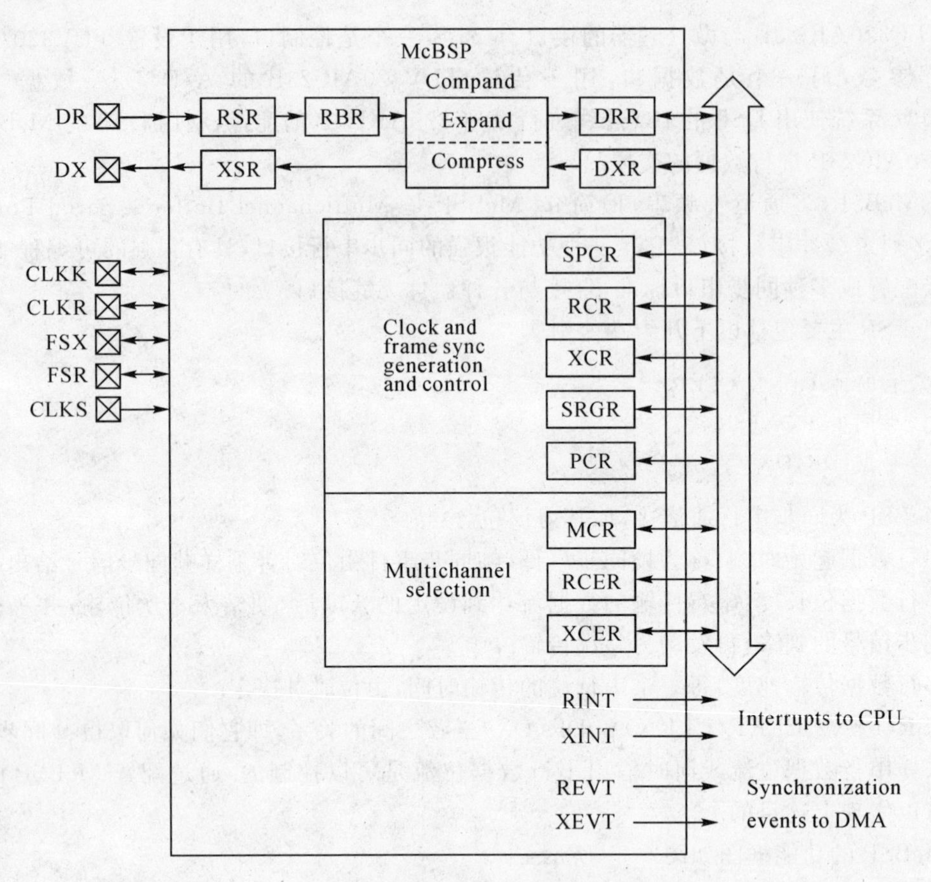

图 5-71 **McBSP 功能框图**

这部分可以和 DSP 的 McBSP 无缝连接，唯一要注意的地方是 McBSP 的接收时钟和 AIC23B 的 BCLK 都由 McBSP 的发送时钟提供；当 AIC23B 做主设备时，McBSP 的发送与接收时钟均由 AIC23B 来提供. 连接示意图如图 5-72 所示：

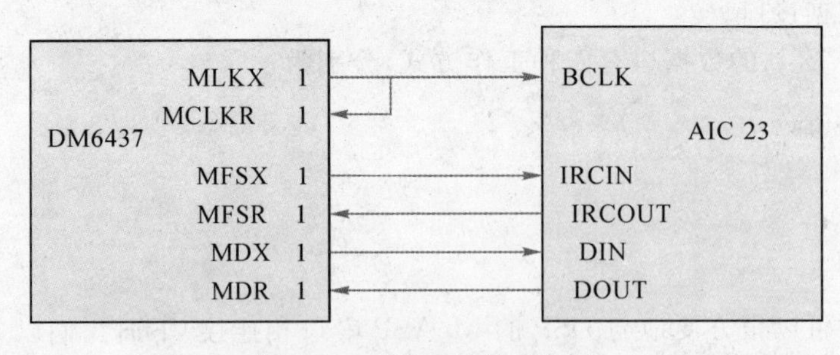

图 5-72 **AIC23 连接示意图**

DSP 与 AIC23B 的连接可以采用 DSP 模式与 IIS 模式，区别仅在于 DSP 的 McBSP 帧同步信号的宽度. 后者的帧同步信号宽度必须为一个字(16 位)长，而前者的帧宽度可以为一个位长，比如在字长 16 位(即左右声道的采样各为 16 位)，帧长为 32 位的情况下，如果采用 IIS，帧同步信号宽度应为 16 位；而采用 DSPMode 帧信号宽度 1 位即可.

b. AIC23 命令接口.

在SEED-DEC6437模板上采用的是IIC方式控制TLV320AIC23B的.其硬件管脚的说明如下：

SDIN：AIC23B控制口串行数据输入；

SCLK：AIC23B控制口的位—时钟；

MODE：AIC23B串口模式控制信号.

DSP通过该部分配置AIC23的内部寄存器，每个word的前7 bit为寄存器地址，后9 bit为寄存器内容.

c.麦克风输入.

麦克风输入主要是用来通过无源的麦克风进行现场声音的采集.由于麦克风是无源元器件，所以要为其提供偏置电压.其引脚如下：

MICBIAS：为麦克风提供偏压，通常是3/4 AV_{DD}.

MICIN：麦克风输入，由AIC23B功能框图可见，麦克风输入经5倍放大.

d.立体声输出.

AIC23B总共有两种输出方式：立体声输出和耳机输出.

立体声输出，其管脚为：

LOUT：左声道输出.

ROUT：右声道输出.

耳机输出，可以直接驱动32 Ω的耳机，不需要外部再进行功率驱动了.其输出管脚为：

LHPOUT：左声道耳机放大输出.

RHPOUT：右声道耳机放大输出.

SEED-DEC6437系统中，通过对跳线JP1和JP2的设置来选择立体声输出和耳机输出.

(4)实验要求.

通过音频输入与输出实验，了解对DEC6437的McBSP的设置；掌握AIC23的各个寄存器的设置.

(5)实验程序功能与说明.

①REV_test.C：对SEED-DEC643各项资源操作的函数集，主要包含系统初始化函数.

②main.c：实验的主程序，包含了系统初始化，对CODEC和SDRAM的操作.

③linker.cmd：声明了系统的存储器配置与程序各段的连接关系.

④DEC6437.gel：系统初始化程序.

(6)实验准备.

①将DSP仿真器与计算机连接好.

②将DSP仿真器的JTAG插头与SEED-DEC6437单元的J9相连接.

③打开SEED-DTK6437的电源.观察SEED-DTK_Mboard单元的+5V、+3.3V、+15V、−15V的电源指示灯以及SEED-DEC6437单元电源指示灯D4是否均亮；若有不亮的，请立即断开电源.

④将耳麦插入SEED-DEC6437的J17Audio line out，音频线连接计算机音频输出和SEED-DEC6437的J15的Audio line in.

(7)实验步骤.

①打开 CCS,进入 CCS 的操作环境.

②打开 REV 文件夹,装入 REV_test. pjt 工程文件,添加 DEC6437. gel 文件.

③装载程序 REV_test. out,进行调试.

④打开 REV_test. c 文件,到第 5 行,修改 TESTCOMMAND 的宏定义. TESTCOMMAND 是操作控制选项,可以为 1、2 这两个数. 1 为试听;2 为录音并回放,见图 5-73.

```
#define TESTCOMMAND    1  //测试命令宏, 选择测试类型
```

图 5-73　类型选择

⑤如果 TESTCOMMAND 宏定义为 1(试听状态),播放音乐,运行程序,可在耳机里接听电脑播放的音乐.

⑥如果 TESTCOMMAND 宏定义为 2(录音并回放),则可在 REV_test. c 文件的第 118 行"for (j=0;j<0x200000;j++)"处设置断点,运行程序. 由于录音需要一定的时间,所以程序大约需运行 20 秒左右才会停止在断点处,表明录音结束.

⑦继续运行程序,进行录音回放,此时耳机里可听到 SDRAM 里存储的声音.

5.7.2　A/D 采样实验

(1)实验目的.

熟悉运用 CODEC 芯片 TLV320AIC23B 进行 A/D 采集的原理.

(2)实验内容.

①D/A 与 AIC23B 的初始化.

②产生不同幅度与频率的波形.

(3)实验背景知识.

①A/D 采样原理. 将连续时间信号转换为与其相对应的数字信号的过程称之为 A/D(模拟—数字)转换过程. A/D 转换一般分为四个过程:采样,保持,量化与编码,见图 5-74.

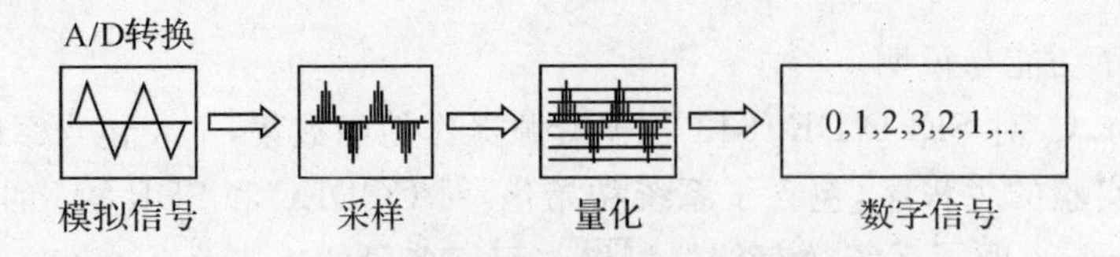

图 5-74　A/D 的四个过程

采样又称为抽样,是利用等时距的采样脉冲序列 $p(t)$,从连续时间信号 $x(t)$ 中抽取一系列离散样值,使之成为采样信号 $x(nTs)$ 的过程.

$n=0,1,\cdots$, Ts 称为采样间隔,或采样周期,$1/Ts=fs$ 称为采样频率.

香农(采样)定理:若对于一个具有有限频谱($|\omega|<\omega_{\max}$)的连续信号 $f(t)$ 进行采样,当采样频率满足 $\omega_s \geqslant 2\omega_{\max}$ 时,则采样函数 $f^*(t)$ 能无失真地恢复到原来的连续信号 $f(t)$. $\omega_{\max}$ 为信号的最高频率,ω_s 为采样频率.

对于信号的采集,只要选择恰当的采样周期,就不会失去信号的主要特征. 在实际应用中,一般总是取实际采样频率 ω_s 比 $2\omega_{\max}$ 大,如:$\omega_s \geqslant 10\omega_{\max}$.

在两次采样之间，应将采样的模拟信号暂时存储起来. 这主要是因为量化装置来不及将采样信号数字化的原因.

量化又称幅值量化，把采样信号 $x(nTs)$ 经过舍入或截尾的方法变为只有有限个有效数字的数.

编码是将经过量化的值变为二进制数字的过程.

②A/D 转换器分类.

A/D 转换器内部组成，见图 5-75：

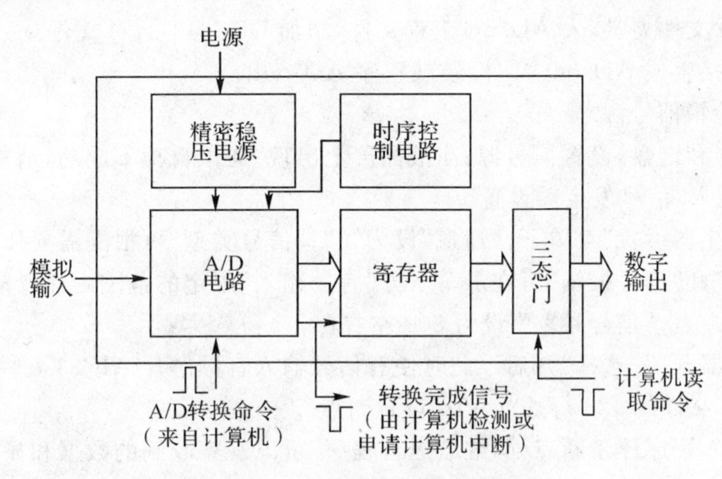

图 5-75　A/D 转换器内部结构

根据内部电路不同，分为以下三类：

a. 并联比较型：特点：转换速度快，转换时间 10 ns→1 μs.

b. 逐次逼近型：特点：转换速度中，转换时间 10 μs→100 μs.

c. 双积分型：特点：转换速度慢，转换时间 100 μs→10 ms.

③A/D 转换器的技术指标.

分辨率：用输出二进制数码的位数表示. 位数越多，量化误差越小，分辨力越高. 常用有 8 位、10 位、12 位、16 位等.

转换速度：指完成一次转换所用的时间，即从发出转换控制信号开始，直到输出端得到稳定的数字输出为止所用的时间. 转换时间越长，转换速度就越低. 转换速度与转换原理有关.

模拟信号的输入范围：如输入采集电压范围为 0－5 V、＋/－5 V、＋/－10 V 等.

(4)实验要求.

通过本实验，掌握完成模拟信号从输出到采集的整个过程.

(5)实验程序功能与说明.

①AD. c：音频芯片各控制寄存器的初始化，以及 A/D 采样程序.

②linker. cmd：声明了系统的存储器配置与程序各段的连接关系.

③DEC6437. gel：系统初始化程序.

④main. c：实验主程序，包含了系统初始化.

(6)实验准备.

①将 DSP 仿真器与计算机连接好.

②将 DSP 仿真器的 JTAG 插头与 SEED-DEC6437 单元的 J9 相连接.

③打开 SEED-DTK6437 的电源. 观察 SEED-DTK_Mboard 单元的＋5V、＋3.3V、＋15V、－15V 的电源指示灯以及 SEED-DEC6437 单元电源指示灯 D4 是否均亮；若有不亮的，请立即断开电源.

④音频线连接 MBoard 的 J13 和 SEED-DEC6437 的 J15 相连.

(7)实验步骤.

①打开 CCS，进入 CCS 的操作环境.

②打开 AD 文件夹，装入 AD. pjt 工程文件，添加 DEC6437. gel 文件.

③编译、链接生成 AD. out 文件，装载程序 AD. out.

④设置实验箱信号源.

通过液晶屏和键盘，设置信号源：当液晶屏上出现“通讯自检不成功，请复位系统”时，按下“Enter”键，进入“信号发生器设置”.

在“信号发生器设置”菜单下：“通道”设为“0”；“信号类型”可根据需要任意选择.

“信号频率”和“信号振幅”可在屏幕下方“有效输入”限定的范围内任意输入，建议“信号振幅”设为 900 左右，“信号频率” 设为 300 左右；

“信号发生器开关”选择“开启”. 此时便有信号输入音频芯片 AIC23.

⑤在 AD. c 文件的 128 行处“j=0;”设置断点.

⑥运行程序，程序停于断点处，继续运行程序. 可以观察收到的数据和显示的图像.

数据保存在 DataBuffer 数组中，图像显示的即为 DataBuffer 数组. 其中图像显示设置对话框中 Start adderss：起始地址；Acquisition Buffer Size：输入数据个数；Display Data Size：显示数据个数；DSPData Type：数据类型，见图 5-76.

注意：显示个数要与程序中宏定义的采样个数一致.

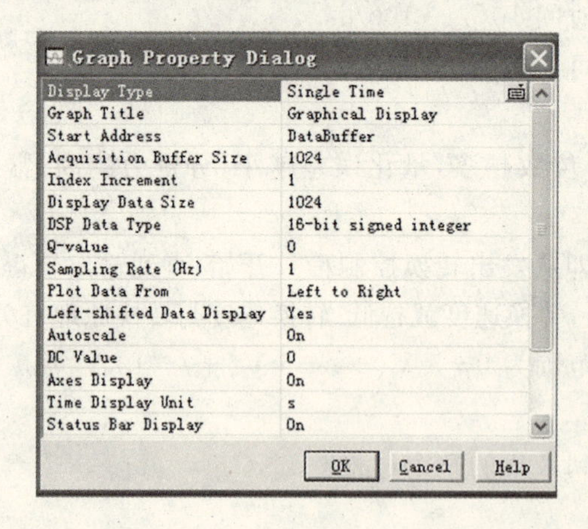

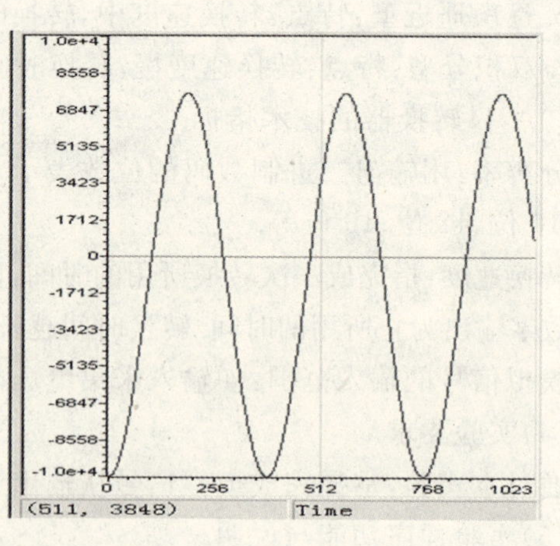

图 5-76 配置与运行结果

第 6 章　DSP 算法实验(设计性实验)

6.1　有限冲击响应滤波器(FIR)算法实验

(1)实验目的.

①掌握数字滤波器的设计过程.

②了解 FIR 的原理和特性.

③熟悉设计 FIR 数字滤波器的原理和方法.

(2)实验内容.

①通过 MATLAB 设计确定 FIR 滤波器系数.

②DSP 初始化.

③A/D 采样.

④FIR 运算,观察滤波前后的波形变化.

(3)实验背景知识.

①有限冲击响应数字滤波器(FIR)的基础理论.

FIR 数字滤波器是一种非递归系统,其冲激响应 $h(n)$ 是有限长序列,其差分方程表达式为:

$$y(n) = \sum_{i=0}^{N-1} h(i)x(n-i) \tag{6-1}$$

N 为 FIR 滤波器的阶数.

在数字信号处理应用中往往需要设计线性相位的滤波器,FIR 滤波器在保证幅度特性满足技术要求的同时,很容易做到严格的线性相位特性.为了使滤波器满足线性相位条件,要求其单位脉冲响应 $h(n)$ 为实序列,且满足偶对称或奇对称条件,即 $h(n)=h(N-1-n)$ 或 $h(n)=-h(N-1-n)$.这样,当 N 为偶数时,偶对称线性相位 FIR 滤波器的差分方程表达式为:

$$y(n) = \sum_{i=0}^{N/2-1} h(i)(x(n-i) + x(N-1-n-i)) \tag{6-2}$$

由上可见,FIR 滤波器不断地对输入样本 $x(n)$ 延时后,再做乘法累加算法,将滤波器结果 $y(n)$ 输出.因此,FIR 实际上是一种乘法累加运算.而对于线性相位 FIR 而言,利用线性相位 FIR 滤波器系数的对称特性,可以采用结构精简的 FIR 结构将乘法器数目减少一半.

②本实验中 FIR 的算法公式:

$$r[j] = \sum_{k=0}^{nk} h[k]x[j-k] \qquad 0 \leqslant j \leqslant nx \tag{6-3}$$

(4)实验要求.

对带有噪声的不同输入信号(正弦波、方波、三角波)进行 FIR 滤波,观看滤掉噪声后的波形.

(5)实验程序功能与说明.

①FIR_Filter. c:音频芯片各控制寄存器的初始化,采样程序,FIR_Filter 子程序.

②FIR_function. c:滤波算法实现程序.

③main. c:实验的主程序,包含了系统初始化.

④linker. cmd:声明了系统的存储器配置与程序各段的连接关系.

⑤DEC6437. gel:系统初始化程序.

(6)实验准备.

①将 DSP 仿真器与计算机连接好.

②将 DSP 仿真器的 JTAG 插头与 SEED-DEC6437 单元的 J9 相连接.

③打开 SEED-DTK6437 的电源. 观察 SEED-DTK_Mboard 单元的 +5V、+3.3V、+15V、−15V 的电源指示灯以及 SEED-DEC6437 单元电源指示灯 D4 是否均亮;若有不亮的,请立即断开电源.

④音频线连接 MBoard 的 J13 和 SEED-DEC6437 的 J15 相连.

(7)实验步骤.

①打开 CCS,进入 CCS 的操作环境.

②打开 FIR_Filter 文件夹,装入 FIR_Filter. pjt 工程文件,添加 DEC6437. gel 文件,开始进行调试.

③设置实验箱信号源. 通过液晶屏和键盘,设置信号源:当液晶屏上出现"通讯自检不成功,请复位系统"时,按下"Enter"键,进入"信号发生器设置".

在"信号发生器设置"菜单下:"通道"设为"0";"信号类型"可根据需要任意选择(这里我们选"噪声正弦波");"信号频率"和"信号振幅"可在屏幕下方"有效输入"限定的范围内任意输入,建议振幅设为 900 左右,"频率"设为 300 左右;"信号发生器开关"选择"开启". 此时便有噪声正弦波信号输入音频芯片 AIC23 的输入端(利用此芯片同样可以进行 A/D 采集).

④编译、连接生成 Filter. out 文件,装载程序 Filter. out.

⑤打开 FIR_Filter. c 文件,在 150 行 fir_filter((int *)DataBuffer,(int *)h,(int *)DDataBuffer,52,SampleLong,16)152 行 DAVINCIEVM_AIC33_closeCodec(aic33handle)处设置断点.

⑥运行程序. 可以观察收到的数据和显示的图像;DataBuffer 数组显示的是原始信号图像;DDataBuffer 数组显示的是滤波后信号图像.

滤波前,见图 6-1.

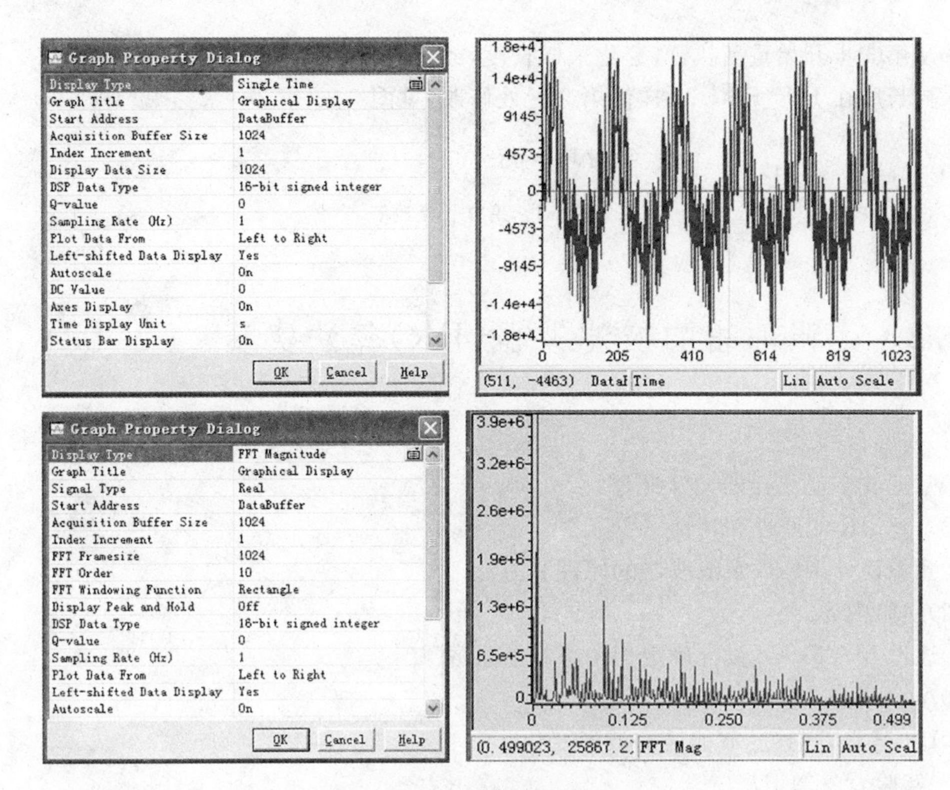

图 6-1　滤波前图形

滤波后,见图 6-2.

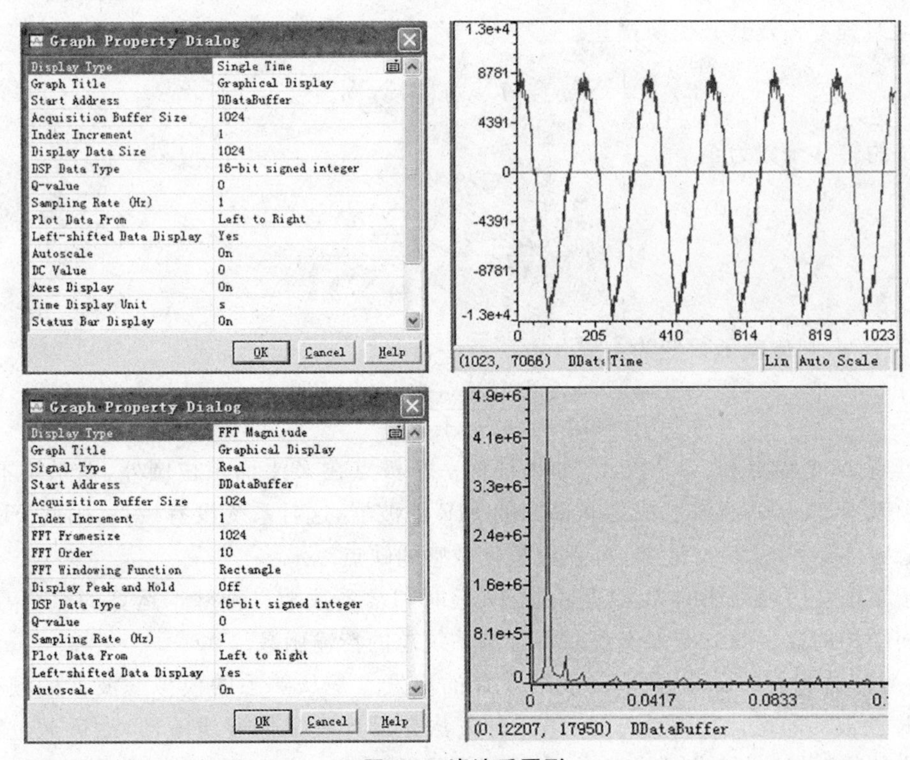

图 6-2　滤波后图形

⑦从第⑤步开始重新执行,变化采样长度,或者退出本实验.

采样长度在 FIR_Filter.c 文件第 9 行处修改,见图 6-3.

```
int SampleLong=1024;//采样长度
```

图 6-3 采样长度改变

6.2 无限冲击响应滤波器(IIR)算法实验

(1)实验目的.

①掌握数字滤波器的设计过程.

②了解 IIR 的原理和特性.

③熟悉设计 IIR 数字滤波器的原理和方法.

(2)实验内容.

①通过 MATLAB 设计确定 IIR 滤波器系数.

②A/D 采样.

③IIR 运算,观察滤波前后的波形变化.

(3)实验背景知识.

①无限冲击响应数字滤波器(IIR)的基础理论.

IIR 滤波器直接型结构:数字滤波器的输入 $x[k]$和输出 $y[k]$之间的关系可以用如下常系数线性差分方程及其 z 变换描述.

$$y[k]=\sum_{p=0}^{N}a_{p}x[k-p]+\sum_{p=1}^{N}b_{p}y[k-p] \tag{6-4}$$

系统的转移函数为:

$$H(z)=\frac{Y(z)}{X(z)}=\frac{\sum_{K=1}^{M}b_{k}z^{-k}}{1-\sum_{k=0}^{N}a_{k}z^{-k}} \tag{6-5}$$

设 $N=M$,则传输函数变为:

$$H(z)=\frac{a_{0}+a_{1}z^{-1}+\cdots+a_{N}z^{-N}}{1+b_{1}z^{-1}+\cdots+b_{N}z^{-N}}=C\prod_{j=1}^{N}\frac{z-z_{j}}{z-p_{j}} \tag{6-6}$$

它具有 N 个零点和 N 个极点,如果任何一个极点在 Z 平面单位圆外,则系统不稳定.如果系数 b^{j} 全部为 0,滤波器成为非递归的 FIR 滤波器,这时系统没有极点,因此 FIR 滤波器总是稳定的.对于 IIR 滤波器,有系数量化敏感的缺点.

由于系统对序列施加的算法,是由加法、延时和常系数乘三种基本运算的组合,所以可以用不同结构的数字滤波器来实现而不影响系统总的传输函数.

IIR 数字滤波器的设计:数字滤波器设计的出发点是从熟悉的模拟滤波器的频率响应出发,IIR 滤波器的设计有两种方法:第一种方法先设计模拟低通滤波器,然后通过频带变换而成为其他频带选择滤波器(带通、高通等),最后通过滤波器变换得到数字域的 IIR 滤波器.第二种方法先设计模拟低通滤波器,然后通过滤波器变换而得到数字域的低通滤波器,最后通过频带变换而得到期望的IIR滤波器.

模拟滤波器原理(巴特沃斯滤波器、切比雪夫滤波器),为了用物理可实现的系统逼近理想滤波器的特性,通常对理想特性作如下修改:

a.允许滤波器的幅频特性在通带和阻带有一定的衰减范围,幅频特性在这一范围内允许有起伏.

b.在通带与阻带之间允许有一定的过渡带.

工程中常用的逼近方式有巴特沃斯(Butterworth)逼近、切比雪夫(Chebyshev)逼近和椭圆函数逼近.相应设计的滤波器分别为巴特沃斯滤波器、切比雪夫滤波器和椭圆函数滤波器.

巴特沃斯滤波器的模平方函数由下式描述:

$$|H_B(\Omega)|^2 = \frac{1}{1+\left(\frac{\Omega}{\Omega_C}\right)^{2}n} \tag{6-7}$$

n 为阶数;Ω_c 为滤波器截止频率

切比雪夫滤波器比同阶的巴特沃斯滤波器具有更陡峭的过渡带特性和更优的阻带衰减特性.切比雪夫低通滤波器的模平方函数定义为:

$$|H_C(\Omega)|^2 = \frac{1}{1+\varepsilon^2 T_n^2(\Omega)} \tag{6-8}$$

其中,ε 为决定 $|H_C(\Omega)|^2$ 等波动起伏幅度的常数;n 为滤波器的阶数;$T_n(\Omega)$ 是 n 阶切比雪夫多项式.

②本实验中IIR的算法公式:

$$d(n) = x(n) - a_1 \times d(n-1) - a_2 \times d(n-2) \tag{6-9}$$

$$y(n) = b_0 \times d(n) + b_1 \times d(n-1) + b_2 \times d(n-2) \tag{6-10}$$

(4)实验要求.

对带有噪声的不同输入信号进行IIR滤波,观看滤掉噪声后的波形.

(5)实验程序功能与说明:

①main.c:实验的主程序,包含了系统初始化.

②IIR_Filter.c:IIR滤波子程序,音频芯片各控制寄存器的初始化,IIR处理程序.

③IIR _function.c:滤波算法实现程序.

④linker.cmd:声明了系统的存储器配置与程序各段的连接关系.

⑤DEC6437.gel:系统初始化程序.

(6)实验准备.

①将DSP仿真器与计算机连接好.

②将DSP仿真器的JTAG插头与SEED-DEC6437单元的J9相连接.

③打开SEED-DTK6437的电源.观察SEED-DTK_Mboard单元的+5V、+3.3V、+15V、-15V的电源指示灯以及SEED-DEC6437单元电源指示灯D4是否均亮;若有不亮的,请立即断开电源.

④音频线连接MBoard的J13和SEED-DEC6437的J15相连.

(7)实验步骤.

①打开 CCS,进入 CCS 的操作环境.

②打开 IIR_FILTER 文件夹,装入 IIR_Filter. pjt 工程文件,添加 DEC6437. gel 文件,开始进行调试.

③编译、连接生成 IIR_Filter. out 文件,装载程序 IIR_Filter. out.

④设置实验箱信号源.通过液晶屏和键盘,设置信号源:当液晶屏上出现"通讯自检不成功,请复位系统"时,按下"Enter"键,进入"信号发生器设置".

在"信号发生器设置"菜单下:"通道"设为"0";"信号类型"可根据需要任意选择(这里我们选择"噪声正弦波");"信号频率"和"信号振幅"可在屏幕下方"有效输入"限定的范围内任意输入,建议振幅设为 900 左右,频率设为 300 左右;"信号发生器开关"选择"开启".此时便有信号输入音频芯片 AIC23 的输入端(利用此芯片同样可以进行 A/D 采集);66 行设置断点"printf(" IIR filter have done! \n ");".

⑤打开 IIR_Filter. c 文件,在 149 行 iir_filter(DataBuffer,SOSr,G,DDataBuffer,SampleLong,ROUND_IIR);151 行 DAVINCIEVM_AIC33_closeCodec(aic33handle)处设置断点.

运行程序.可以观察收到的数据和显示的图像;DataBuffer 数组显示的是原始信号图像;DDataBuffer 数组显示的是滤波后信号图像.

其中图像显示设置对话框中 Start adderss:起始地址;Acquisition Buffer Size:输入数据个数;Display Data Size:显示数据个数(注意:显示个数要与程序中宏定义的采样个数一致);DSPData Type:数据类型.

滤波前,见图 6-3:

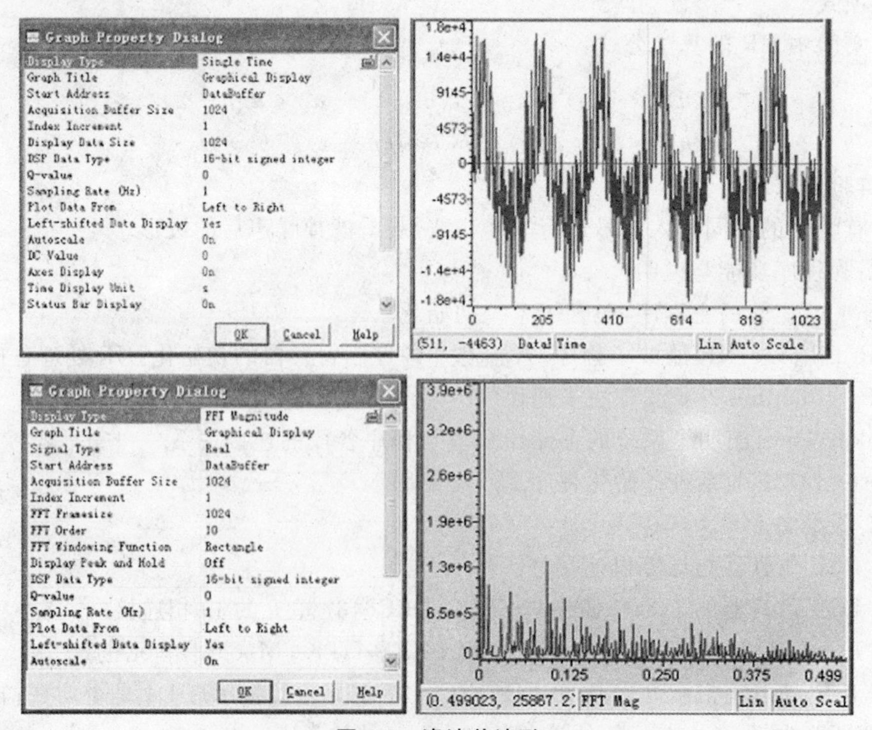

图 6-3　滤波前波形

滤波后,见图 6-4:

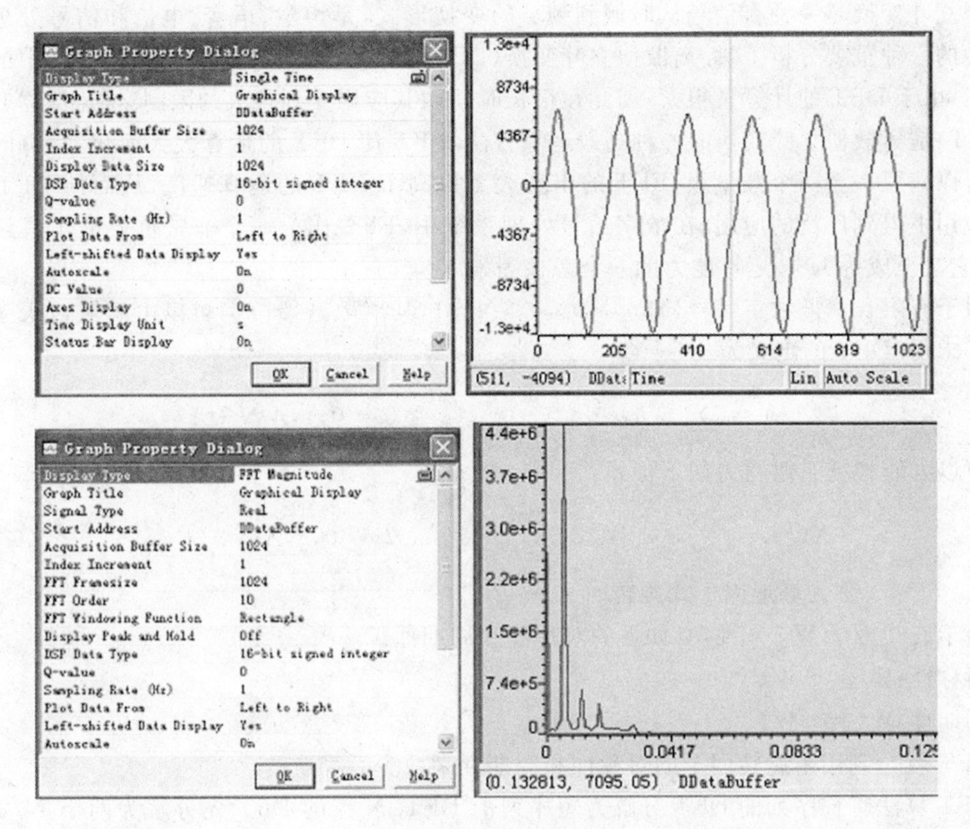

图 6-4　滤波后波形

⑥从第⑤步开始重新执行,变化采样长度或滤波类型,或者退出本实验.

采样长度在 IIR_Filter. c 文件第 10 行处修改,见图 6-5.

```
int  SampleLong=1024;//采样长度
```

图 6-5　设置采样长度

6.3　快速傅立叶变换(FFT)算法实验

(1)实验目的.

①加深对 FFT 算法原理和基本性质的理解.

②熟悉 FFT 的算法原理和 FFT 子程序的算法流程和应用.

③学习用 FFT 对连续信号和时域信号进行频谱分析的方法.

(2)实验内容.

①DSP 初始化.

②A/D 采样.

③FFT 的运算程序.

(3)实验背景知识.

傅立叶变换是一种将信号从时域到频域的变换形式,是声学、语音、电信和信号处理等领域中的一种重要分析工具.离散傅立叶变换(DFT)是连续傅立叶变换在离散系统中的表现形式,由于DFT的计算量很大,因此在很长时间内其应用受到很大的限制.快速傅立叶变换(FFT)是离散傅立叶变换的一种高效运算方法.FFT使DFT的运算大大简化,运算时间一般可以缩短一至两个数量级,FFT的出现大大提高了DFT的运算速度,从而使DFT在实际应用中得到广泛的应用.在数字信号处理系统中,FFT作为一个非常重要的工具经常使用,它甚至成为DSP运算能力的一个考核因素.

对于有限长离散数字信号$\{x[n]\}$,$0 \leqslant n \leqslant N-1$,其离散谱$\{x[k]\}$可以由离散付氏变换(DFT)求得.DFT的定义为:

$$X(k) = \sum_{n=0}^{N-1} x[n] e^{-j(\frac{2\pi}{N})nk} \qquad k = 0,1,\Lambda N-1 \tag{6-11}$$

可以方便地把它改写为如下形式:

$$X(k) = \sum_{n=0}^{N-1} x[n] W_N^{nk} \qquad k = 0,1,\Lambda N-1 \tag{6-12}$$

即$W_N = \mathrm{e}^{-2j2\pi/N}$称为蝶形因子式旋转因子.

对于旋转因子W_N来说,有如下的对称性和周期性:

对称性:$W_N^k = -W_N^{k+N/2}$;

周期性:$W_N^k = -W_N^{k+N}$.

FFT就是利用了旋转因子的对称性和周期性来减少运算量的.

FFT算法将长序列的DFT分解为短序列的DFT.N点的DFT先分解为两个$N/2$点的DFT,每个$N/2$点的DFT又分解为两个$N/4$点的DFT等,最小变换的点数即基数,基数为2的FFT算法的最小变换是2点DFT.

一般而言,FFT算法分为时间抽选(DIT)FFT和频率抽选(DIF)FFT两大类.时间抽取FFT算法的特点是每一级处理都是在时域里把输入序列依次按奇、偶一分为二分解成较短的序列;频率抽取FFT算法的特点是在频域里把序列依次按奇、偶一分为二分解成较短的序列来计算.

DIT和DIF两种FFT算法的区别是旋转因子W_N^k出现的位置不同,(DIT)FFT中旋转因子W_N^k在输入端,(DIF)FFT中旋转因子W_N^k在输出端,除此之外,两种算法是一样的.在本设计中实现的是基于频率抽取的FFT算法,具体的实现过程可参见源程序及其注释.

(4)实验要求.

对不同的输入信号进行FFT变换,观看不同信号在频域内的特性.

(5)实验程序功能与说明.

①FFT.c:音频芯片各控制寄存器的初始化,A/D采样,FFT变换,以及将FFT变换结果做取模运算.

②main.c:实验主程序,包含系统初始化.

③FFTfunction.c:包含不同采样长度时FFT变换的各函数.

④linker.cmd:声明了系统的存储器配置与程序各段的连接关系.

⑤DEC6437.gel:系统初始化程序.

(6)实验准备.

①将 DSP 仿真器与计算机连接好.

②将 DSP 仿真器的 JTAG 插头与 SEED-DEC6437 单元的 J9 相连接.

③打开 SEED-DTK6437 的电源,观察 SEED-DTK_Mboard 单元的+5V、+3.3V、+15V、-15V 的电源指示灯以及 SEED-DEC6437 单元电源指示灯 D4 是否均亮;若有不亮,请立即断开电源.

④音频线连接 MBoard 的 J13 和 SEED-DEC6437 的 J15 相连.

(7)实验步骤.

①打开 CCS,进入 CCS 的操作环境.

②打开 FFT 文件夹,装入 FFT.pjt 工程文件,添加 DEC6437.gel 文件,开始进行调试.

③编译、连接生成 FFT.out 文件,装载程序 FFT.out.

④分别在 FFT.c 程序的 147 行"for(i=0;i<(SampleLong/2);i++)"处和 199 行"DAVINCIEVM_AIC33_closeCodec(aic33handle);"处设置断点.

⑤设置实验箱信号源.通过液晶和按键,设置信号源.菜单路径为:"系统设置"-"信号发生器设置".

在"信号发生器设置"这菜单下:"通道"设为"0";"信号类型"可根据需要任意选择,这里我们设置为"标准正弦波";"信号频率"和"信号振幅"可在屏幕下方"有效输入"限定的范围内任意输入,建议"信号振幅"设为 900 左右,"信号频率" 设为 300 左右;"信号发生器开关"选择"开启".此时便有正弦信号输入音频芯片 AIC23 的输入端(利用此芯片同样可以进行 A/D 采集).

⑥运行程序.当程序执行到断点时,可以观察收到的数据和显示的图像.

运行到第一个断点处(147 行),A/D 采样完成,此时可设置图像观察 A/D 采样的结果(即显示 DataBuffer 数组);运行到第二个断点处(199 行),FFT 变换完成,同样可设置图像观察 FFT 变换后没有取模时的结果(即显示 DDataBuffer 数组),和取模后的结果(即显示 mod 数组).

如图 6-6 从上至下分别为 512 点时,DataBuffer 数组,DDataBuffer 数组,mod 数组的图像显示.

其中图像显示设置对话框中 Start adderss:起始地址;Acquisition Buffer Size:输入数据个数;Display Data Size:显示数据个数(注意:显示个数要与程序中宏定义的采样个数一致);DSPData Type:数据类型,见图 6-6.

以上举例说明 1024 点时如何观察收到的数据和显示的图像,256 点和 512 点可以此类推.

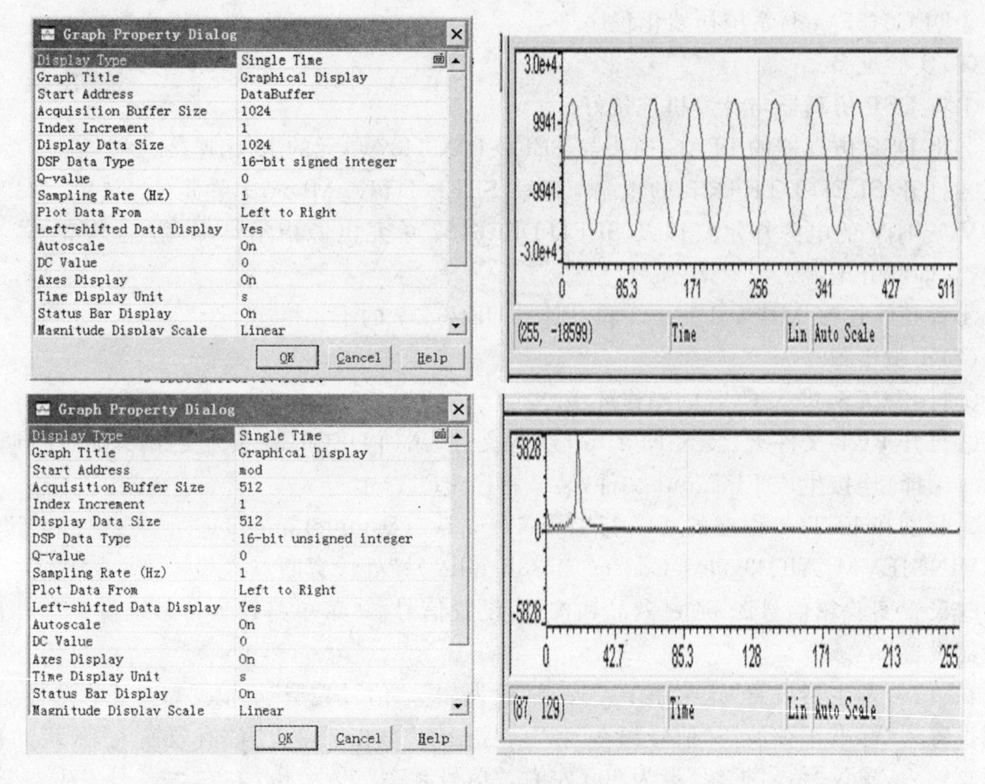

图 6-6 FFT 前后对比

6.4 卷积算法实验

(1)实验目的.

①掌握卷积算法的原理和计算方法.

②熟悉卷积算法特性.

(2)实验内容.

卷积的运算程序.

(3)实验背景知识:

①卷积算法基础理论简介.

卷积和:对离散系统“卷积和”也是求线性时不变系统输出响应(零状态响应)的主要方法.

$$Y(n)=\sum_{m=-\infty}^{\infty}X(m)h(n-m)=X(n)*h(n) \tag{6-13}$$

卷积和的运算在图形表示上可分为四步:

a. 翻褶:先在亚变量坐标 M 上作出 $x(m)$ 和 $h(m)$,将 $m=0$ 的垂直轴为轴翻褶成 $h(-m)$;

b. 移位:将 $h(-m)$ 移位 n,即得 $h(n-m)$. 当 n 为正整数时,右移 n 位. 当 n 为负整数

时，左移 n 位；

c. 相乘：再将 $h(n-m)$ 和 $x(m)$ 的相同 m 值的对应点值相乘；

d. 相加：把以上所有对应点的乘积叠加起来，即得 $y(n)$ 值. 依上法，取 $n=\cdots,-2,-1,0,1,2,3,\cdots$，各值，即可得全部 $y(n)$ 值.

②程序的函数及其功能.

static int step1(int *output1,int *output2)

调用形式：step1(ouput1,output2)

参数解释：output1、output2 为两个整型指针数组.

返回值解释：返回了一个"TRUE"，让主函数的 while 循环保持连续.

功能说明：对输入的 ouput1 buffer 波形进行截取 m 点，再以零点的 Y 轴为对称轴进行翻褶，把生成的波形上各点的值存入以 output2 指针开始的一段地址空间中.

static int step2(int *output2,int *output3)

调用形式：step2(ouput2,output3)

参数解释：output2、output3 为两个整型指针数组.

返回值解释：返回了一个"TRUE"，让主函数的 while 循环保持连续.

功能说明：对输出的 output2 buffer 波形进行作 n 点移位，然后把生成的波形上的各点的值存入以 output3 指针开始的一段地址空间中.

static int step3(int *input1,int *output3,int *output4)

调用形式：step3(input1,output3,output4)

参数解释：output3、output4、input1 为三个整型指针数组.

返回值解释：返回了一个"TRUE"，让主函数的 while 循环保持连续.

功能说明：对输入的 ouput3 buffer 波形和输入的 input1 buffer 作卷积和运算，然后把生成的波形上的各点的值存入以 output4 指针开始的一段地址空间中.

static int step4(int *input2,int *output1)

调用形式：step4(input2,output1)

参数解释：output1、input2 为两个整型指针数组.

返回值解释：返回了一个"TRUE"，让主函数的 while 循环保持连续.

功能说明：对输入的 input2 buffer 波形截取 m 点，然后把生成的波形上的各点的值存入以 output1 指针开始的一段地址空间中.

(4)实验要求.

对不同输入信号(正弦波、方波)的卷积结果进行比较，从中更加深刻地了解卷积应用.

(5)实验程序功能与说明.

①相关文件.

convolve.c：实验的主程序，包含了定义变量、数组、函数，进行卷积运算等.

data.c：存放供实验者选择的一些波形文件.

linker.cmd：声明了系统的存储器配置与程序各段的连接关系.

DEC6437.gel：系统初始化程序.

②程序流程图，见图6-7.

(6)实验准备.

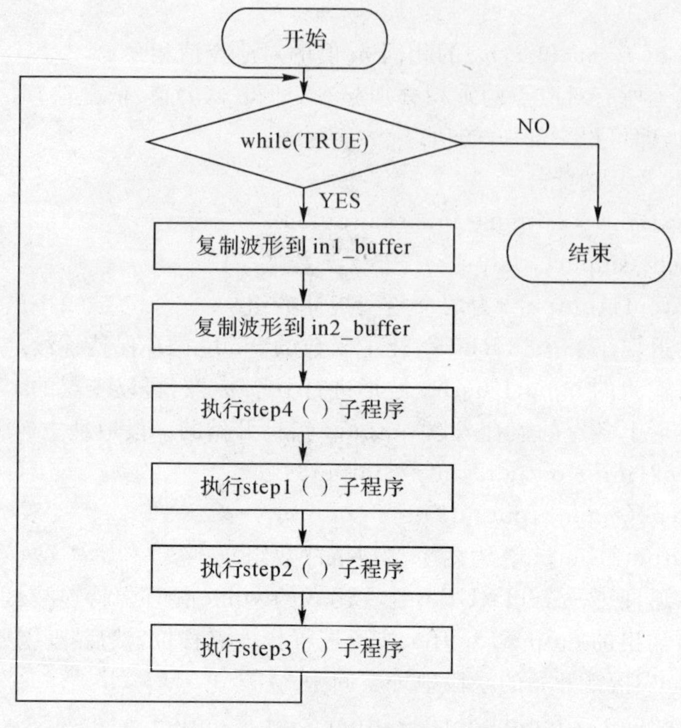

图 6-7　程序流程图

①将 DSP 仿真器与计算机连接好.

②将 DSP 仿真器的 JTAG 插头与 SEED-DEC6437 单元的 J9 相连接.

③打开 SEED-DTK6437 的电源. 观察 SEED-DTK_Mboard 单元的＋5V、＋3.3V、＋15V、－15V 的电源指示灯以及 SEED-DEC6437 单元电源指示灯 D4 是否均亮；若有不亮的，请立即断开电源.

(7)实验步骤.

①打开 CCS，进入 CCS 的操作环境.

②打开 convolve 文件，装入 convolve.pjt 工程文件，添加 DEC6437.gel 文件.

③装载程序 Convolve.out，进行调试.

在 convolve.c 程序的第 64 行和第 69 行设置断点.

④打开输入输出波形观察窗口.

选择菜单 View→Graph→Time/Frequency…进行如下设置，见图 6-8：

选择菜单 View→Graph→Time/Frequency…进行如下设置，见图 6-9：

在弹出的图形窗口中单击鼠标右键，选择“Clear Display”.

其中图像设置对话框中：Start adderss：表示起始地址；Acquisition Buffer Size：表示输入数据个数；Display Data Size：表示显示数据个数；DSPData Type：表示数据类型.

⑤运行程序，程序将停在第一个断点处. 此时程序已经将波形文件（这里我们以 sin44[]为例）复制作为卷积计算输入的缓冲区 in1_buffer 和 in2_buffer，并可以通过刚才打开的输入观察窗看到两个输入波形的时域图，见图 6-10：

⑥继续运行程序，程序停在第二个断点处. 此时卷积计算已经结束，可以通过刚才打开

的结果观察窗,查看卷积之后的结果.

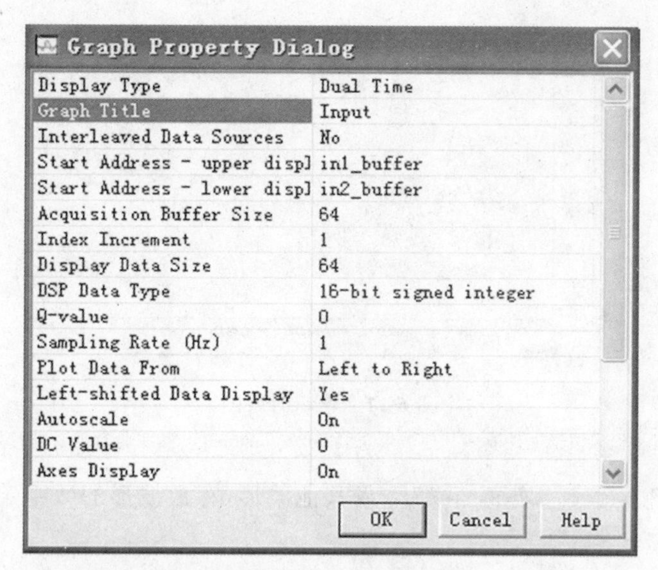

图 6-8　参数设置

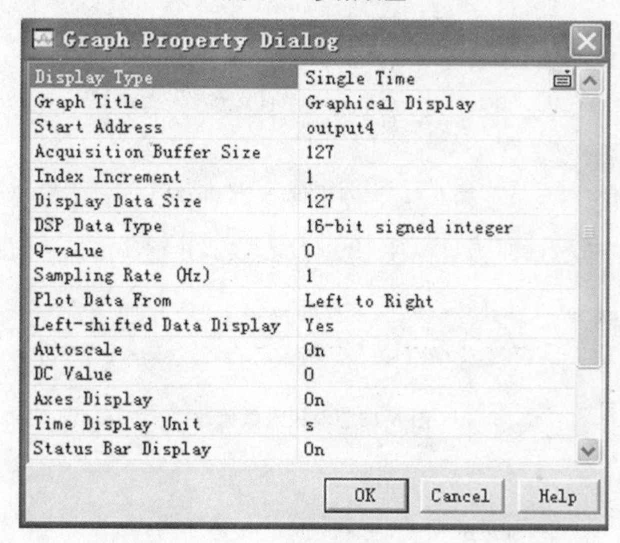

图 6-9　参数设置

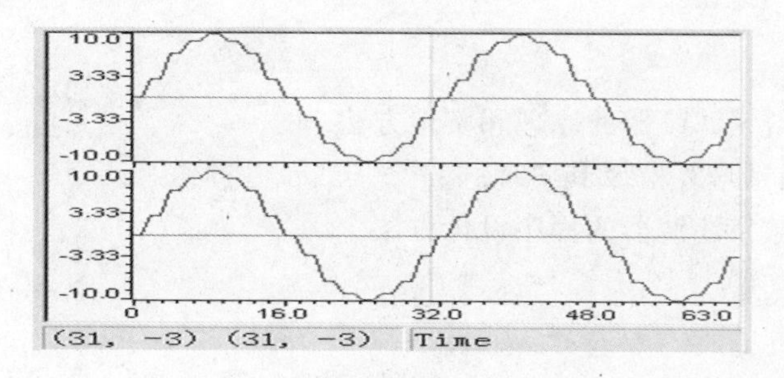

图 6-10　时域图

当输入波形均为 sin44[]时,得到的卷积时域图图 6-11.

a. 在 convolve. c 中,将第 60、61 行待复制的波形文件修改为目标波形文件,例如:可以

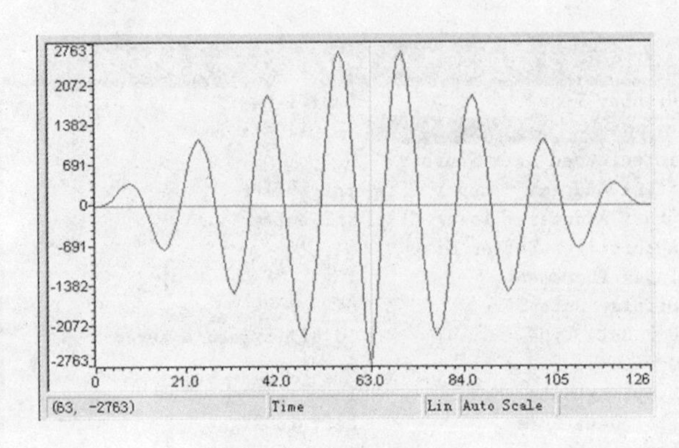

图 6-11　卷积时域图

注：此实验还可以将输入波形文件改成其他波形，如：sin22[]、sin33[]等，实验者需要进行如下的修改：

将下图 6-12 中数组 sin44[]换成 sin22[]或其他波形（存放波形的数组定义在 data. c 文件中）.

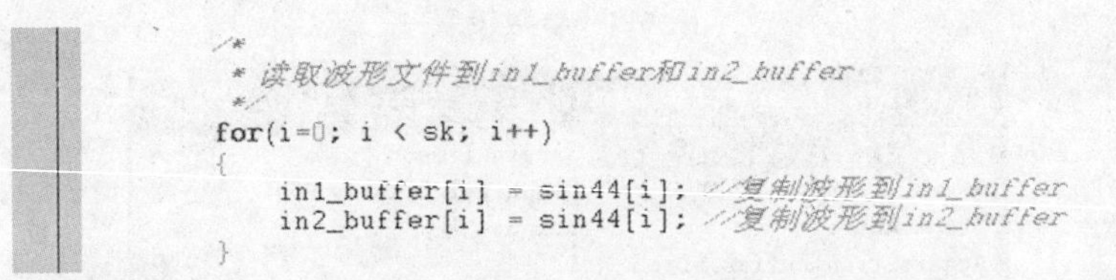

```
/*
 * 读取波形文件到in1_buffer和in2_buffer
 */
for(i=0; i < sk; i++)
{
    in1_buffer[i] = sin44[i]; //复制波形到in1_buffer
    in2_buffer[i] = sin44[i]; //复制波形到in2_buffer
}
```

图 6-12　sin44[]修改为 sin22[]

b. 将进行卷积的点数修改为目标波形文件的点数，并重新编译运行即可，见图 6-13.

```
short sk = 64;    /*sk代表所开的bufsize的大小.波形文件中:
                  sin22[]和sin[]为32点,
                  sin11[],sin33[],sin44[],square[]为64点.*/
```

图 6-13　卷积点数修改

6.5　自适应滤波器算法实验

(1)实验目的.

①掌握自适应数字滤波器的原理和实现方法.

②掌握 LMS 自适应算法及其实现.

③了解自适应数字滤波器的程序设计方法.

(2)实验内容.

①设置断点.

②设置图形显示窗口.

③分析实验结果.

(3)实验背景知识.

①自适应滤波. 自适应滤波是仅需对当前观察的数据作处理的滤波算法. 它能自动调节

本身冲激响应的特性,或者说自动调节数字滤波器的系数,以适应信号变化的特性,从而达到最佳滤波.由于自适应滤波不需要关于输入信号的先验知识,计算量小,特别适用于实时处理,近年来得到广泛应用,如用于脑电图和心电图测量、噪声抵消、扩频通信及数字电话等.

②自适应滤波原理.自适应滤波器主要由两部分组成:系数可调的数字滤波器和用来调节或修正滤波器系数的自适应算法.自适应滤波器原理框图见图 6-14.

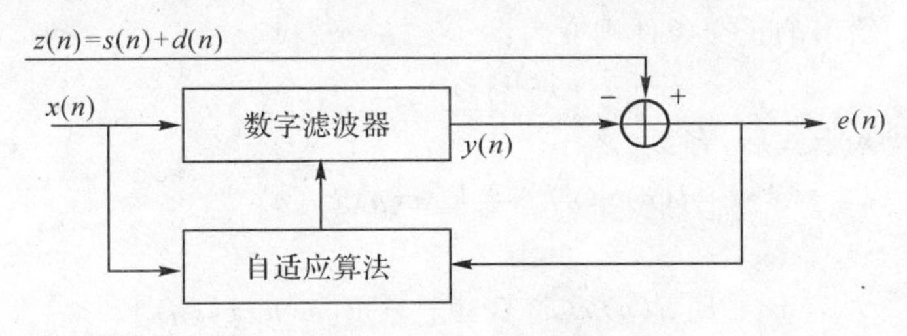

图 6-14　滤波器原理

图中,自适应滤波器有两个输入端:一个输入端的信号 $z(n)$ 含有所要提取的信号 $s(n)$,被淹没在噪声 $d(n)$ 中,$s(n)$、$d(n)$ 两者不相关,$z(n)=s(n)+d(n)$ 另一输入端信号为 $x(n)$,它是 $z(n)$ 的一种度量,并以某种方式与噪声 $d(n)$ 有关.$x(n)$ 被数字滤波器所处理得到噪声 $d(n)$ 的估计值 $y(n)$,这样就可以从 $z(n)$ 中减去 $y(n)$,得到所要提取的信号 $s(n)$ 的估计值 $e(n)$,表示为:$e(n)=z(n)-y(n)=s(n)+d(n)-y(n)$.

显然,自适应滤波器就是一个噪声抵消器.如果得到对淹没信号的噪声的最佳估计,就能得到所要提取信号的最佳估计.为了得到噪声的最佳估计 $y(n)$,可以经过适当的自适应算法,例如用 LMS(最小均方)算法来反馈调整数字滤波器的系数,使得 $e(n)$ 中的噪声最小.

$e(n)$ 有两种作用:一是得到信号 $s(n)$ 的最佳估计;二是用于调整滤波器系数的误差信号.自适应滤波器中,数字滤波器的滤波系数是可调的,多数采用 FIR 型数字滤波器,设其单位脉冲响应为 $h(0),h(1),\cdots,h(N-1)$,那么它在时刻 n 的输出便可写成如下的卷积形式:

$$y(n)=\sum_{k=0}^{N-1}h(k)x(n-k) \tag{6-14}$$

为方便起见,上式中的各 $h(k)$ 亦被称为权值.根据要求,输出 $y(n)$和目标信号 $d(n)$之间应满足最小均方误差条件,即数字滤波器自适应算法:

$$E[e^2(n)]=E\{[d(n)-y(n)]^2\} \tag{6-15}$$

有最小值,其中 $e(n)$表示误差.令:

$$\frac{\partial E[e^2(n)]}{\partial h(k)}=0 \qquad 0\leqslant k\leqslant N-1 \tag{6-16}$$

并把式(6-15)代入,便可得正交条件:

$$E[e(n)x(n-k)]=0,\ 0\leqslant k\leqslant N-1 0\leqslant \mathrm{k}\leqslant \mathrm{N}-1 \tag{6-17}$$

如果令:

$$h=\begin{bmatrix}h(0)\\h(1)\\M\\h(N-1)\end{bmatrix},\quad x(n)=\begin{bmatrix}x(n)\\x(n-1)\\M\\x(n-N-1)\end{bmatrix}$$

那么式(6-14)便可被写成：

$$y(n)=x^T(n)h=h^Tx(n) \tag{6-18}$$

而由式(6-17)给出的正交条件则变为：

$$E\{[d(n)-y(n)]x(n)\}=0$$

把式(6-18)代入上式后，有：

$$E[d(n)x(n)]=E[x(n)x^T(n)]h \tag{6-19}$$

如果令：

$$r=E[d(n)x(n)],\ \Phi_{xx}=E[x(n)x^T(n)]$$

那么最佳权向量：

$$h^*=\Phi_{xx}^{-1}r \tag{6-20}$$

③LMS 自适应算法. 由于在应用中必须要知道所求信号和观测信号之间的相关矢量 r. 在一般情况下，它很难从观测信号中估计出来，因此在应用上受到一定限制. 为此，Widrow 提出一种非常巧妙的方法，即最小均方误差(LMS)自适应算法. LMS 自适应算法的思路是这样的：假设给出了和原始信号相关的参考信号 $d(n)$，那么首先对 FIR 滤波器的权任意设定一组初始值；然后根据滤波器的输出值与参考信号之间的误差 $e(n)$ 对权值进行调节，使下一次的输出误差能有所减少；这样重复下去，直到权收敛到最佳值. 那么如何根据误差 $e(n)$ 来调节滤波器的权值，使其收敛到最佳值呢？首先考察当权向量 h 取一组任意值时由式(6-15)所给出的均方误差特性. 利用式(6-20)和(6-21)，该均方误差 ξ 可写为 h 的函数，即：

$$\begin{aligned}\xi&=E[e^2(n)]=E\{[d(n)-h^Tx(n)]^2\}\\&=E[d^2(n)]-E[d(n)x^T(n)]h+h^TE[x(n)x^T(n)]h\\&=E[d^2(n)]-2r^Th+h^T\Phi_{xx}h\end{aligned} \tag{6-21}$$

上式表明均方误差 ξ 是滤波器权向量的二次函数，因此它在 $N+1$ 维空间中形成一超抛物面. 该超抛物面为下凸形，其最小值在权向量空间的投影即为最佳权向量 $*h$. 在利用估计误差对权值调节过程中，权向量的值随时间变化而改变. 设在第 n 和 $n+1$ 时刻向量 $h(n)$和 $h(n+1)$之间存在关系：

$$h(n+1)=h(n)+\Delta h \tag{6-22}$$

其中 Δh 表示对 $h(n)$的修正值. 那么当 Δh 充分小时，利用多变量函数的 Taylor 展开公式可知对应于第 n 和 $n+1$ 时刻均方误差值 $\xi(n)$和 $\xi(n+1)$有下述关系：

$$\xi(n+1)=\xi(n)+\Delta h^T\,\nabla_n \tag{6-23}$$

这里：

$$\nabla_n=\left\{\frac{\partial\xi}{\partial h(0)}\Lambda\frac{\partial\xi}{\partial h(n-1)}\right\}\Bigg|_{h=h(n)} \tag{6-24}$$

如果令：

$$nh\ \nabla=\Delta\mu \tag{6-25}$$

并代入式(6-23)可得：

$$\xi(n+1)=\xi(n)-\mu\{[\frac{\partial\xi}{\partial h(0)}]^2+\Lambda+\left[\frac{\partial\xi}{\partial h(N-1)}\right]^2\}\Big|_{h=h(n)}$$

这样通过选择适当小的正常数因子 μ 的值，便可以使均方误差 $\xi(n+1)\leqslant\xi(n)$ 成立. 把式(6-25)代入式(6-22)有

$$h(n+1)=h(n)-\mu\nabla_n \tag{6-26}$$

由于上式中的 $n\ \nabla$ 表示沿误差曲面梯度下降的方向，因此权向量修正的过程，也是使误差沿着超抛物面最陡梯度不断向最小值逼近的过程，故该算法被称为"最陡梯度下降法". 最陡梯度下降法在使用时的不方便之处，就是在每次对权向量的值进行修正时，必须要求出梯度向量 $n\ \nabla$ 的值，这在实际使用中一般是难以做到的. 为对此加以简化，可以采用下述的近似算法. 由式(6-24)和(6-21)可知：

$$\nabla_n=\{\frac{\partial\xi}{\partial h(0)}\Lambda\frac{\partial\xi}{\partial h(N\text{-}1)}\}^T\Big|_{h=h(n)}=\{\frac{\partial E[e^2(n)]}{\partial h(0)}\Lambda\frac{\partial E[e^2(n)]}{\partial h(N\text{-}1)}\}^T\Big|_{h=h(n)}$$

$$=2E\{e(n)[\frac{\partial e(n)}{\partial h(0)}\Lambda\frac{\partial e(n)}{\partial h(N\text{-}1)}]\}^T\Big|_{h=h(n)} \tag{6-27}$$

由于当 $h=h(n)$ 时的输入向量为 $x(n)$，故 $e(n)=d(n)-h^T(n)x(n)$. 把该式代入上式可得：

$$\nabla_n=-2E[e(n)x(n)] \tag{6-28}$$

在实际计算中，由式(6-28)给出的梯度值可用下面的近似值所代替，即：

$$\nabla_n=-2e(n)x(n) \tag{6-29}$$

因此式(6-26)可被重新写成：

$$h(n+1)=h(n)+2\mu\,e(n)x(n) \tag{6-30}$$

该式给出了一种非常简单的权向量的递推算法，即 Widrow-Hoff LMS 自适应算法. 由于这种自适应滤波方法可以根据信号的变化自动调节权向量以获得最佳输出，因此它对非平稳信号的滤波也可使用.

④实验程序设计. 实验中采用的自适应滤波器采用 16 阶 FIR 滤波器，采用相同的信号作为参考信号 $d(n)$ 和输入信号 $x(n)$，并采用上一时刻的误差值来修正本时刻的滤波器系数，2μ 取值 0.0005，对滤波器输出除 128 进行幅度限制.

(4)实验要求.

通过本实验，掌握自适应滤波的原理，熟悉自适应滤波算法.

(5)实验程序功能与说明.

①相关文件说明：

FIRLMS.c：实验的主程序，包含了定义变量、数组、滤波函数等.

DEC6437.gel：系统初始化程序.

linker.cmd：声明了系统的存储器配置与程序各段的连接关系.

②程序流程，如图 6-15.

(6)实验准备.

①将 DSP 仿真器与计算机连接好.

②将 DSP 仿真器的 JTAG 插头与 SEED-DEC6437 单元的 J9 相连接.

③打开 SEED-DTK6437 的电源. 观察 SEED-DTK_Mboard 单元的＋5V、＋3.3V、

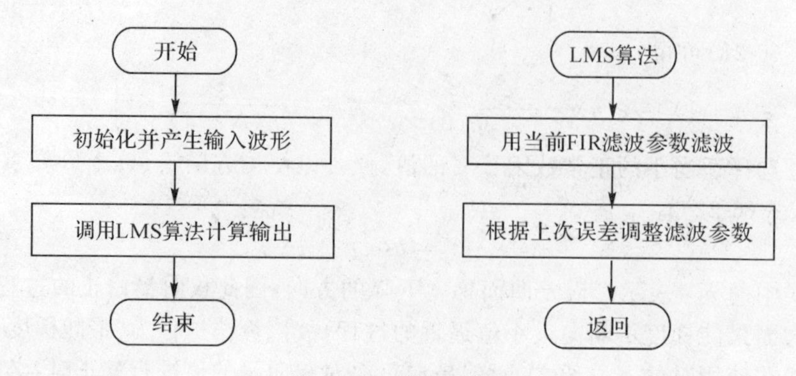

图 6-15　程序流程图

+15V、−15V 的电源指示灯以及 SEED-DEC6437 单元电源指示灯 D4 是否均亮；若有不亮的，请立即断开电源.

(7)实验步骤.

①打开 CCS，进入 CCS 的操作环境.

②打开 Firlms 文件夹，装入 FIRLMS. pjt 工程文件，添加 DEC6437. gel 文件.

③装载程序 FIRLMS. out，进行调试.

在 FIRLMS. c 程序的第 38 行，设置断点，见图 6-16.

```
for ( i=Coeff+1; i<num; i++ )
{
    out  = FIRLMS(x+i,h,out-x[i-1],Coeff);  // break poshort
    y[i] = out;
    z[i] = y[i]-x[i];
}
```

图 6-16　设置断点处

④打开观察窗口.

选择菜单 View→Graph→Time/Frequency…进行如图 6-17 设置：

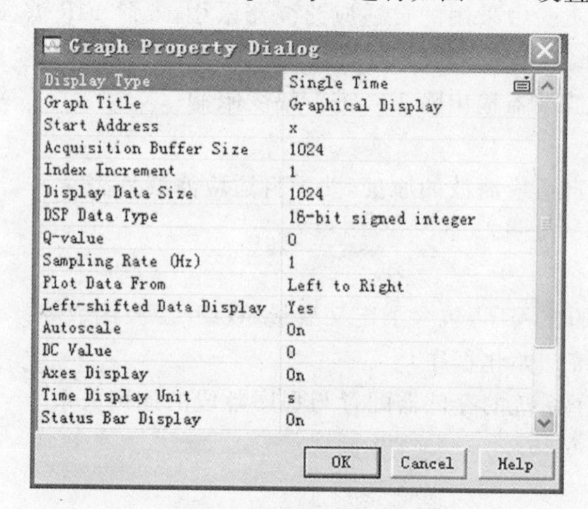

图 6-17　参数设置 1

选择菜单 View→Graph→Time/Frequency…进行如图 6-18 设置：

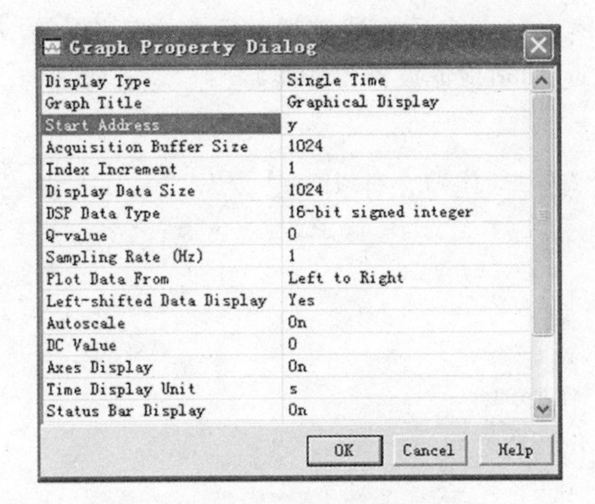

图 6-18　参数设置 2

选择菜单 View→Graph→Time/Frequency…进行图 6-19 设置：

Graph Property Dialog

Display Type	Single Time
Graph Title	Graphical Display
Start Address	z
Acquisition Buffer Size	1024
Index Increment	1
Display Data Size	1024
DSP Data Type	16-bit signed integer
Q-value	0
Sampling Rate (Hz)	1
Plot Data From	Left to Right
Left-shifted Data Display	Yes
Autoscale	On
DC Value	0
Axes Display	On
Time Display Unit	s
Status Bar Display	On

OK　Cancel　Help

图 6-19　参数设置 3

⑤运行程序，观察结果如图 6-20(图为计算完 1024 点之后的图形).

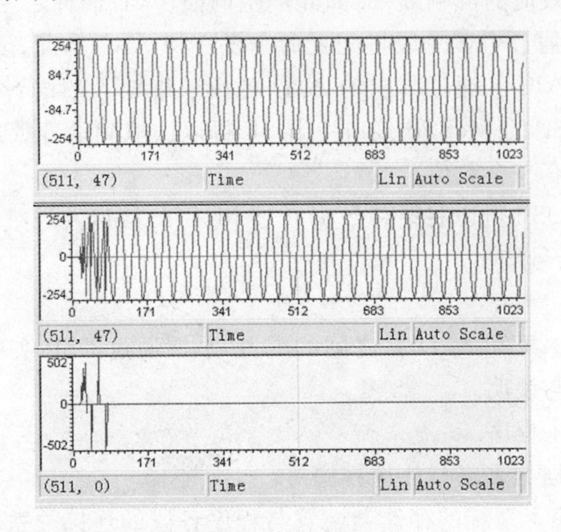

图 6-20　图形输出

可以看出：输出波形 $y(n)$ 在自适应滤波器的调整中逐渐与输入波形 $x(n)$ 重合，误差 $e(n)$ 逐渐减小到 0 值附近. 自适应滤波器工作正常.

6.6 语音信号采集与分析实验——回声实验

(1)实验目的.

①了解回声的原理.

②了解 AIC23 的工作原理.

③掌握 AIC23 和 McBSP 之间的配置.

(2)实验内容.

①系统初始化.

②数据采集.

③数据存放、发送.

(3)实验背景知识.

①数字回声原理.

在实际生活中，当声源遇到物体时，会发生反射，反射的声波和声源声波一起传输，听者会发现反射声波部分比声源声波慢一些，类似人们面对山体高声呼喊后可以在过一会儿听到回声的现象. 声音遇到较远的物体产生的反射会比遇到较近的物体的反射波晚些到达声源位置，所以回声和原声的延迟随反射物体的距离大小改变. 同时，反射声音的物体对声波的反射能力，决定了听到的回声的强弱和质量. 另外，生活中的回声的成分比较复杂，有反射、漫反射、折射，还有回声的多次反、折射效果. 当已知一个数字音源后，可以利用计算机的处理能力，用数字的方式通过计算模拟回声效应.

②实现过程简介.

简单地讲，可以在原声音流中叠加延迟一段时间后的声流，实现回声效果. 当然通过复杂运算，可以计算各种效应的混响效果. 如此产生的回声，我们称之为数字回声.

初始化配置：DSP 通过 I2C 总线将配置命令发送到 AIC23，配置完成后 AIC23 工作.

语音信号的输入：AIC23 通过其中的 A/D 转换采集输入的语音信号，每采集完一个信号后，将数据发送到 DSP 的 McBSP 接口上，DSP 可以读取到语音数据，每个数据为 16 位无符号整数，左右通道各有一个数值.

语音信号的输出：DSP 可以将语音数据通过 McBSP 接口发送给 AIC23，AIC23 的 D/A 器件将他们变成模拟信号输出.

(4)实验要求.

通过本试验，熟悉 AIC23 与 DSP 之间的配置，掌握通过 DSP 实现回声效果.

(5)实验程序功能与说明.

①main. c：实验的主程序.

②Echo. c：音频数据的采集和放送程序等.

③linker. cmd：声明了系统的存储器配置与程序各段的连接关系.

④DEC6437. gel：系统初始化程序.

(6)实验准备.

①将DSP仿真器与计算机连接好.

②将DSP仿真器的JTAG插头与SEED-DEC6437单元的J9相连接.

③打开SEED-DTK6437的电源.观察SEED-DTK_Mboard单元的+5V、+3.3V、+15V、-15V的电源指示灯以及SEED-DEC6437单元电源指示灯D4是否均亮;若有不亮的,请立即断开电源.

④将耳麦插入SEED-DEC6437的J17Audio line out,音频线连接计算机音频输出和SEED-DEC6437的J15的Audio line in.

(7)实验步骤.

①打开CCS,进入CCS的操作环境.

②打开mp3echo文件夹,装入echo.pjt工程文件.

③装载程序echo.out,进行调试.

④在DSP程序运行之前,应在PC机上播放音乐作为Codec的输入.

⑤运行程序之后,可从耳机中听到带数字回声的音乐放送.

6.7　音频滤波实验

(1)实验目的.

①熟悉FIR滤波器工作原理及其编程.

②学习使用CCS图形观察窗口观察和分析语音波形及其频谱.

(2)实验内容.

①DSP的初始化.

②AIC23的初始化.

③McBSP初始化.

(3)实验背景知识.

FIR滤波的原理和TLV320AIC23芯片性能指标及控制方法分别参看实验6.1有限冲击响应滤波实验.

(4)实验要求.

通过对音频滤波实验,熟悉对AIC23的各个寄存器的设置;掌握TMS320DM6437的McBSP设置;理解滤波算法.

(5)实验程序功能与说明.

①MP3FIR.c:AIC23的设置,以及音频数据的采集、滤波和放送程序等.

②main.c:实验的主程序,包含了系统初始化.

③link.cmd:声明了系统的存储器配置与程序各段的连接关系.

④DEC6437.gel:系统初始化程序.

(6)实验准备.

①将DSP仿真器与计算机连接好.

②将DSP仿真器的JTAG插头与SEED-DEC6437单元的J9相连接.

③打开 SEED-DTK6437 的电源. 观察 SEED-DTK_Mboard 单元的+5V、+3.3V、+15V、−15V 的电源指示灯以及 SEED-DEC6437 单元电源指示灯 D4 是否均亮;若有不亮的,请立即断开电源.

④将耳麦插入 SEED-DEC6437 的 J17Audio line out,音频线连接计算机音频输出和 SEED-DEC6437 的 J15 的 Audio line in.

(7)实验步骤.

①打开 CCS,进入 CCS 的操作环境.

②打开 mp3fir 文件夹,拷装入 MP3FIR. pjt 工程文件,添加 DEC6437. gel 文件.

③装载程序 MP3FIR. out,进行调试.

④在 DSP 程序运行之前,应在 PC 机上播放音乐作为 aic23 的输入.

⑤运行程序.

⑥观看 sample1[]、sample2[]的时域和频域波形,见图 6-21.

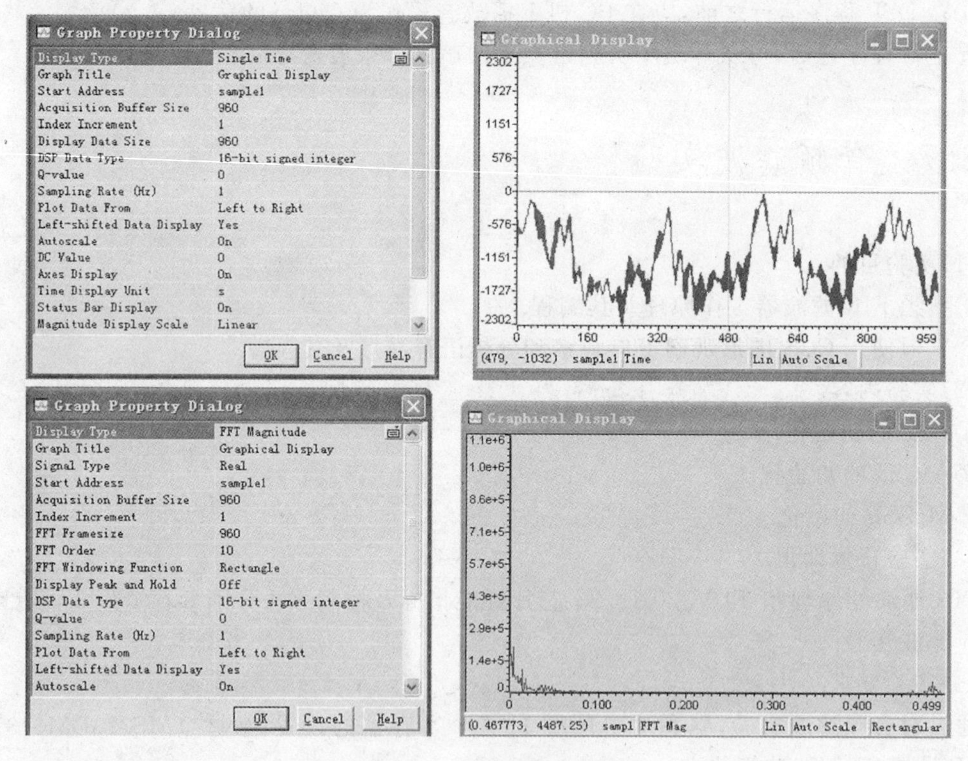

图 6-21　时域与频域波形

注:sample2[]的设置类似!

⑦观看分别与 sample1[]和 sample2[]对应的 out1[]和 out2[]的时域和频域的图像. 设置如下,见图 6-22:

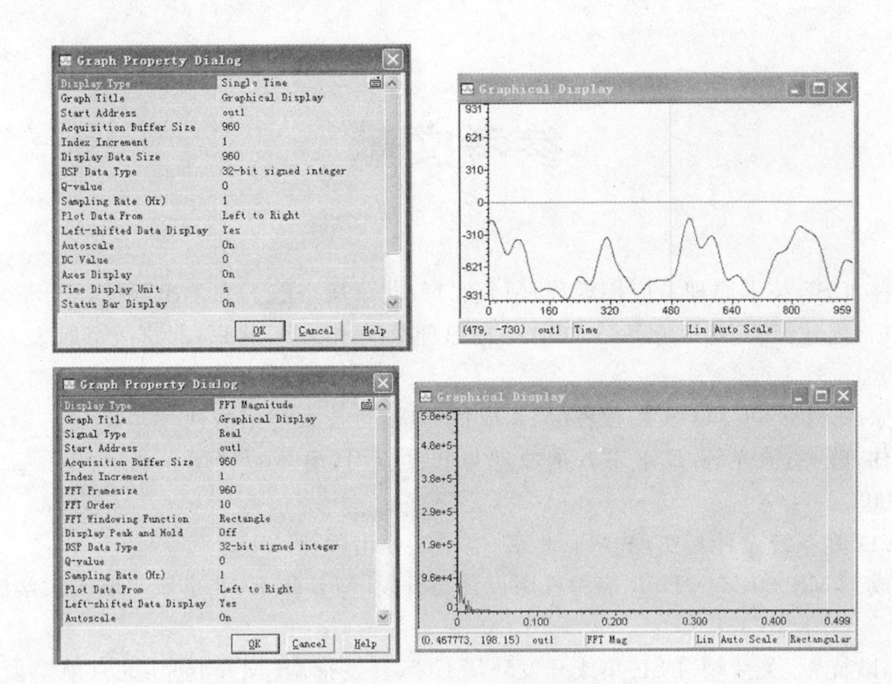
Graph Property Dialog
Display Type Single Time
Graph Title Graphical Display
Start Address out1
Acquisition Buffer Size 960
Index Increment 1
Display Data Size 960
DSP Data Type 32-bit signed integer
Q-value 0
Sampling Rate (Hz) 1
Plot Data From Left to Right
Left-shifted Data Display Yes
Autoscale On
DC Value 0
Axes Display On
Time Display Unit s
Status Bar Display On
OK
Cancel
Help
Graphical Display
931
621
310
0
-310
-621
-931
0
160
320
480
640
800
959
(479, -730) out1 Time Lin Auto Scale
Graph Property Dialog
Display Type FFT Magnitude
Graph Title Graphical Display
Signal Type Real
Start Address out1
Acquisition Buffer Size 960
Index Increment 1
FFT Framesize 960
FFT Order 10
FFT Windowing Function Rectangle
Display Peak and Hold Off
DSP Data Type 32-bit signed integer
Q-value 0
Sampling Rate (Hz) 1
Plot Data From Left to Right
Left-shifted Data Display Yes
Autoscale On
OK
Cancel
Help
Graphical Display
5.8e+5
4.8e+5
3.8e+5
2.9e+5
1.9e+5
9.6e+4
0
0
0.100
0.200
0.300
0.400
0.499
(0.467773, 198.15) out1 FFT Mag Lin Auto Scale Rectangular

图 6-22　滤波后图像

参考文献

[1] 刘艳萍. DSP 技术原理及应用教程[M]. 北京:北京航空航天大学出版社,2005.
[2] 戴明桢,周建江. TMS320C54x DSP 结构原理及应用[M]. 北京:北京航空航天大学出版社,2001.
[3] 彭启宗. TMS320C54x 实用教程[M]. 成都:电子科技大学出版社. 2004.
[4] 张雄伟,陈亮,徐光辉. DSP 芯片的原理与开发应用(第 3 版)[M]. 北京:电子工业出版社,2003.
[5] 周霖. DSP 系统设计与实现[M]. 北京:电子工业出版社. 2005.
[6] 刘益成. TMS320C54x DSP 应用程序设计与开发[M]. 北京:北京航空航天大学出版社,2002.
[7] 尹勇,欧光军,关荣峰. DSP 集成开发环境 CCS 开发指南[M]. 北京:北京航空航天大学出版社, 2003.
[8] 陈金鹰. DSP 技术及应用[M]. 北京:机械工业出版社. 2003.
[9] 李利. DSP 原理及应用[M]. 北京:中国水利水电出版社. 2005.
[10] 清源科技. TMS320C54x DSP 硬件开发教程[M]. 北京:机械工业出版社. 2002.
[11] 邹彦. DSP 原理及技术[M]. 北京:电子工业出版社,2005.
[12] 彭启琮,李玉柏,管庆. DSP 技术的发展与应用[M]. 北京:高等教育出版社,2002.
[13] 苏涛,蔺丽华. DSP 实用技术[M]. 西安:西安电子科技大学出版社,2005.
[14] 赵红怡. DSP 技术与应用实例[M]. 北京:电子工业出版社,2003.
[15] 汪安民. TMS320C54xxDSP 实用技术[M]. 北京:清华大学出版社,2002.